国家新闻出版改革发展项目库入库项目

物联网工程专业教材丛书

高等院校信息类新专业规划教材

物联网安全

刘 杨　彭木根　编著

U0304076

北京邮电大学出版社
www.buptpress.com

内 容 简 介

本教材全面深入地介绍了物联网的感知层、网络层、应用层和物联网的发展与安全，突出了密码技术基础、感知层物理安全技术、感知层 MAC 协议安全、网络层安全、应用层安全、应用层安全的核心技术以及物联网安全技术的发展趋势等内容。本教材内容翔实丰富、深入浅出，可作为高等院校的通信工程、电子信息工程和计算机应用等专业的研究生和高年级本科生相关课程的教材或者科研参考书，也可作为相关工程技术人员的理论指导手册。

图书在版编目(CIP)数据

物联网安全 / 刘杨，彭木根编著. -- 北京：北京邮电大学出版社，2022.4
ISBN 978-7-5635-6615-0

Ⅰ.①物… Ⅱ.①刘…②彭… Ⅲ.①物联网—网络安全 Ⅳ.①TP393.48

中国版本图书馆 CIP 数据核字(2022)第 041726 号

策划编辑：姚　顺　刘纳新　　责任编辑：王晓丹　陶　恒　　封面设计：七星博纳

出版发行：北京邮电大学出版社
社　　址：北京市海淀区西土城路 10 号
邮政编码：100876
发 行 部：电话：010-62282185　传真：010-62283578
E-mail：publish@bupt.edu.cn
经　　销：各地新华书店
印　　刷：保定市中画美凯印刷有限公司
开　　本：787 mm×1 092 mm　1/16
印　　张：15.5
字　　数：386 千字
版　　次：2022 年 4 月第 1 版
印　　次：2022 年 4 月第 1 次印刷

ISBN 978-7-5635-6615-0　　　　　　　　　　　　　　　　　　　定价：46.00 元

· 如有印装质量问题，请与北京邮电大学出版社发行部联系 ·

物联网是新一代信息技术的重要组成,是"感知中国""感知地球"的基础设施。物联网产业目前尚处于初创阶段,其应用前景广阔,未来将成为我国的新型战略产业。迄今为止,教育部审批设置的高等学校战略性新兴产业本科专业中已经有"物联网工程""传感网技术"和"智能电网信息工程"3个与物联网技术相关的专业。随着物联网的发展,特别是随着4G和5G的大规模应用,已有的物联网课程讲授并没有突出和强调5G、大数据、人工智能、区块链等先进理论和技术对物联网的影响。为了培养更多的相关专业人才,亟须编著有关物联网基础理论和相关知识的专业书籍,以填补此领域的空白。

本教材从密码技术基础和物联网的感知层、网络层、应用层等分别进行讲授,每层又从技术原理、主要技术形态性能、优缺点、未来发展演进等角度进行介绍,力求让读者形成物联网整体知识结构,同时也了解相关技术细节的原理,从而引领读者渐渐步入物联网世界,帮助读者把握信息通信科技浪潮的发展方向,为未来的就业和科研工作打下理论基础。

本教材在内容设置上注重原理性和技术前沿性,基于物联网各知识点的内在联系和目前物联网应用的最新进展,以物联网的感知层、网络层和应用层为主线,构建了共8个章节的模块化结构。第1章介绍了物联网的定义、结构以及发展等,让读者了解物联网发展的历程,为后面的学习打下必备的基础;第2章扼要地介绍了密码技术基础,系统介绍了密码学的基本概念、对称密码、非对称密码、认证与数字签名;第3章描述了感知层物理安全技术,包括RFID标签物理层安全威胁及防护技术、传感器网络节点的安全威胁及其防御机制等;第4章系统地描述了感知层MAC协议安全,包括无线传感器网络IEEE 802.15.4协议、IEEE 802.15.4协议安全分析、无线局域网概述、无线局域网MAC层接入认证协议以及接入安全分析等;第5章阐述了网络层安全,主要讲解了安全需求、处理方法等;第6章概述了应用层安全,包括安全需求、处理方法等;第7章介绍了应用层安全的核心技术,特别强调了数据安全技术以及云安全技术;第8章系统地介绍了物联网安全事件、物联网面临的安全威胁以及物联网安全新观念等。

本教材结合密码技术基础和感知层、网络层、应用层等领域的最新技术发展,以及北京邮电大学信息与通信工程学院在这些领域的最新研究成果,在传统物联网教材的基础上进行创新,强调和突出了无线通信的影响,能够更好地满足新时代物联网理论和技术发展的需求,有利于培养学生分析和解决问题的能力。本教材根据作者多年的教学经验撰写,语言流畅、内容丰富,基本理论和实际应用紧密结合,书中的案例以及给出的大量习题取自当前主流物联网理论、技术和标准的实际案例。本教材的编写得到了多名博士生和硕士生的帮助,在此向他们表示诚挚的谢意。物联网和信息网络技术持续演进,相关的应用技术日新月异,作者希望本教材的内容能起到抛砖引玉的作用。本教材中的有些内容可能会过时甚至和实际系统的应用相悖,但读者所要学习的是基本原理和基本方法,而不是从书中找到解决实际问题的直接"药方"。根据读者反馈的意见以及物联网技术的增强和演进,作者将会陆续修订部分章节内容。

由于作者水平有限,谬误之处在所难免,恳请广大读者批评指正。

作　者
北京邮电大学

目　录

第 **1** 章 绪 论

1.1 物联网的定义

早在 1995 年,比尔·盖茨就曾在《未来之路》一书中提到物联网一词,由于当时无线通信网络及智能传感系统设备的发展水平限制,该词并未引起人们的重视。1999 年,美国 Auto-ID 在射频识别、互联网及物品编码的基础上,首次提出物联网的概念,引发了人们对于物联网的关注。直到 2005 年,在突尼斯信息社会世界峰会上,国际电信联盟才正式明确了"物联网"的概念,从此揭开了物联网快速发展的序幕。

物联网意指物物相联,万物互联,其英文表述为 Internet of Things,简称 IoT,即万物相联的互联网,它是互联网的延伸和扩展,通过各种智能传感设施与互联网相融合,实现人、机、物之间随时随地的互联互通。物联网的定义是:通过射频识别(RFID)、红外感应器、全球定位系统、激光扫描器等信息传感设备,按约定的协议,把任何物品与互联网相连接,进行信息交换和通信,以实现智能化识别、定位、跟踪、监控和管理的一种网络。在此基础上,人类能够实现更自动化、专业化、精细化的工作和生活。

物联网是建立在互联网上的一种泛在网络,物联网的核心依旧是互联网,只是将互联网的外延进行了扩展。互联网可以看作人的一种延伸,而物联网则是万物的一种延伸。

物联网的本质主要体现在三个方面:一是互联网特征,即对于需要联网的"物"一定要具备能够实现互联互通的互联网络;二是识别与通信特征,即纳入物联网的"物"一定要具备自动识别与物物通信(M2M)的功能;三是智能化特征,即网络系统应具有自动化、自我反馈与智能控制的特点。

一般认为物联网具有 3 个关键特征:各类终端实现"全面感知";电信网、因特网等融合实现"可靠传输";云计算等技术对海量数据"智能处理"。各特征具体如下。

(1) 全面感知

利用无线射频识别、传感器、定位器和二维码等随时随地对物体进行信息采集和获取。感知包括传感器的信息采集、协同处理、智能组网,甚至信息服务,以达到控制、指挥的目的。

（2）可靠传输

通过各种电信网络和因特网的融合，对接收到的感知信息进行实时远程传送，实现信息的交互和共享，并进行各种有效的处理。在这一过程中，通常需要用到现有的电信运行网络，包括无线网络和有线网络。由于传感器网络是一个局部的无线网，因而无线移动通信网、3G网络是承载物联网的有力支撑。

（3）智能处理

利用云计算、模糊识别等各种智能计算技术，对随时接收到的跨地域、跨行业、跨部门的海量数据和信息进行分析处理，提升对物理世界、经济社会的各种活动和变化的洞察力，实现智能化的决策和控制。

为了更清晰地描述物联网的关键环节，按照信息科学的视点，围绕信息的流动过程抽象出物联网的信息功能模型，如图1.1所示。下面来具体介绍。

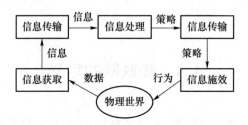

图1.1 物联网信息功能模型

1）信息获取功能：包括信息的感知和信息的识别。信息感知指对事物的状态及其变化方式的敏感和知觉；信息识别指能把所感受到的事物的运动状态及其变化方式表示出来。

2）信息传输功能：包括信息的发送、传输和接收等环节，最终完成把事物的状态及其变化方式从空间（或时间）上的一点传送到另一点的任务，就是一般意义上的通信过程。

3）信息处理功能：指对信息的加工过程，其目的是获取知识，实现对事物的认知以及利用已有的信息产生新的信息，即制定决策的过程。

4）信息施效功能：指信息最终发挥效用的过程，具有很多不同的表现形式，其中最重要的就是通过调节对象事物的状态及其变化方式，使对象处于预期的运动状态。

1.2 物联网的结构

按照自底向上的思路，目前主流的物联网体系架构可以被划分为三层：感知层、网络层、和应用层。根据不同的划分思路，也有将物联网体系架构划分为四层的，包括感知层、网络层、管理层、应用层；划分为五层的，包括信息感知层、物联接入层、网络传输层、智能处理层和应用接口层。不管按照哪一种体系架构划分，感知层都是必不可少的。本书对当前主流的三层体系架构（如图1.2所示）进行介绍。

（1）感知层

感知层位于物联网四层模型的最底端，是物联网系统的数据基础与核心。感知层的作用是通过传感器对物质属性、行为态势、环境状态等各类信息进行大规模的、分布式的获取

应用层　绿色农业　工业监控　公共安全　城市管理　智能家居　远程医疗

网络层　　物联网管理中心　　　　　　物联网信息中心
（编码、认证、鉴权、计费）　　（信息库、计算能力集）

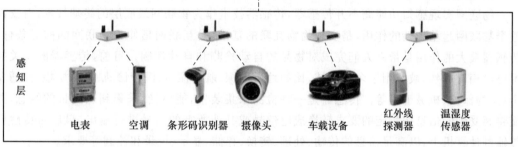

感知层　电表　空调　条形码识别器　摄像头　车载设备　红外线探测器　温湿度传感器

图 1.2　物联网三层体系架构

与状态辨识,然后采用协同处理的方式,针对具体的感知任务对感知到的多种信息进行在线计算与控制并做出反馈,是一个万物交互的过程。感知层被看作实现物联网全面感知的核心层,主要完成的是信息的采集、传输、加工及转换等工作。感知层主要由传感网及各种传感器构成,传感网主要包括以 NB-IoT 和 LoRa 等为代表的低功耗广域网(LPWAN),传感器包括 RFID 标签、传感器、二维码等。

（2）网络层

网络层作为整个体系架构的中枢,起承上启下的作用,解决的是感知层在一定范围、一定时间内所获得的数据的传输问题,通常以解决长距离传输问题为主。这些数据可以通过企业内部网、通信网、互联网、各类专用通用网、小型局域网等网络进行传输交换。网络层关键长距离通信技术主要包括有线、无线通信技术及网络技术等,以 3G、4G 等代表的通信技术为主,可以预见未来 5G 技术将成为物联网技术的一大核心。网络层使用的技术与传统互联网之间本质上没有太大差别,各方面技术相对来说已经很成熟,因此,本书不占用太多篇幅介绍网络层相关技术。

（3）应用层

应用层位于三层体系架构的最顶层,主要解决的是信息处理、人机交互等相关的问题,通过对数据的分析处理,为用户提供丰富、特定的服务。本层的主要功能包括两个方面的内容:数据及应用。首先,应用层需要完成数据的管理和数据的处理;而且,要发挥这些数据的价值还必须与应用相结合。例如电力行业中的智能电网远程抄表:部署于用户家中的读表器可以被看作感知层中的传感器,这些传感器在收集到用户的用电信息后,通过网络将其发送并汇总到相应应用系统的处理器中。该处理器及其对应的相关工作就是建立在应用层上的,它将完成对用户用电信息的分析及处理,并自动采取相关措施。

1.2.1 感知层

感知层是物联网的核心,是物联网与现实世界连接的桥梁。感知层是物联网的"皮肤"和"五官",用于识别物体、采集信息。感知层由基本的感应器件(如二维码标签和识读器、RFID 标签和读写器、摄像头、GPS、传感器、终端等)以及感应器组成的网络(传感器网络、RFID 网络等)两大部分组成。

物联网感知层的关键技术包括传感器技术、射频识别技术、二维码技术、蓝牙技术以及 ZigBee 技术等。

1. 传感器技术

物联网实现感知功能离不开传感器,传感器技术作为物联网最底层的终端技术,对支撑整个物联网起基础性的作用,是实现物物互联的基础,是互联网延伸为物联网的前提条件。传感器最大的作用是帮助人们完成对物品的自动检测和自动控制。目前,传感器的相关技术已经相对成熟,被应用于多个领域,比如地质勘探、航天探索、医疗诊断、商品质检、交通安全、文物保护、机械工程等。传感器是一种检测采集装置,能感受、采集到被测量的信息,并能将感受到的信息按特定的要求转换成电信号或其他所需的信号进行输出,最后由传感网传输到计算机上,以满足信息的传输、处理、转换、存储、显示、记录和控制等要求。

(1)传感器的组成

传感器的物理组成包括敏感元件、转换元件以及信号调理与转换电路 3 部分,如图 1.3 所示。敏感元件可以直接感受对应的物品;转换元件也叫传感元件,主要作用是将其他形式的数据信号转换为电信号;信号调理与转换电路可以调节信号,将电信号转换为可供人和计算机处理、管理的有用电信号。

1)敏感元件:直接感受被测量,并输出与被测量成确定关系的某一物理量。

2)转换元件:以敏感元件的输出信号为输入信号,把输入信号转换成电路参数,如电阻、电感、电容,或转换成电流、电压等电量。

3)信号调理与转换电路:将转换元件输出的电路参数接入信号转换电路,并将其转换成电量输出。

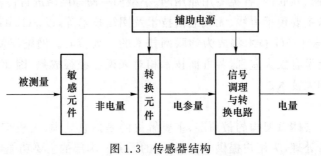

图 1.3 传感器结构

实际上，有些传感器很简单，仅由一个敏感元件（兼作转换元件）组成，它能够在感受被测量的同时直接输出电量，如热电偶；有些传感器由敏感元件和转换元件组成，没有信号转换电路；有些传感器，转换元件不止一个，要经过若干次转换。

（2）传感器的特点与分类

传感器的特点包括微型化、数字化、多样化、智能化、多功能化、系统化、网络化等，它是实现自动控制、自动传输和自动检测的首要环节中的重要设备。传感器的存在和发展，使物体有了触觉、味觉、嗅觉等感官能力，让物体变得"活"了起来。

传感器是人类五官的延伸及拓展。传感器的类型决定了能对外界感知的程度，根据不同的需求可以选择不同的传感器类型，传感器的类型决定了其应用场景。通常根据传感器的基本感知功能将其分为：温度传感器、湿度传感器、压力传感器、位移传感器、流量传感器、液位传感器、力传感器、加速度传感器、转矩传感器等。根据传感器的工作原理可将其分为：电学式传感器、磁学式传感器、光电式传感器、电势型传感器、电荷传感器、半导体传感器、谐振式传感器、电化学式传感器等。

（3）智能传感器

智能传感器是集成了传感器、致动器与电子电路的智能器件，或是集成了传感元件和微处理器，并具有监测与处理功能的器件。智能传感器最主要的特征是输出数字信号，便于后续计算处理。智能传感器的功能包括信号感知、信号处理、数据验证和解释、信号传输和转换等，主要的组成元件包括 A/D 和 D/A 转换器、收发器、微控制器、放大器等。

智能传感器的特点是精度高、分辨率高、可靠性高、自适应性强、性价比高。智能传感器通过数字处理获得高信噪比，保证了高精度；通过数据融合、神经网络技术，保证了在多参数状态下具有对特定参数的测量分辨能力；通过自动补偿来消除工作条件与环境变化引起的系统特性漂移，同时优化传输速度，让系统的工作处于最优的低功耗状态，保证了其可靠性；利用软件进行的数学处理，使得智能传感器具有判断、分析和处理的功能，保证了系统的高自适应性；采用能大规模生产的集成电路工艺和 MEMS 工艺，保证了高性价比。

智能传感器代表新一代的感知和自知能力，是未来智能系统的关键元件，其发展受到未来物联网、智慧城市、智能制造等强劲需求的拉动。通过在元器件级别上的智能化系统设计，智能传感器将对食品安全应用和生物危险探测、安全危险探测和报警、局域和全域环境检测、健康监视和医疗诊断、工业和军事、航空航天等领域产生深刻的影响。

2. 射频识别技术

射频识别（RFID）是无线自动识别技术之一，人们又将其称为电子标签技术。利用该技术，无须接触物体就能通过电磁耦合原理获取物品的相关信息。

物联网中的感知层通常要建立一个射频识别系统，该识别系统由电子标签、读写器以及中央信息系统三部分组成。其中，电子标签一般安装在物品的表面或者内嵌在物品内层，标签内存储着物品的基本信息，以便于被物联网设备识别；读写器有三个作用，一是读取电子标签中有关待识别物品的信息，二是修改电子标签中待识别物品的信息，三是将所获取的物品信息传输到中央信息系统中进行处理；中央信息系统的作用是分析和管理读写器从电子标签中读取的数据信息。

RFID 的应用相当广泛，主要集中在以下几个领域。

（1）物流

物流仓储是 RFID 最有潜力的应用领域之一，UPS、DHL 等国际物流巨头都在积极地对 RFID 技术进行试验，以期实现大规模的应用，提升其物流能力。在物流管理中，RFID 取代了传统配送中心在验货、拣货、清算等作业过程中的手工作业，既能够增加供应链的可视性，又可以提高库存管理能力，大大地提高了效率和自动化水平。

（2）零售

由沃尔玛、家乐福等大超市一手推动的 RFID 应用，给零售业带来了相当多的益处。零售业从采购、存储、包装、装卸、运输、配送、销售到服务，整个供应链环环相扣，企业必须实时地、精确地掌握整个商流、物流、信息流和资金流的流向和变化，而 RFID 能有效地为零售业提供业务过程的控制与跟踪，减少出错率。此外，RFID 兼有防盗和防伪作用，可以帮助进行精细化的客户信息管理。

（3）医疗

医疗行业对标签成本较不敏感，所以该行业将是 RFID 应用的先锋领域之一。RFID 可以加快医疗器械的位置查询，提高其使用效率，类似于资产管理。在药品及一次性用品的管理上，采用 RFID 可以提高药品的周转效率，并加以防伪监控。医疗废弃物属于危险品，需要采用 RFID 对其进行追溯管理。

（4）身份识别

由于其具有快速读取与防伪特性，RFID 技术被广泛地应用于个人的身份识别证件，如世界各国开展的电子护照项目、我国的第二代身份证等。除此之外，RFID 技术也在食品、交通、制造业、服装业、军事等领域发挥着越来越重要的作用。

图 1.4 展示了不同外形的 RFID 标签，其中图 1.4(a)为很薄的、由透明塑料封装的粘贴式 RFID 标签，图 1.4(b)为体积与普通米粒相当的、由玻璃管封装的动物或人体植入式 RFID 标签。

(a) 粘贴式RFID标签　　　　　　　　　　　(b) 植入式RFID标签

图 1.4　不同外形的 RFID 标签

3. 二维码技术

二维码(2-dimensional bar code)又称二维条码、二维条形码，是一种信息识别技术。二维码通过黑白相间的图形来记录信息，这些黑白相间的图形按照特定的规律分布在二维平面上，图形与计算机中的二进制数相对应，人们通过对应的光电识别设备就能将二维码输入计算机进行数据的识别和处理。

二维码有两类,一类是堆叠式/行排式二维码,另一类是矩阵式二维码。堆叠式/行排式二维码与矩阵式二维码在形态上有所区别,前者由一维码堆叠而成,后者以矩阵的形式组成。两者虽然在形态上有所不同,但都采用了共同的原理:每一个二维码都有特定的字符集,都有相应宽度的"黑条"和"空白"来代替不同的字符,都有校验码等。不同种类的二维码信息对比如图 1.5 所示。

码图	码制	码制分类
	Code49	行排式
	PDF417	行排式
	Data Matrix	矩阵式
	QR	矩阵式

图 1.5 不同种类二维码信息对比

二维码技术具有以下几个方面的优点。

① 编码的密度较高,信息容量很大。一般来说,一个二维码理论上能容纳 1 850 个大写字母,或者 2 710 个数字。如果换算成字节,可包含 1 108 个;换算成汉字,能包含 500 多个。

② 编码范围广。二维码编码的依据可以是指纹、图片、文字、声音、签名等,具体操作是将这些"依据"先进行数字化处理,再转化成条码的形式呈现。二维码不仅能表示文字信息,还能表示图像数据。

③ 容错能力强,具有纠错功能。二维码局部沾染了油污,变得模糊不清,或者被利器穿透导致局部损坏,在这些极端情况下,二维码都可以正常地识读和使用。也就是说,只要二维码损毁面积不超过 50%,都可以利用技术手段恢复其原有信息。

④ 译码可靠性高。二维码的错误率低于千万分之一,比普通条码错误率低十几倍。

⑤ 安全性高,保密性好。

⑥ 制作简单,成本较低,持久耐用。

⑦ 可随意缩小和放大比例。

⑧ 能用多种设备识读,如光电扫描器、CCD 设备等,方便、好用、效率高。

1.2.2 网络层

网络层是物联网的神经中枢和大脑,负责信息的传递和处理。网络层主要包括接入网与传输网两种,分别实现接入功能和传输功能。接入网包括光纤接入、无线接入、以太网接入、卫星接入等各类接入方式,能够实现底层的传感器网络、RFID 网络的"最后一公里"的接入。传输网由公网与专网组成,典型的传输网络包括电信网(固网、移动网)、广电网、互联网、电力通信网、专用网(数字集群)。随着物联网技术和标准的不断进步和完善,物联网的应用将越来越广泛,政府部门、电力、环境、物流等关系到人们生活方方面面的应用都会加入物联网中,到时,会有海量数据通过网络层传输到云计算中心。因此,物联网的网络层必须要有较大的吞吐量以及较高的安全性。

物联网是由传感器网加互联网的网络结构构成的。传感器网作为末端的信息拾取或信息馈送网络,是一种可以快速建立、不需要预先存在固定的网络底层构造的网络体系结构。物联网中节点的高速移动性使得节点群快速变化,节点间链路通断变化频繁。当前技术下的物联网具有如下特点。

① 网络拓扑变化快。传感器网络密布在需要收集信息的环境之中,独立工作,部署的传感器数量较多,设计寿命的期望值大,结构简单。但是实际上传感器的寿命受环境的影响较大,失效是常事,而传感器的失效,往往会造成传感器网络拓扑的变化,这一点在复杂和多级的物联网系统中表现尤为突出。

② 传感器网络难以形成网络的节点中心。传感器网络的设计和操作与其他传统的无线网络不同,它基本没有一个固定的中心实体。在标准的蜂窝无线网中,正是靠这些中心实体来实现协调功能的,而传感器网络则必须靠分布算法来实现。因此,传统的基于集中的HLR(Home Location Register,归属位置寄存器)和 VLR(Visitor Location Register,漫游位置寄存器)的移动管理算法,以及基于基站和 MSC(Mobile Switching Center,移动交换中心)的媒体接入控制算法,在这里都不再适用。

③ 通信能力有限。传感器网络的通信带宽窄而且经常变化,通信覆盖范围小,一般在几米、几十米的范围内,并且传感器之间通信中断频繁,经常导致通信失败。另外,传感器网络受高山、障碍物等地势和自然环境的影响,里面的节点还可能长时间脱离网络。

④ 节点的处理能力有限。通常,传感器都配备嵌入式处理器和存储器,这些传感器都具有计算能力,可以完成一些信息处理工作。但是嵌入式处理器的处理能力和存储器的存储量都是有限的,导致传感器的计算能力十分有限。

⑤ 物联网网络对数据的安全性有一定的要求。这是因为物联网工作时一般少有人介入,完全依赖网络自动采集、传输、存储数据,分析数据并且报告结果和采取相应的措施,如果数据发生错误,必然引起系统的错误决策和行动,这一点与互联网并不一样。互联网由于使用者具有相当的智能和判断能力,所以在网络和数据的安全性受到攻击时,可以主动采取防御和修复措施。

⑥ 网络终端之间的关联性较低。物联网网络节点之间的信息传输很少,终端之间的独立性较大。通常物联网中的传感和控制终端工作时,是通过网络设备或者上一级节点来传输信息的,所以传感器之间信息的相关性不大,相对比较独立。

⑦ 网络地址的短缺性导致网络管理的复杂性。众所周知,物联网的各个传感器都应该获得唯一的地址,才能正常地工作。但是,IPv4 的地址即将用完,互联网上的地址也已经非常紧张,即将分配完毕。物联网这样大量地使用传感器节点的网络,导致对于地址的寻求更加迫切。从这一点来考虑,IPv6 的部署应运而生。但是由于 IPv6 的部署需要考虑与 IPv4 的兼容,并且投资巨大,所以运营商至今对于 IPv6 的部署小心谨慎,目前还是倾向于采取内部的浮动地址加以解决。这样更增加了物联网管理技术的复杂性。

1.2.3 应用层

应用层是物联网的"社会分工"与行业需求的结合,是物联网与行业专业技术的深度融合。应用层利用云计算、模糊识别等智能计算技术,解决对海量数据的智能处理问题,以达到使信息最终为人所用的目的。

应用层主要包括服务支撑层和业务体系结构层。物联网的核心功能是对信息资源进行采集、开发和利用,因此这部分内容十分重要。

服务支撑层的主要功能是根据底层采集的数据,形成与业务需求相适应并实时更新的动态数据资源库。该部分采用元数据注册、发现元数据、信息资源目录、互操作元模型、分类编码、并行计算、数据挖掘、数据收割、智能搜索等各项技术,亟须重点研制物联网数据模型、元数据、本体、服务等标准,发展物联网数据体系结构、信息资源规划、信息资源库设计和维护等技术;各个业务场景可以在此基础上,根据业务需求的特点开展相应的数据资源管理。业务体系结构层的主要功能是根据物联网业务需求,采用建模、企业体系结构、SOA 等设计方法,开展物联网业务体系结构、应用体系结构、IT 体系结构、数据体系结构、技术参考模型、业务操作视图等的设计。物联网涉及面广,包含多种业务需求、运营模式、应用系统技术体制、信息需求、产品形态均不同的应用系统,因此必须建立统一、系统的业务体系结构,才能够满足物联网全面实时感知、多目标业务、异构技术体制融合等需求。对业务类型进行细分,可以得到包括绿色农业、工业监控、公共安全、城市管理、远程医疗、智能家居、智能交通和环境监测等不同的业务服务,根据业务需求的不同,对业务、服务、数据资源、共性支撑、网络和感知层的各项技术进行裁剪,形成不同的解决方案,这些方案可以承担一部分人机交互功能。

应用层能够为各类业务提供统一的信息资源支撑,通过建立并实时更新可重复使用的信息资源库和应用服务资源库,各类业务服务可以根据用户的需求进行组合,使物联网的应用系统对于业务的适应能力明显提高。该层能够提高对应用系统资源的重用度,为快速构建新的物联网应用奠定基础,满足物联网环境中复杂多变的网络资源应用需求和服务。该部分内容涉及数据资源、体系结构、业务流程等领域,是物联网能否发挥作用的关键,可采用的通用信息技术标准不多,因此尚需研制大量的标准。

目前流行的物联网应用层协议包括 CoAP、MQTT、XMPP 和 AMQP 4 种协议。

(1) CoAP

CoAP(The Constrained Application Protocol)是由 Internet 工程任务组(IETF)开发的一种简化的 HTTP 协议。CoAP 使用 REST 体系结构,客户机和服务器可以使用熟悉的 GET、PUT、POST 和 DELETE 命令来传输信息。CoAP 依靠 6LoWPAN 来实现与 IPv6 的兼容,这不仅有助于物联网节点的互联网接入,还提高了其与 HTTP 的互操作性。但是,IPv6 转成 6LoWPAN 格式进行的分片和重组影响了网络的性能。考虑到物联网设备固有的资源限制,CoAP 显著地减少了消息首部长度,首部长度减少到 4 个字节。与 HTTP 不同,CoAP 在其传输层采用 UDP 协议。与 TCP 相比,UDP 具有多种优势:首先,它的简单性使其适用于资源受限的物联网设备;其次,UDP 可以实现物联网应用所需要的多播功能;此外,它还为采用 DTLS 协议的应用程序提供了严格的安全保障。然而,用 UDP 代替 TCP 有许多缺点,比如,UDP 没有提供一个强大的拥塞控制机制。另外,CoAP 内置的超时重传

（RTO）机制在许多情况下都被证明是无效的。IETF 正在开发高级拥塞控制（CoCoA）来解决这个问题。

（2）MQTT-SN

MQTT-SN（Message Queuing Telemetry Transport for Sensor Networks）是一种开放式通信技术，专门为资源受限的设备而设计，以有限的吞吐量在网络中运行。与 CoAP 中使用的 REST 体系结构不同，MQTT-SN 采用发布/订阅（publish/subscribe）机制，这是因为它具有良好的可扩展性。MQTT-SN 针对物联网设备需求进行了多次修改。例如，与 MQTT 不同，该协议不一定需要 TCP 作为下层协议，它与 UDP 兼容；它减少了消息开销，并提供了一种新的休眠模式机制，专门针对利用电池供电的物联网设备。MQTT-SN 由 3 个组件组成：客户机、转发器和网关。客户机使用 MQTT-SN 直接或通过一个（或多个）转发器将消息发送到网关。网关将 MQTT-SN 格式分组转换为 MQTT 格式，然后转发给 MQTT 服务器，反之亦然。网关既可以作为独立设备实现功能，也可以集成到服务器中。在 MQTT-SN 规范中定义了两种类型的网关：透明网关和聚合网关。透明网关在每个客户机和服务器之间创建一对一的连接。由于一些 MQTT 服务器在同时连接的数量上有限制，所以 MQTT-SN 建议在这种情况下将网关聚合，将客户机之间的所有通信封装到网关和 MQTT 服务器之间的单个连接中，从而减少并发连接的数量。与透明网关相比，聚合网关要复杂得多。MQTT-SN 还包括一个新的休眠模式，客户机可以通过 DISCONNECT 消息通知网关其休眠周期。在此期间，所有发送到休眠客户机的数据都在网关中进行缓冲。

（3）XMPP

XMPP（Extensible Messaging and Presence Protocol）最初被用于促进结构化数据的实时交换，可以封装在 XML 小包中。XMPP 使用分布式客户机/服务器体系结构，客户机必须在与其他客户机交换任何信息之前建立与服务器的连接。总体而言，XMPP 体系结构包括 3 种类型的设备：客户机、服务器和网关。客户机无法直接交换信息，所有通信必须通过 XMPP 服务器，这些服务器相互连接，以允许与不同服务器关联的客户机之间进行消息交换；这些服务器使用协议网关来提供与其他即时消息（IM）协议的互操作性。虽然 IM 是 XMPP 服务的主要应用程序，但上述特性加上其显著的扩展性和灵活性，使该协议适用于对延迟敏感的物联网。XMPP 利用 TCP 在服务器之间或服务器和客户机之间提供无损通信。尽管 TCP 具有可靠性和拥塞控制机制，但增加了设备的开销。

（4）AMQP

AMQP（Advanced Message Queuing Protocol）是为可靠的点对点通信而开发的开放标准，它最初是为银行的服务设计的，主要用于处理大量的排队交易。对可靠性的注重和对可扩展性的支持使 AMQP 适合于任务关键型的物联网应用程序。总的来说，协议由一个传输层（在两个节点之间提供连接）和一个消息层组成，这有助于节点之间的消息交换。节点可以承担 AMQP 体系结构中定义的 3 个角色之一：生产者、消费者和队列。生产者和消费者是分别生成和接收消息的应用层进程，而队列提供存储和转发服务。一对生产者和消费者通过全双工信道进行连接，每个连接都包含一组单向通道，它们提供可靠的跨存储连接通信。帧头被定义为具有一个 8 位长度的固定字段和一个为将来使用而保留的扩展字段。AMQP 基于 TCP 协议，并且通过使用 TLS 和 SASL 来保证通信的安全。

1.3 物联网的发展

1. 物联网发展现状

全球多个国家和地区高度重视物联网的发展,发布了一系列政策来驱动物联网技术的持续创新。欧洲联盟、美国近 10 年推出了多个战略规划以推动物联网发展,如 2017 年美国国家电信和信息管理局推出《加快物联网发展绿皮书》,提出进一步发挥政府作用,将物联网作为国家战略。在政策牵引和市场发展的双轮驱动下,全球物联网加速发展。截至 2018 年年底,全球联网设备数量多达 220 亿,美国山间医疗保健公司(IHC,Intermountain Healthcare)与国际数据公司(IDC,International Data Company)等多个机构预测,2020 年物联网设备总联网数量已超 260 亿。物联网应用场景持续扩展,市场内生动力促使物联网高速发展。制造商、互联网企业、运营商纷纷大范围布局发展物联网,促使物联网与人工智能、边缘计算等技术融合发展。以智能工业、车联网、智慧物流等为代表的产业化应用逐渐形成规模。智能电网、智慧城市、M2M、智能化平台等行业应用成为全球物联网的应用重点。在中国,2019 年工业和信息化部发布《"5G＋工业互联网"512 工程推进方案》,明确将工业互联网作为未来 5G 落地的重要应用场景之一。在产业政策逐渐落地的支持下,中国工业互联网市场规模逐年扩大,增速维持在 10％以上的较高水平。在智慧物流领域,我国已有 600 万余辆车辆、3 000 余座内河设施和近 3 000 座海上设施使用北斗卫星导航系统。未来,随着物流行业进一步扩展设施联网设备,智慧物流将得到快速的发展。骨干企业纷纷加快物联网战略布局,随着海量数据存储、数据分析、数据感知、网络传统制造技术水平的不断提升,我国的物联网也将广泛地应用于工业、农业、交通、社会治理等方面。

2. 物联网发展趋势

物联网技术呈现融合发展、集成创新、规模应用、生态加速的特点,热点技术不断涌现。网络和平台加速规模部署,为物联网的全面推广奠定了基础。当下,我国的物联网技术处于融合发展的阶段,技术体系正在加速重构,物联网广域网络的规模部署和网络技术不断实现突破。物联网核心技术体系如图 1.6 所示。物联网标识广泛地用于物联网技术领域的各个环节,是物联网技术领域的应用基础;物联网平台、物联网安全技术是物联网技术的支撑和保障;LPWAN 技术与 5G 是整个技术领域的核心和热点;边缘计算、区块链技术近年来与物联网技术融合发展,催生了物联网领域产业新应用。

(1)标识体系促进物联网产业规模化发展

标识体系是实现物联网万物互联的基础,是实现数据可追溯的关键,在过去的 10 年受到了政府、企业的高度重视。物联网标识体系主要包括根节点、国家顶级节点和二级节点,各节点存储特定的信息。2015 年,《物联网标识体系 物品编码 Ecode》(GB/T 31866—2015)正式颁布,截至 2019 年,平台标识注册量超 792 亿(个),主要用于工业、农业、零售、城市建设等方面。在消费电子方面,标识体系已主要用于智能家居领域,相关方通过使用统一的标识体系能够实现不同家电设备、数据采集终端和软件服务平台的数据互通、解析和管理,产生更多智慧家居使用场景。在工业领域,工业互联网标识体系为传统制造设备、产品、零部件添加可追溯的标识,为工业智能化和跨企业的数据互通和共享提供了可能。从长远

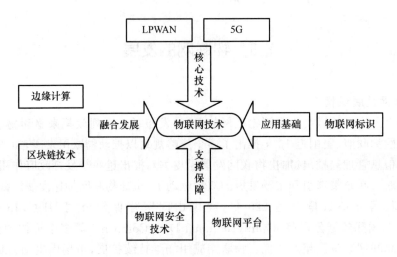

图 1.6　物联网核心技术体系

发展来看,一方面,需要完善标识解析领域标准研制和平台试验的验证,减缓全球物联网标识异构对我国的影响;另一方面,需要对物联网资源进行进一步的优化整合,加深标识体系在汽车、航天、船舶、医疗等重点行业的应用推广。

（2）LPWAN 放大物联网终端设备潜力

LPWAN 适用于低速率、远距离、大量连接的应用场景,解决了面向物联网应用的广域覆盖大规模网络连接的问题,弥补了传统蜂窝技术的不足,加速了物联网的应用和规模化部署,随着万物互联和网络基础建设的发展,LPWAN 未来发展潜力巨大。截至 2019 年 12 月,全球商用 LPWAN 网络数量达 98(张),其中 NB-IoT 网络数量达 60(张),国内以华为海思、紫光展锐、联发科为首的制造商在 NB-IoT 软/硬件及芯片方面投入巨大并已实现产品的商用。2020 年,NB-IoT 标准已正式纳入 ITU IMT-2020 5G 标准,NB-IoT 也将有利于解决我国物联网行业的碎片化问题。未来,NB-IoT 技术将更大规模地用于智能家居、智慧金融等智慧领域。

（3）5G 成为物联网产业发展新一轮驱动

5G 主要应用于增强移动宽带(eMBB,enhanced mobile broadband)、大规模机器类通信(mMTC,massive machine type of communication)和超可靠低时延通信（uRLLC,ultra-reliable and low latency communication）3 类场景。eMBB 为 4K、8K 超高清视频直播传输提供了所需的大带宽保障,适用于虚拟现实、增强现实等应用场景,可以满足高速图像传输和处理需求,大幅度地提升用户体验。uRLLC 为自动驾驶等物联网应用场景提供了应用条件,今后 5G 将为车联网带来重大的发展机遇,车联网借助 5G 将迎来爆发式的发展。百度、阿里巴巴、京东、滴滴等企业均在布局商用 5G 自动驾驶。mMTC 保障了海量设备的物物互联,主要面向大规模物联网业务,如 mMTC 能够满足电网海量基础设施数据采集和安全传输的需求,帮助配电网完成智能抄表、数据传输、状态监控和智能化控制,为智能电网提供有效的解决方案。未来,在行业信息化需求与市场技术迭代的双重推进下,"5G＋"将进一步加强物联网与其他新一代信息技术的融合应用。

（4）边缘计算催生百万级物联网设备

一方面,边缘计算支撑边缘计算专用人工智能芯片快速演进,边缘计算专用人工智能芯片将在架构复杂度、算法多样性及多场景适应性上不断创新和提升,进一步与边缘设备在性能、功耗与尺寸间平衡。另一方面,边缘计算与云计算协同发展,作为云计算的深化,边缘计算极大地补充了云计算在实时性、智能性和安全管控上的不足,云计算和边缘计算的进一步融合,为物联网中连接的设备带来了稳定性,并能够通过处理更接近源头的数据来解决时延问题。同时,云计算与 5G 协同发展,5G 商用为边缘计算的快速发展提供了新的机遇,5G 的快速处理、低时延等特点可以在迅速响应方面提供一个新的途径,能够对端、边缘、云进行联合优化。边缘计算的这种能力,可以从用户体验、功耗、计算负载、性能、成本等方面在物联网设备、边缘设备和云设备之间智能配置资源,为联合优化提供一种新的途径。未来,边缘计算将推动更多新的平台和案例出现,超过百万的物联网设备和海量的数据将通过云实现连接和交互。

(5) 物联网安全是物联网行业发展重点

物联网安全是物联网行业发展的重点,物联网设备的连接性和内置安全性的普遍不足已被忽略了很长时间,除了少量智能手机芯片,用于物联网的终端芯片较少加入安全芯片,普遍不具备抗网络攻击的能力。同时,终端物联网设备接入公网后更将成为公网的安全隐患。整体来说,我国物联网行业尚未建立有效的安全防御体系和安全生态。调研结果显示,我国 97% 的企业在实现物联网技术时开始关注安全性问题,80% 的企业认为部署物联网的最大壁垒之一是数据安全隐私。未来,应从体系上全面构建物联网安全架构,在设备层面加强基础设施创新,从源头保障物联网安全。在网络层面,加大 5G、区块链、云计算安全部署,实现安全可靠的通信与存储。在应用层面,加大与人工智能、边缘计算的结合,构建智能化的安全体系。未来,物联网安全管理、安全标准、安全技术服务和安全监管将显得尤为重要。

(6) 面向服务的智能物联网是必然趋势

目前,信息产业已从"以网络为中心"转向"以服务为中心",单一化、碎片式的物联网应用已不足以应对市场的多样化新兴需求。先进计算、数字孪生等技术与物联网领域融合发展,面向各类边缘服务场景的智能化服务云平台、工业大数据平台逐渐完善。以大型互联网公司、运营商、电力公司等为代表的服务提供商加速对海量数据的整合利用,纷纷打造智能物联网平台,实现垂直行业价值变现,按需提供开放式服务,打造物联网产业生态圈。未来,物联网行业将趋于规模化和智能化,水平化和垂直化平台将相互渗透,物联网边界将逐渐模糊化。

3. 物联网发展面临的挑战

虽然物联网近年来的发展已经渐成规模,世界各国都投入了巨大的人力、物力、财力来进行相关的研究和开发,但是在技术、管理、成本、政策、安全等方面仍然存在许多需要攻克的难题。

(1) 技术标准的统一与协调

目前,传统互联网的标准并不适合物联网。物联网感知层的数据多源异构,不同的设备有不同的接口,不同的技术标准。使用的网络类型不同、行业的应用方向不同导致存在不同的网络协议和体系架构。建立统一的物联网体系架构和统一的技术标准是物联网正在面对的难题。

(2) 管理平台问题

物联网自身就是一个复杂的网络体系,加之应用领域遍及各行各业,不可避免地存在很大的交叉性。如果这个网络体系没有一个专门的综合平台对信息进行分类管理,就会出现大量的信息冗余、重复工作、重复建设,造成资源浪费。每个行业的应用各自独立,成本高、效率低,体现不出物联网的优势,势必会影响物联网的推广。物联网现急需一个能整合各行业资源的统一管理平台,使其能形成一个完整的产业链模式。

（3）成本问题

就目前来看,各国对物联网都积极支持,但能够真正投入并大规模使用的物联网项目少之又少。譬如,实现 RFID 技术最基本的电子标签及读卡器,其成本价格一直无法达到企业的预期,性价比不高;传感网络是一种多跳自组织网络,极易遭到环境因素或人为因素的破坏,若要保证网络通畅,并能实时、安全地传送可靠信息,网络的维护成本需要很高。在成本没有达到普遍可以接受的范围时,物联网的发展只能是空谈。

（4）安全性问题

传统的互联网发展成熟、应用广泛,尚存在安全漏洞。物联网作为新兴产物,相对于互联网体系结构更复杂、更没有统一标准,各方面的安全问题也更加突出。作为其关键实现技术之一的传感器网络存在非常大的安全问题。暴露在自然环境下的传感器,特别是一些放置在恶劣环境中的传感器对于如何长期维持网络的完整性提出了新的要求。这不仅受环境因素影响,也受到人为因素的影响。RFID 作为物联网的另一关键实现技术,是一种事先将电子标签植入物品中以达到实时监控状态的技术,这对于部分标签物的所有者来说势必会造成一些个人隐私的暴露,个人信息的安全性存在问题,不仅影响个人信息安全,也会影响企业之间、国家之间的信息安全。如何在使用物联网的过程中做到信息化和安全化的平衡至关重要。

习　题

一、选择题

1. 2009 年 9 月无锡市与（　　）就传感网技术研究和产业发展签署合作协议,标志中国物联网进入实际建设阶段。

A. 北京邮电大学　　B. 南京邮电大学　　C. 北京大学　　　　D. 清华大学

2. 下列关于物联网的安全特征说法不正确的是（　　）。

A. 安全体系结构复杂　　　　　　　　B. 涵盖广泛的安全领域

C. 物联网加密机制已经成熟健全　　　D. 有别于传统的信息安全

3. 物联网感知层遇到的安全挑战主要有（　　）。

A. 网络节点被恶意控制　　　　　　　B. 感知信息被非法获取

C. 节点受到来自 DoS 的攻击　　　　　D. 以上都是

4. DES 是一种广泛使用的（　　）。

A. 非对称加密算法　　　　　　　　　B. 流密码算法

C. 分组密码算法　　　　　　　　　　D. 公钥密码算法

5. 关于私钥密码体制和公钥密码体制,下列陈述正确的是（　　）。

A. 因为一次一密是无条件安全保密系统,所以私钥体制比公钥体制安全

B. 私钥体制的解密密钥等于加密密钥

C. 公钥体制的解密密钥无法从加密密钥得到,所以可以公开加密密钥

D. 公钥体制之所以可以公开加密密钥,是因为加密者认为现有的破解能力得不到其解密密钥

6. 保障信息安全最基本、最核心的技术措施是(　　)。

A. 信息加密技术 　　　　　　　　B. 信息确认技术

C. 网络控制技术 　　　　　　　　D. 反病毒技术

7. 下列关于物联网安全技术说法正确的是(　　)。

A. 物联网信息完整性是指信息只能被授权用户使用,不能泄露其特征

B. 物联网信息加密需要保证信息的可靠性

C. 物联网感知节点接入和用户接入不需要身份认证和访问控制技术性

D. 物联网安全控制要求信息具有不可抵赖性和不可控性

8. 信息安全的基本属性是(　　)。

A. 保密性 　　　　　　　　　　　B. 完整性

C. 可用性、可控性、可靠性 　　　　D. A、B、C 都是

二、填空题

1. 物联网的三层架构包括_____、_____和_____。不管是哪一种体系架构划分,_____都是必不可少的。

2. 物联网的 3 个关键特征有_____、_____、_____。

3. RFID 是物联网_____的关键技术。

三、简答题

1. 简述物联网的定义。

2. 简述物联网的关键技术。

3. 简述物联网的 3 个特征。

4. 简述物联网安全体系结构。

5. 简述物联网的关键安全技术。

6. 常用的信息安全技术有哪几种?

参 考 文 献

[1] 杨彬.物联网技术及其应用[J].安徽科技,2020(5):54-55.

[2] 陈良坤,梁胜涛,贺凯旋.物联网感知层结构关键技术及应用分析[J].电力设备管理,2020(6):190-192.

[3] 尹春林,杨莉,杨政,等.物联网体系架构综述[J].云南电力技术,2019,47(4):68-70,79.

[4] 张冬杨.2019 年物联网发展趋势[J].物联网技术,2019,9(2):5-6.

[5] 周程,李辉.RFID 技术简介与发展综述[J].中国西部科技,2015,14(3):4-5,25.

[6] 燕雨薇,余粟.二维码技术及其应用综述[J].智能计算机与应用,2019,9(5):194-197.

[7] 段军雨,侯俊丞.面向物联网的无线传感器网络综述研究[J].物联网技术,2019,9(4):

61-62,66.

[8] 刘勇,侯荣旭.浅谈物联网的感知层[J].电脑学习,2010(5):55,62.

[9] 党鹏.浅谈物联网感知层的信息安全防护策略[J].计算机产品与流通,2019(9):146.

[10] 孙其博,刘杰,黎羴,等.物联网:概念、架构与关键技术研究综述[J].北京邮电大学学报,2010,33(3):1-9.

[11] 武传坤.物联网安全关键技术与挑战[J].密码学报,2015,2(1):40-53.

[12] 赵洁.物联网安全技术分析[J].信息技术与信息化,2020(11):155-157.

[13] 虞尚智.物联网安全架构及关键技术探析[J].信息与电脑(理论版),2020,32(22):212-214.

[14] 桂春.物联网安全体系结构研究[J].无线互联科技,2019,16(23):107-108.

[15] 曹蓉蓉,韩全惜.物联网安全威胁及关键技术研究[J].网络空间安全,2020,11(11):70-75.

[16] 黄梅.物联网的应用、面临的挑战和发展趋势[J].黑龙江科学,2019,10(12):162-164.

第**2**章 密码技术基础

2.1 密码学的基本概念

密码学(Cryptography)来源于希腊语 Kryptós(隐藏的、秘密的)和 Gráphein(书写),是指在被称为敌手的第三方存在的情况下对安全通信技术的实践和研究。早期的密码学研究如何秘密地传送消息,而现在的密码学从最基本的消息机密性研究延伸到消息完整性检测、发送方/接收方身份认证、数字签名以及访问控制等信息安全的诸多领域,是信息安全的基础与核心。

密码学可以分为密码编码学和密码分析学两个分支。其中密码编码学是研究对信息进行编码以实现隐蔽信息的学问,而密码分析学是关于如何破译密码或密码系统的研究,两者相互对立又相互促进。

密码体制有两种:对称密码体制(又称为单钥密码体制)和非对称密码体制(又称为双钥密码体制或公钥密码体制)。对称密码体制使用相同的密钥(秘密密钥)对消息进行加密/解密,系统的保密性主要由密钥的安全性决定,而与算法是否保密无关。对称密码体制设计和实现的中心课题是:用何种方法产生满足保密要求的密钥以及用何种方法将密钥安全又可靠地分配给通信双方。对称密码体制可以通过分组密码或流密码来实现,它既可以用于数据加密,又可以用于消息认证。非对称密码体制使用公钥来加密消息,使用私钥来解密。使用非对称密码体制可增强通信的安全性。

1. 密码学的发展历程

密码学到目前为止经历了 3 个发展阶段:古典密码学、近代密码学、现代密码学。

(1) 古典密码学

古典密码学是密码学发展的基础与起源。自古以来,人们就非常重视密码技术的应用,其历史可以追溯到两千多年前的凯撒大帝时期。很长一段时期内,"密码"被视为高智商人玩的游戏。所谓"密码",是相对于"明码"来讲的,那些一目了然的、具有实际意义的消息被称为"明码"或"明文",将这些明文消息进行特定的变换就得到对应的"密码"或"密文"。通常,密文都是看似杂乱无章的消息,只有拥有密钥的接收方才能将其恢复成明文。传统的加密方法是建立明文消息空间和密文消息空间的一一映射。比如历史上第一个密码技术——

凯撒密码,还有后面的掩格密码等。这些密码虽然大都比较简单,但对于今天的密码学发展仍然具有参考价值。

（2）近代密码学

近代密码学开始于通信的机械化与电气化时期,它为密码的加密技术提供了前提,也为破译者提供了有力的武器。电子信息时代的到来给密码设计者带来前所未有的自由,他们可以利用电子计算机设计出更为复杂、保密的密码系统。

（3）现代密码学

古典密码学和近代密码学都是现代人赋予的定义,与其有关的研究算不上真正意义上的一门科学。1949年,香农发表了一篇名为《保密系统的通信理论》的著名论文,该文将信息论引入密码,奠定了密码学的理论基础,开启了现代密码学时代。

由于历史的局限,20世纪70年代中期以前的密码学研究基本上是秘密进行的,主要应用于军事和政府部门。密码学真正的蓬勃发展和广泛应用是从70年代中期开始的。1977年,美国国家标准局将数据加密标准(DES)用于非国家保密机关,该标准完全公开了加密、解密算法;此举突破了早期密码学信息保密的单一目的,使密码学得以在商业等民用领域广泛应用,为这门学科注入了巨大的生命力。

1976年,美国密码学家迪菲和赫尔曼在《密码学的新方向》一文中提出了一个崭新的思想,认为不仅加密算法本身可以公开,甚至加密用的密钥也可以公开,但这并不意味着保密程度的降低,因为加密密钥和解密密钥不一样,将解密密钥保密就可以,这就是著名的公钥密码体制。若存在这样的公钥体制,可以将加密密钥像电话簿一样公开,那么任何用户想经由其他用户传送加密信息时,都可以从这本密钥簿中查到该用户的公开密钥,用它来加密,而接收者能用只有它所具有的解密密钥得到明文,任何第三者都不能获得明文。1978年,美国麻省理工学院的里维斯特、沙米尔和阿德曼提出了RSA公钥密码体制,它是第一个成熟的、迄今为止理论上最成功的公钥密码体制。该体制的安全性基于数论中的大素数因子分解,该问题是数论中的一个困难问题,至今没有有效的算法,这使得该体制具有较高的保密性。在现代密码学中,除了信息保密外,还有另一方面的要求,即信息安全体制还要能抵抗对手的主动攻击。所谓主动攻击,指的是攻击者可以在信息通道中注入自己伪造的消息,以骗取合法接收者的信任。主动攻击可能是篡改信息,也可能是冒名顶替,这就导致了现代密码学中认证体制的产生。该体制的目的就是保证当用户收到一个信息时,能验证消息是否来自合法发送者,同时还能验证该信息是否被篡改。在许多场合,如电子汇款中,能对抗主动攻击的认证体制甚至比信息保密还重要。

2. 密码学相关概念

加密是将原始数据〔明文(Plaintext或Cleartext)〕转化成一种看似随机的、不可读的形式〔密文(Ciphertext)〕。明文是一种能够被人理解(文件)或者被机器理解(可执行代码)的形式。明文一旦被转化为密文,不管是人还是机器都不能正确地处理它,除非它被解密。加密的作用是使机密信息在传输过程中不会泄露。

解密是将密文恢复出原明文的过程。

能够提供加密和解密机制的系统统称为密码系统,它可由硬件组件和应用程序代码构成。密码系统使用一种加密算法,该算法决定了这个加密系统简单或复杂的程度。大部分加密算法是复杂的数学公式,这种算法以特定的顺序作用于明文。

加密算法使用一种秘密的数值,称为密钥(通常是一长串二进制数),密钥使算法得以具体实现,其作用是用来加密和解密。算法(Algorithm)是一组数学规则,规定加密和解密是如何进行的。许多算法是公开的,而不是加密过程的秘密部分。加密算法的工作机制可以是保密的,但是大部分加密算法被公开,并为人们所熟悉。如果加密算法的内在机制被公开,那么必须有其他的方面是保密的。被秘密使用的一种众所周知的加密算法就是密钥(Key)。密钥可以由一长串随机位组成。一个算法包括一个密钥空间(Keyspace),密钥空间是一定范围的值,这些值能被用来产生密钥。密钥就是由密钥空间中的随机值构成的。密钥空间越大,那可用的随机密钥也就越多,密钥越随机,入侵者就越难攻破它。例如,如果一种算法允许 2 位长的密钥,算法的密钥空间就是 4,这表明了所有可能的密钥的总数。这个密钥空间太小,攻击者很容易就能找到正确的密钥。大的密钥空间能允许更多的可能密钥。加密算法应该使用整个密钥空间,并尽可能随机地选取密钥空间中的值构成密钥。密钥空间越小,可供选择的构成密钥的值就越少。这样,攻击者计算出密钥值、解密被保护的信息的机会就会增大。当消息在两个人之间传递时,如果窃听者截获这个消息,尽管可以看这个消息,但是消息已经被加密,因此毫无用处。即使攻击者知道这两者之间用的加密和解密信息的算法,但是不知道密钥,攻击者所拦截的消息也是毫无用处的。

3. 密码体制

一个密码系统(通常简称为密码体制)由以下 5 部分组成。

① 明文空间 M:全体明文的集合。

② 密文空间 C:全体密文的集合。

③ 密钥空间 K:全体密钥的集合。其中每一个密钥 K 由加密密钥 K_e 和解密密钥 K_d 组成。

④ 加密算法 E:一种由 M 到 C 的加密变换。

⑤ 解密算法 D:一种由 C 到 M 的解密变换。

它们之间的关系如图 2.1 所示。

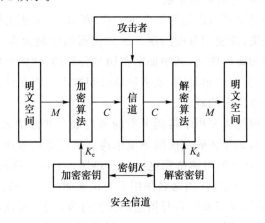

图 2.1 密码体制

对于每一个确定的密钥,加密算法将确定一个具体的加密变换,解密算法将确定一个具体的解密变换,并且解密变换就是加密变换的逆变换。对于明文空间中的每一个明文 M,加密算法 E 在密钥的控制下将明文 M 加密成密文 C:

$$C = E(M, K_e)$$

解密算法 D 在密钥 K_d 的控制下将密文 C 解密出同一明文 M：

$$M = D(C, K_d) = D(E(M, K_e), K_d)$$

4. 密码体制的分类

通常,密码体制分为对称密码体制与非对称密码体制。如果一个密码体制的 $K_e = K_d$,或由其中一个很容易推导出另一个,则称之为对称密码体制,否则称为非对称密码体制。对称密码体制通常又被称为传统密码体制,非对称密码体制往往又被称为公钥密码体制。图 2.2 给出了密码体制的基本模型。

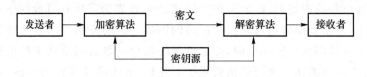

图 2.2 密码体制的基本模型

在图 2.2 中,消息发送者从密钥源得到密钥,通过加密算法对消息进行加密得到密文,接收者收到密文后,利用从密钥源得到的密钥,通过解密算法对密文进行解密,得到原始消息。

(1) 对称密码体制

就对称密码体制而言,除了算法公开,它还有一个特点就是加密密钥和解密密钥可以比较容易地互相推导出来。对称密码体制按其对明文的处理方式,可分为序列密码算法和分组密码算法。自 20 世纪 70 年代中期美国首次公布了分组密码加密标准 DES 之后,分组密码开始迅速发展,使得世界各国的密码技术差距缩小,也使得密码技术进入了突飞猛进的阶段,典型的分组密码体制有 DES、3DES、国际数据加密算法(IDEA, International Data Encryption Algorithm)、高级数据加密标准(AES, Advanced Encryption Standard)等。

(2) 非对称密码体制(公钥密码体制)

非对称密码体制的诞生可以说是密码学的一次"革命"。公钥密码体制解决了对称密码体制在应用中的致命缺陷,即密钥分配问题。就公钥密码体制而言,除了加密算法公开,它还具有不同的加密密钥和解密密钥,其中加密密钥是公开的(称作公钥),解密密钥是保密的(称作私钥),且不能够从公钥推出私钥,或者说从公钥推出私钥在计算上是"困难"的。这里的"困难"是计算复杂性理论中的概念。

公钥密码技术的出现使得密码学得到了空前的发展。在公钥密码出现之前,密码主要应用于外交、军事等部门,如今密码在民用领域也得到了广泛的应用。1977 年,为了解决基于公开信道来传输 DES 算法的对称密钥这一公开难题,Rivest、Shamir 和 Adleman 提出了著名的公钥密码算法 RSA,该算法的命名采用了 3 位发明者姓氏的首字母。RSA 公钥密码算法的提出,不但很好地解决了基于公开信道的密钥分发问题,而且还可以实现对电文信息的数字签名,防止针对电文的抵赖以及否认。特别地,利用数字签名技术,我们也可以很容易发现潜在的攻击者对电文进行的非法篡改,进而实现对信息完整性的保护。公钥密码体制中的典型算法除了 RSA,还有椭圆曲线加密算法(ECC, Elliptic Curve Cryptography)、Rabin、ElGamal 和数论研究单位算法等。

公开密钥特别适用于 Web 商务这样的业务需求。公开密钥有一个非常吸引人的优点:

即使一个用户不认识另一个实体,但是只要其服务器确信这个实体的认证中心(CA,Certification Authority)是可信的,就可以实现安全通信。例如,在利用信用卡消费时,根据客户CA的发行机构的可信度,服务方对自己的资源进行授权。在任何一个国家,由其他国家的公司充当CA都是非常危险的,目前国内外尚没有可以完全信任的CA机构。然而,在效率方面,公钥密码体制远远不如对称密码体制,因为它的处理速度比较慢。因此在实际应用中,往往把公钥技术和私钥技术结合起来使用,即利用公开密钥实现通信双方间的对称密钥传递,而用对称密钥来加/解密实际传输的数据。

在公钥密码体制中,加/解密密钥不同,作为信息发送者,加密者利用解密者的公钥信息加密,在收到密文后,解密者基于自己的私钥进行解密,以恢复原始消息。公钥密码体制的优点是密钥分发相对容易,密钥管理简单,可以有效地实现数字签名。

2.2 对称密码

2.2.1 对称密码算法简介

对称密码算法又称传统密码算法、秘密密钥密码算法。在对称密码算法中,发送方将明文和加密密钥一起经过一系列的加密算法进行加密处理后,使其变成密文发送给接收方,接收方收到密文后,则需用加密之后的密钥和已知的逆算法进行解密,得出相应的明文。

对称密码算法的典型特点如下。

① 采用的解密算法就是加密算法的逆运算,或者解密算法与加密算法完全相同。

② 加密密钥和解密密钥相同($K_e = K_d$),或者加密密钥能够从解密密钥中推算出来,反过来也成立。

③ 多数对称密码算法不是建立在具有严格意义的数学问题上的,而是基于多种"规则"和可"选择"假设。

④ 对称密码算法加密速度快、加密效率高、算法公开,便于硬件实现和大规模生产。

⑤ 对称密码算法的密钥必须通过保密信道,无法用来签名和抗抵赖,无法获得第三方公证,安全性得不到保证。

根据对明文和密文的处理方式和密钥使用上的不同,可以把对称密码算法分为两类:分组密码和流密码。

2.2.2 分组密码

1. 分组密码的原理

分组密码是将明文消息划分成长为 L 的分组 $M = (m_0, m_1, m_2, \cdots, m_{L-1})$,各个长为 L 的分组分别在密钥 $K = (k_0, k_1, k_2, \cdots, k_{t-1})$(密钥长为 t)的控制下变换成与明文等长的一组密文输出序列 $C = (c_0, c_1, c_2, \cdots, c_{L-1})$。

分组密码的安全分析理论

分组密码的加密原理是,在密钥的控制下,通过置换,将明文分组映射到密文空间的一个分组。分组密码的原理如图2.3所示。

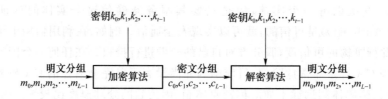

图 2.3　分组密码的原理

设 S 是一个有限集合，f 是从 S 到 S 的一个映射。如果对于任意 u、$v \in S$，当 $u \neq v$ 时，$f(u) \neq f(v)$，则称 f 为 S 上的一个置换。对于一个分组长度为 n 的分组密码，不同的密钥应该对应不同的加密和解密变换。给定密钥 k，对于任意的 u、$v \in S$，如果 $u \neq v$，则一定有 $E_k(u) \neq E_k(v)$。因为若 $E_k(u) = E_k(v)$，则在解密时将难以准确地恢复出明文。因此，对于给定的密钥 k，加密变换 E_k 是 S 上的一个置换，解密置换 D_k 是 E_k 的逆置换。

2. 分组密码设计原则

对于分组密码，保证其安全性的两个设计原则是扩散和混淆。扩散和混淆是香农提出的设计密码系统的两种基本方法，其目的是抵抗密码分析者对密码体制的统计分析。

扩散，就是使明文的统计结构扩散并消失到密文的长程统计特性中，做到这一点的方法是让明文的每个数字影响许多密文数字的取值，也就是说，每个密文数字被许多明文数字影响。其结果是在密文中各种字母的出现频率比在明文中更接近平均；双字母组合的出现频率也更接近平均。所有分组密码都包含从明文分组到密文分组的变换，具体如何变换则依赖于密钥。扩散机制使得明文和密文之间的统计关系尽可能的复杂，以便挫败攻击者推测密钥的尝试。

混淆试图使密文的统计特性与加密密钥取值之间的关系尽可能的复杂，同样是为了挫败攻击者发现密钥的尝试。这样一来，即使攻击者掌握了密文的某些统计特性，由于密钥产生密文的方式非常复杂，攻击者也难于从中推测出密钥。要实现这个目的，可以使用一个复杂的替代算法，而一个简单的线性函数就起不到多少作用。

国际上著名的数据加密标准（DES）、高级加密标准（AES）和国际数据加密标准（IDEA）都是典型的分组密码算法。

3. 分组密码的设计结构

现有分组密码的设计结构主要有 3 种：以 DES 算法为代表的 Feistel 结构及其变种结构、以 AES 算法为代表的 SPN 结构，以及以 IDEA 算法为代表的 Lai-Massey 结构。利用 Feistel 结构设计的算法加/解密一致、节约资源，但是扩散较慢，需要更多的迭代轮数。利用 SPN 结构设计的算法扩散快，一般迭代轮数较少，但往往导致加/解密不一致，从而在实现时需要更多的资源。Lai-Massey 结构也具有加/解密一致的特性，其轮函数相对复杂，整体结构难于分析。近年来，基于这 3 种结构及其变种结构和组合结构等涌现了很多安全、高效通用分组密码算法，除了美国 AES 计划和欧洲 NESSFFI 计划选出的算法，还有日本 CRYPTREC 计划中推荐的 CLEFIA 和 MISTY1 算法等，我国的商用分组密码标准 SMS4 算法，韩国的加密标准 ARIA 算法，以及其他 ISO/IEC 标准算法 SEED 和 CAST-128 等。这些通用算法为各个领域的安全提供了充分的保障。

另外，随着传感器网络和 RFID 射频网络的发展，众多轻量级的可移动设备如移动电话，智能卡，收费设备，基于 RFID 标签网络的动物跟踪、货物跟踪及电子护照等越来越多地应用于生活。这些设备与传统 PC 机相比，主要的优势是体积小、可移动、费用低，而主要的缺点是 CPU 计算能力有限、存储有限、电源有限,且一般要求设备的门电路数小于 30 000 (GE)。然而,传统的分组密码往往资源占用较大,不能很好地满足轻量级环境的要求,因此近十年来轻量级密码算法的研究成为一个热点。轻量级算法的设计和分析理论仍在探索阶段,如何在保证算法安全性的前提下尽可能降低算法的资源使用量,是分组密码学领域一个重要的研究方向。

4. 分组密码的工作模式

分组密码的工作模式由以分组密码算法为基础构造的各种密码系统决定。安全的分组密码算法搭配不安全的工作模式,同样会导致密码系统不安全。

密码工作模式的主要任务是解决密钥的产生和使用问题,通常是基本密码、一些反馈和一些简单运算的组合。这些运算是简单的,因为安全性依赖于基本密码,而不是模式。工作模式不会影响算法的安全性。

1980 年 12 月,FIPS81 标准化了为 DES 开发的 4 种工作模式,包括电子密码本模式(ECB)、密码反馈模式(CFB)、密码分组链接模式(CBC)和输出反馈模式(OFB),这些工作模式可用于任何分组密码。

(1)电子密码本模式

在 ECB 模式中,一个明文分组加密成一个密文分组,每个明文分组都可被独立地进行加/解密,因而对整个明文序列的加/解密可以以随机的顺序进行,这对于加/解密以随机顺序存储的文件,如数据库,是非常重要的。但是因为相同的明文分组永远被加密成相同的密文分组,因此在理论上制作一个包含明文和与其相对应的密文的密码本是可能的,如果密码分析者掌握着大量的明密文对,分析者就可以在不知道密钥的情况下解密出部分明文消息,从而为进一步解密提供线索。

(2)密码反馈模式

在 CFB 模式下,加/解密过程由一个初始向量 $y_0 = IV$ 开始,通过加密前一密文分组来产生当前分组的密钥流元素 z_i,即

$$z_i = e_k(y_{i-1}), i \geqslant 1$$

同时定义

$$y_i = x_i \oplus z_i, i \geqslant 1$$

图 2.4 和图 2.5 给出了 CFB 模式的描述。在 CFB 模式和接下来描述的 OFB 模式下,加密函数 e_k 被同时用于加密和解密过程。

CFB 模式会产生错误扩散。通常情况下,n 位 CFB 模式中的一个密文错误会影响当前和随后的 $m/n-1$ 个分组的解密,其中 m 是分组大小。

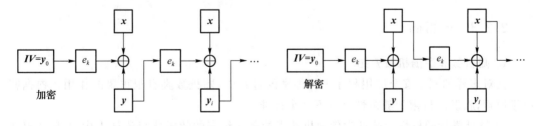

图 2.4 CFB 模式加密   图 2.5 CFB 模式解密

（3）密码分组链接模式

CBC 模式的基本原理如下。

假设密钥为 k，明文为 $M=m_1m_2m_3\cdots m_n$，密文为 $C=c_1c_2c_3\cdots c_n$，其中，m_i 和 c_i 为 $(0,1)$ 序列，m_i 和 c_i 的分组长度为分组密码算法的分组长度。

CBC 模式的加密和解密如图 2.6 和图 2.7 所示。在该模式下，每个明文块 m_i 首先与前一个密文块 c_i 做异或操作，然后用密钥 k 进行加密。每一分组的加密都依赖于前面所有的分组。在处理第一个分组时要与一个初始向量 $\bm{IV}$ 进行异或运算。$\bm{IV}$ 不需要保密，它以明文的形式与密文一起传送。CBC 模式的算法可表示如下。

加密：$c_1=E_k(m_1\oplus\bm{IV})$，$\cdots$，$c_i=E_k(m_i\oplus c_{i-1})$，$i=2,3,4,\cdots,n$。

解密：$m_1=D_k(c_1)\oplus\bm{IV}$，$\cdots$，$m_i=D_k(m_i)\oplus c_{i-1}$，$i=2,3,4,\cdots,n$。

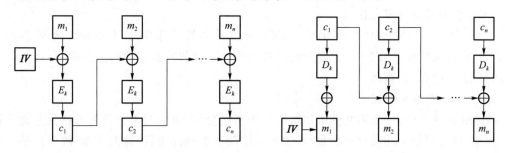

图 2.6　CBC 模式加密　　　　　　　图 2.7　CBC 模式解密

CBC 模式的优点在于引入了随机的初始向量。如果加密算法 E 是伪随机的，则输出具有一定的随机性，避免了 ECB 的缺点，隐蔽了明文的数据模式，在一定程度上能防止数据被篡改。

CBC 模式的缺点在于，如果明文分组中的 1 bit 出错，将影响该分组的密文后面所有密文的分组。如果密文分组中的 1 bit 出现错误，将会影响到错误分组后的第二个分组的明文，其他的分组不受影响，但是如果密文序列中丢失 1 bit，那么所有后续分组要移动 1 bit，并且解密将全部错误。加密消息的长度只能是分组长度的倍数，不是任意长度。

（4）输出反馈模式

OFB 模式是将分组密码作为同步序列密码运行的一种方法，它与 CFB 模式类似，不同之处是 OFB 是将前一个 n 位输出分组送入队列最右端的位置，解密是其逆过程。在加/解密两端，分组算法都以加密模式使用，这种方法有时也叫作内部反馈（Internal Feedback），因为反馈机制独立于明文和密文而存在。

4 种工作模式的安全性、效率和容错性如图 2.8 所示。

2.2.3　流密码

1. 随机数和伪随机数介绍

在对多样的网络安全应用程序进行加密的过程中，随机数具有很重要的作用。根据密码学原理，校验随机数的随机性有以下 3 个标准。

① 统计学伪随机性。统计学伪随机性指的是在给定的随机比特流样本中，1 和 0 出现的频率必须大致相同。

ECB	CBC
安全性	安全性
− 明文模式不能隐藏	−/+ 篡改明文稍难：分组可以被从消息头和尾处删除，第一分组位可被更换，并且复制允许控制的改变
− 分组密码的输入不随机，与明文一样	
− 明文容易被篡改：分组可被删除、再现或互换	+ 明文模式通过与前一个密文分组相异或被隐藏
+ 一个密钥可以加密多个消息	+ 一个密钥可以加密多个消息
效率	效率
− 由于填充，密文可比明文长一个分组	− 不考虑初始向量，密文比明文长一个分组
− 不可进行预处理	− 不可能进行预处理
+ 速度与分组密码相同	−/+ 加密不是并行的；解密并且有随机存取特性
+ 处理过程并行	
容错性	容错性
− 一个密文错误会影响到整个明文分组	− 一个密文错误会影响整个明文分组以及下一个分组的相应位
− 同步错误不可恢复	
	− 无法恢复同步错误
CFB	OFB
安全性	安全性
−/+ 篡改明文稍难：分组可以被从消息头和尾处删除，第一分组位可被更换，并且复制允许控制的改变	− 明文很容易被篡改，任何对密文的改变都会直接影响明文
+ 明文模式可以隐藏	+ 明文模式被隐藏
+ 分组密码的输入是随机的	+ 分组密文的输入是随机的
效率	+ 用不同的初始向量，一个密钥可以加密多个消息
− 不考虑初始向量，密文与明文大小相等	效率
− 在分组出现之前做些预处理是可能的，前面的密文分组可以被加密	− 不考虑初始向量，密文大小与明文相等
−/+ 加密不是并行的；解密是并行的且有随机存取特性	−/+ OFB 处理过程不是并行的；计数器处理是并行的
+ 速度与分组密码相同	+ 速度与分组密码相同
容错性	+ 消息出现前做些预处理是可能的
− 一个密文错误会影响明文的相应位及下个分组	容错性
+ 同步错误是可恢复的，1-位 CFB 能够恢复 1 位的添加或丢失	− 同步错误不可恢复
	+ 一个密文错误仅影响明文的相应位

图 2.8 4 种工作模式的安全性、效率和容错性

② 密码学安全的伪随机性，即给定随机样本的一部分和随机算法，不能有效地演算出随机样本的剩余部分。

③ 真随机性。其定义为随机样本不可重现。实际上只要给定边界条件，真随机数并不存在，可是如果产生一个真随机数样本的边界条件十分复杂且难以捕捉（比如计算机系统的

瞬间系统时钟),可以认为用这个方法演算出来了真随机数。

相应地,随机数也分为 3 类:伪随机数,满足上述标准①;密码学安全的伪随机数,满足上述标准①和②;真随机数,同时满足上述 3 个标准。

实际上,用通俗易懂的方式来解释真随机数(Random Number)和伪随机数(Pseudo Random Number)的本质区别就是,真随机数采用一个完全随机、不可复制的随机源作为输入端(熵源),比如计算机瞬时的电气特性、鼠标移动的坐标、计算机瞬间的系统时钟等,根据这个真随机输入端产生二进制数输出,这个过程是不可复现的(除非保留了这个熵源和输出产生规则)。而伪随机数采用一个事先约定的不变值作为输入端,这个不变值称为种子(在加密算法中即为密钥),按照确定的算法来产生一系列的被种子所决定的输出流,这个输出流在同时掌握种子和确定性算法的情况下可以被复现获得,而在没有种子的情况下,这个输出流"看起来"是随机的(Pseudo-randomness)。

图 2.9 和图 2.10 分别为真随机数发生器和伪随机数发生器的示意图。

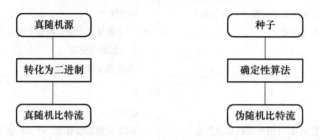

图 2.9 真随机数发生器　　　　图 2.10 伪随机数发生器

2. 流密码的原理

流密码(Stream Cipher)的主要原理(如图 2.11 所示)是通过伪随机字节发生器(PRNG)产生性能优良的随机序列,通过该序列与明文序列的叠加(通常是用密码流和输入序列做异或运算)来输出密文序列。解密时,再用同一个随机序列与密文序列进行叠加来恢复明文。常见的流密码算法有 A5、RC-4、PKZIP 等。

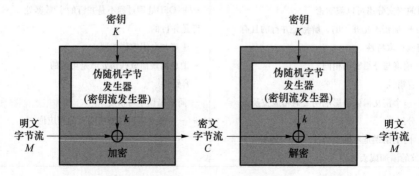

图 2.11 流密码的原理

伪随机字节发生器以初始密钥为种子,输出不断重复的周期密钥流,这个重复的周期越长,密码破解就越困难。而 PRNG 采用的伪随机函数(PRF)产生的周期内密码流越"随机",对应输出的密文流也就越随机化。因此,初始密钥的长度和 PRF 的合理设计是保证流密码加密安全性的关键。对于密钥长度,分组密码中考虑的因素在这里同样适用。

3. 流密码与分组密码的区别

分组密码是将明文分为若干组，每组长度固定，对于每一个明文组，采用设计好的算法进行加密和解密；流密码是以一个元素（一个字母或一位）作为一次加密、解密的操作元素，采用设计好的算法进行加密与解密操作。

流密码和分组密码的优点和缺点见表 2.1，详述如下。

流密码是一个随时间变化的加密变换，具有转换速度快、错误传播轻的优点，硬件实现电路更简单；其缺点是低扩散性（意味着混乱性不够）、对插入及修改不敏感。

分组密码使用的是一个不随时间变化的固定变换，具有扩散性好、插入敏感等优点；其缺点是加/解密处理速度慢、错误传播严重。

流密码涉及大量的理论知识引出了众多的设计原理，也得到了广泛的分析，但许多研究成果并没有完全公开，这也许是因为流密码目前主要应用于军事和外交等机密部门的缘故。

表 2.1　流密码与分组密码的优点和缺点

名称	优点	缺点
流密码	速度快、便于硬件实现、错误传播较轻	统计混乱不足、修改不敏感
分组密码	统计特性优良、插入敏感	速度慢、错误传播严重

2.2.4　对称密码的算法

1. DES 算法

DES 算法是从 IBM 在 1970 年年初开发出的一个叫 Lucifer 的算法发展起来的，Lucifer 是一个包含类似于 DES 构造模块的代替-置换网络。在 DES 中，函数的输出与前一轮的输出进行异或后，作为下一轮的输出。DES 算法是一个分组加密算法，以 64 位为一组对数据进行加密，输入 64 位明文，用 DES 加密后输出 64 位密文。

（1）DES 整体描述

DES 对需要加密的数据进行操作，分为 3 步。首先将输入的密文进行分组，每组为 64 位。通过一个初始置换 IP，针对每组 64 位的输入 M，输出 $W = \text{IP}(M)$。然后将 64 位的输入分为左右两部分，每部分 32 位。进行 16 轮的轮加密运算，其中轮密钥为 48 位，在第 16 轮中交换输出的左右两部分的次序。最后，经过一个逆初始置换 IP^{-1}，$Z = \text{IP}^{-1}(W) = \text{IP}^{-1}(\text{IP}(M))$，产生 64 位的密文。加密过程如图 2.12 所示。

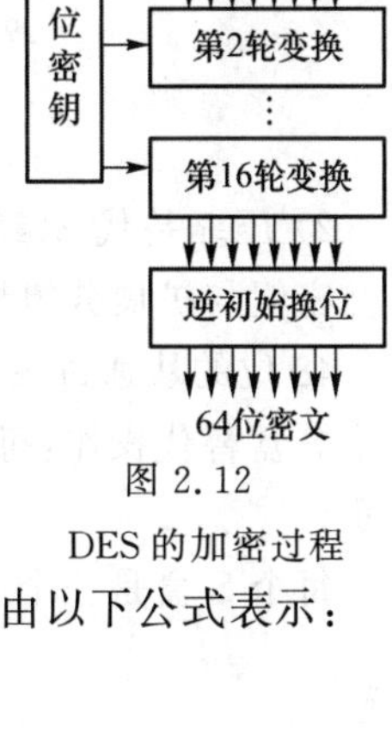

（2）DES 单轮函数

在每一轮中，密钥通过移位和置换选择产生新一轮的子密钥。通过 E 表扩展置换数据，右半部分 32 位扩展成 48 位，与每一轮生成的 48 位的子密钥异或，通过 8 个 S 盒进行代换、选择运算生成新的 32 位数据，新的 32 位数据再通过 P 盒置换一次。通过 P 盒的输出与数据的左半部分 32 位进行异或运算，成为新的右半部分 32 位的数据。原来的右半部分成为新的左半部分 32 位的数据。每轮变换可由以下公式表示：

图 2.12
DES 的加密过程

$$L_i = R_{i-1}$$
$$R_i = L_{i-1} \oplus F(R_{i-1}, K_i)$$

DES 加密算法的单轮结构如 2.13 所示,单轮加密过程详述如下。

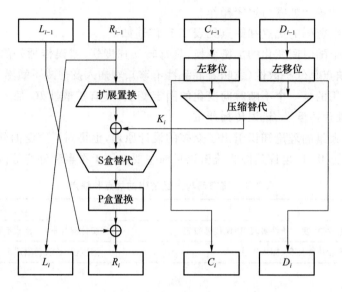

图 2.13　DES 加密算法的单轮结构

1) 扩展置换 E

扩展置换是将输入的 32 位块扩展成 48 位的输出块。它产生了与密钥同长度的数据,与密钥进行异或运算,产生了更长的结果,使输出块在代替运算时能进行压缩。具体操作为先把 32 位分成 8 个 4 位的块,第 i 块向左、向右各扩展一位,其中左扩展位与第 $i-1$ 块的最右一位相同,右扩展位与第 $i+1$ 块的最左一位相同。置换后的结果如图 2.14 所示。

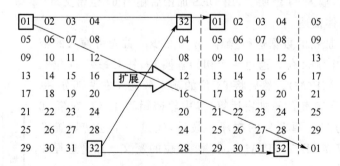

图 2.14　扩展置换

2) 压缩替代 S(经过异或操作后)

密钥与扩展分组异或以后,将 48 位的结果进行替代运算。替代由 8 个替代盒(S 盒)完成。48 位的块通过 S 盒压缩到 32 位。48 位的输入被分为 8 个 6 位的分组,每一分组对应一个 S 盒替代操作:每一个 S 盒都有 6 位输入、4 位输出,且这 8 个 S 盒是不同的,如图 2.15 所示。

每个 S 盒是一个 4 行、16 列的表。盒中的每一项都是一个 $4b$ 的数。S 盒的 $6b$ 输入确

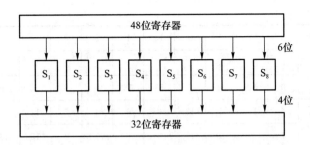

图 2.15 S 盒替代

定了其对应的输出在哪一行、哪一列。假定将 S 盒的 $6b$ 的输入标记为 b_1,b_2,b_3,b_4,b_5,b_6，则 b_1 和 b_6 对应 $0 \sim 3$，由此可选择表中的一行；b_2 和 b_5 对应 $0 \sim 15$，由此可选择表中的一列。具体见表 2.2。

$$\frac{b_1 b_2 b_3 b_4 b_5 b_6}{(110011)_2} \Rightarrow \frac{行:b_1 b_6 = (11)_2 = 3}{列:b_2 b_3 b_4 b_5 = (1001)_2 = 9} \Rightarrow \frac{S_6 - 盒子\ 3\ 行\ 9\ 列}{值:14 = (1110)_2}$$

表 2.2　S 盒变换

行/列	0	1	2	3	4	5	6	7	8	9	10	11	12	13	14	15
0	12	1	10	15	9	2	6	8	0	13	3	4	14	7	5	11
1	10	15	4	2	7	12	9	5	6	1	13	14	0	11	3	8
2	9	14	15	5	2	8	12	3	7	0	4	10	1	13	11	6
3	4	3	2	12	9	5	15	10	11	14	1	7	6	0	8	13

　　DES 中其他算法都是线性的，而 S 盒运算则是非线性的，S 盒不易于分析，但它提供了更好的安全性，所以 S 盒是算法的关键所在。S 盒提供了密码算法所必需的混淆作用；改变 S 盒的一个输入位至少要引起两位的输出改变，具体如图 2.16 所示。

	14	4	13	1	2	15	11	8	3	10	6	12	5	9	0	7
S_1	0	15	7	4	14	2	13	1	10	6	12	11	9	5	3	8
	4	1	14	8	13	6	2	11	15	12	9	7	3	10	5	0
	15	12	8	2	4	9	1	7	5	11	3	14	10	0	6	13
	15	1	8	14	6	11	3	4	9	7	2	13	12	0	5	10
S_2	3	13	4	7	15	2	8	14	12	0	1	10	6	9	11	5
	0	14	7	11	10	4	13	1	5	8	12	6	9	3	2	15
	13	8	10	1	3	15	4	2	11	6	7	12	0	5	14	4
	10	0	9	14	6	3	15	5	1	13	12	7	11	4	2	8
S_3	13	7	0	9	3	4	6	10	2	8	5	14	12	11	15	1
	13	6	4	9	8	15	3	0	11	1	2	12	5	10	14	7
	1	10	13	0	6	9	8	7	4	15	14	3	11	5	2	12

	7	13	14	3	0	6	9	10	1	2	8	5	11	12	4	15
S_4	13	8	11	5	6	15	0	3	4	7	2	12	1	10	14	9
	10	6	9	0	12	11	7	13	15	1	3	14	5	2	8	4
	3	15	0	6	10	1	13	8	9	4	5	11	12	7	2	14
	2	12	4	1	7	10	11	6	8	5	3	15	13	0	14	9
S_5	14	11	2	12	4	7	13	1	5	0	15	10	3	9	8	6
	4	2	1	11	10	13	7	8	15	9	12	5	6	3	0	14
	11	8	12	7	1	14	2	13	6	15	0	9	10	4	5	3
	12	1	10	15	9	2	6	8	0	13	3	4	14	7	5	11
S_6	10	15	4	2	7	12	9	5	6	1	13	14	0	11	3	8
	9	14	15	5	2	8	12	3	7	0	4	10	1	13	11	6
	4	3	2	12	9	5	15	10	11	14	1	7	6	0	8	13
	4	11	2	14	15	0	8	13	3	12	9	7	5	10	6	1
S_7	13	0	11	7	4	9	1	10	14	3	5	12	2	15	8	6
	1	4	11	13	12	3	7	14	10	15	6	8	0	5	9	2
	6	11	13	8	1	4	10	7	9	5	0	15	14	2	3	12
	13	2	8	4	6	15	11	1	10	9	3	14	5	0	12	7
S_8	1	15	13	8	10	3	7	4	12	5	6	11	0	14	9	2
	7	11	4	1	9	12	14	2	0	6	10	13	15	3	5	8
	2	1	14	7	4	10	8	13	15	12	9	0	3	5	6	11

图2.16　8个S盒

3）P盒置换

P盒置换使一个S盒的输出对下一轮的多个S盒产生影响,形成雪崩效应(Avalanche Effect):明文或密钥的一点小的变动都能引起密文的较大变化。

如果变化太小,就可能找到一种方法来减小有待搜索的明文和密文空间的大小。如果用同样的密钥加密只差1位的两个明文,3次循环以后密文有21位不同;16次循环后有34位不同。如果用只差1位的两个密钥加密同样的明文,3次循环以后密文有14位不同,16次循环后有35位不同。将P盒置换的结果与最初的64位分组的左半部分异或,接着开始另一轮循环。

已知主密钥为64位(其中每个字节的第8位作为奇偶校验位),略去奇偶校验位,DES的密钥由64位减至56位,对这56位密钥进行如下置换(置换选择1),经过置换后的56位密钥被分成左右两部分,每部分28位。

① 循环左移:每轮中,这两部分分别循环左移1位或2位。表2.3给出了每轮移动的位数。

表 2.3　每轮移动的位数

轮	1	2	3	4	5	6	7	8	9	10	11	12	13	14	15	16
位数	1	1	2	2	2	2	2	2	2	2	2	2	2	2	2	1

② 压缩置换（也称为置换选择 2）：将 56 位密钥压缩成 48 位（如图 2.17 所示）。置换，例如，原第 14 位在输出时移到了第 1 位；压缩，第 9,18,22,25 位以及第 35,38,43,54 位均被略去。

14	17	11	24	1	5	3	28	15	6	21	10
23	19	12	4	26	8	16	7	27	20	13	2
41	52	31	37	47	55	30	40	51	45	33	48
44	49	39	56	34	53	46	42	50	36	29	32

图 2.17　压缩置换

图 2.18 为子密钥产生的过程。

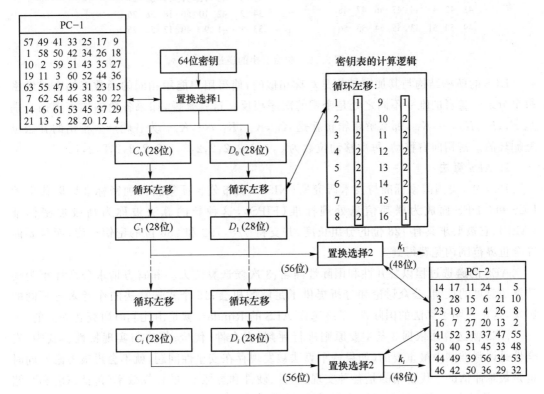

图 2.18　子密钥产生的过程

4）将变换后左右两部分合并在一起

5）逆初始变换，输出 64 位密文（如图 2.19 所示）

（3）DES 的解密过程

在经过所有的替代、置换、异或和循环移动之后，获得了这样一个非常有用的性质：加密和解密可使用相同的算法。

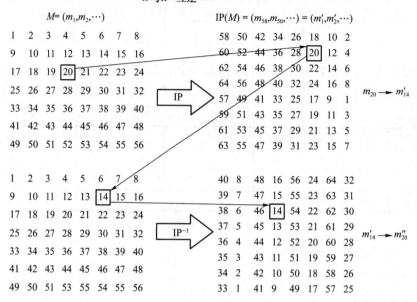

图 2.19　初始变换的逆过程

　　DES 的解密结构与其加密结构是对称相似的,使得用户能用相同的函数来加密或解密每个分组。二者的唯一不同之处是密钥的次序相反。这就是说,如果各轮的加密密钥分别是 $K_1, K_2, K_3, \cdots, K_{16}$,那么解密密钥就是 $K_{16}, K_{15}, K_{14}, \cdots, K_1$。为各轮产生密钥的算法也是循环的。密钥向右移动,每次移动位数为 0,1,2,2,2,2,2,2,1,2,2,2,2,2,2,1。

2. AES 算法

　　1997 年,美国国家标准与技术研究所(NIST)发布公告征集新的加密标准以取代旧的 DES 和 3-DES 而成为联邦信息处理标准(FIPS),这种新的算法被称为高级加密标准(AES),它被要求具有 128 位的分组长度,并支持 128,192 和 256 位的密钥长度,而且要能在全世界范围内免费得到。

　　AES 的遴选过程以公开性和国际性闻名:3 次候选算法大会和官方请求公众评审为候选算法意见的反馈、公众讨论和分析提供了足够的机会;15 个候选算法的作者来自不同的国家,这正表明了算法的国际性,最终选作 AES 的 Rijndael 就是由比利时研究者提出的。

　　AES 候选算法依据 3 条主要原则进行评判:安全性、代价、算法与实现特性。其中,安全性是评判准则中最重要的(如果一个算法被发现存在安全性问题,就不会再被考虑),同时也是最难评估的。代价指的是各种实现(软件、硬件和智能卡)的计算效率(包括速度和存储要求)。算法与实现特性包括算法的灵活性、简洁性及其他因素。

　　最后,在 2000 年 10 月,NIST 正式宣布将 Rijndael 不加修改地作为 AES,并在其报告中提到:无论使用反馈模式还是无反馈模式,Rijndael 在广泛的计算环境中硬件和软件的实现性能都表现出始终如一的优秀。它的密钥建立时间极短,且灵敏性良好。Rijndael 极低的内存需求使它非常适合于在存储器受限的环境中使用,并且能够表现出良好的性能。Rijndael 的运算使其易于抵抗强力和时间选择攻击。此外,无须显著地降低 Rijndael 的性能就可以提供对抗这些攻击的抵抗力。

事实上,虽然 Rijndael 被宣布"不加修改地"作为 AES,但它还是与真正的 AES 存在着区别。在本书后面的论述中,在没有特别说明的地方,将不加区别地使用 Rijndael 和 AES 这两个词。

（1）AES 算法的总体结构

Rijndael 是具有可变分组长度和可变密钥长度的分组密码,其分组长度和密钥长度均可被独立地设定为 32 位的任意倍数,最小为 128 位,最大为 256 位;而被 AES 采纳的 Rijndael 将分组长度固定为 128 位,而且仅支持 128,192 或 256 比特的密钥长度。轮数 N_r 依赖于密钥长度,$N_r=10,12,14$ 分别对应于 128,192,256 位的密钥长度。算法的总体执行过程如图 2.20 所示,具体步骤如下。

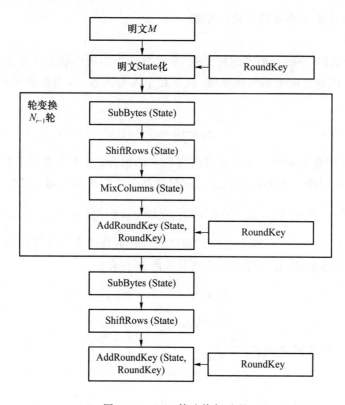

图 2.20　AES 算法执行过程

① 给定明文 x,将变量 State 初始化为 x,并进行 AddRoundKey 操作,将 RoundKey 与 State 异或。

② 对前 N_{r-1} 轮中的每一轮,用 S 盒对 State 进行一次代换操作,称为 SubBytes;对 State 做一次置换,ShiftRows;再做一次操作,MixColumns;然后再执行 AddRoundKey 操作。

③ 在最后一轮,依次执行 SubBytes、ShiftRows 和 AddRoundKey 操作。

④ 将 State 作为密文 y 输出。所有 AES 中的操作都是字节操作,明文 x 包含 16 个字节 x_0,Λ,x_{15},状态 State 用 4×4 矩阵表示:

$$\begin{bmatrix} S_{0,0} & S_{0,1} & S_{0,2} & S_{0,3} \\ S_{1,0} & S_{1,1} & S_{1,2} & S_{1,3} \\ S_{2,0} & S_{2,1} & S_{2,2} & S_{2,3} \\ S_{3,0} & S_{3,1} & S_{3,2} & S_{3,3} \end{bmatrix}$$

然后将 State 与明文 x 相对应,得

$$\begin{bmatrix} x_0 & x_4 & x_8 & x_{12} \\ x_1 & x_5 & x_9 & x_{13} \\ x_2 & x_6 & x_{10} & x_{14} \\ x_3 & x_7 & x_{11} & x_{15} \end{bmatrix}$$

（2）Rijndael 中的 4 种变换及设计原则

1）SubBytes

SubBytes 是 AES 中唯一的非线性变换,它包含一个作用在状态字节上的 S 盒,这里用 RDS 表示。RDS 的设计应考虑非线性度、数学复杂度等因素,本书中所采用的 S 盒由下式定义:

$$g: a \rightarrow b = a^{-1}$$

据此,将 S 盒构造为 g 和一个可逆仿射变换 f 的组合。f 对 S 盒的非线性度没有影响,但适当地选择 f 可以使 S 盒的代数表达式非常复杂。我们选取了如下的仿射变换:

$$b'_i = b_i \oplus b_{(i+4)\bmod 8} \oplus b_{(i+5)\bmod 8} \oplus b_{(i+6)\bmod 8} \oplus b_{(i+7)\bmod 8} \oplus c_i$$

其中 $c = [c_7 c_6 c_5 c_4 c_3 c_2 c_1 c_0] = [63h] = [01100011b]$。它本身的描述非常简单,但与 g 复合后构成的代数式则非常复杂,且不存在不动点和反向的不动点:

$$S[a] \oplus a \neq 00, \forall a$$

$$S[a] \oplus a \neq FF, \forall a$$

该仿射变换的矩阵形式如下:

$$\boldsymbol{b} = f(\boldsymbol{a})$$

$$\begin{bmatrix} b_7 \\ b_6 \\ b_5 \\ b_4 \\ b_3 \\ b_2 \\ b_1 \\ b_0 \end{bmatrix} = \begin{bmatrix} 1 & 1 & 1 & 1 & 1 & 0 & 0 & 0 \\ 0 & 1 & 1 & 1 & 1 & 1 & 0 & 0 \\ 0 & 0 & 1 & 1 & 1 & 1 & 1 & 0 \\ 0 & 0 & 0 & 1 & 1 & 1 & 1 & 1 \\ 0 & 0 & 0 & 0 & 1 & 1 & 1 & 1 \\ 1 & 0 & 0 & 0 & 0 & 1 & 1 & 1 \\ 1 & 1 & 0 & 0 & 0 & 0 & 1 & 1 \\ 1 & 1 & 1 & 0 & 0 & 0 & 0 & 1 \end{bmatrix} \times \begin{bmatrix} a_7 \\ a_6 \\ a_5 \\ a_4 \\ a_3 \\ a_2 \\ a_1 \\ a_0 \end{bmatrix} \oplus \begin{bmatrix} 0 \\ 1 \\ 1 \\ 0 \\ 0 \\ 0 \\ 1 \\ 1 \end{bmatrix}$$

图 2.21 为 S 盒的变换表,输入为 x 和 y 的组合,输出为表中的项。

		\multicolumn{16}{c}{y}
		0	1	2	3	4	5	6	7	8	9	A	B	C	D	E	F
x	0	63	7C	77	7B	F2	6B	6F	C5	30	01	67	2B	FE	D7	AB	76
	1	CA	82	C9	7D	FA	59	47	F0	AD	D4	A2	AF	9C	A4	72	C0
	2	B7	FD	93	26	36	3F	F7	CC	34	A5	E5	F1	71	D8	31	15
	3	04	C7	23	C3	18	96	05	9A	07	12	80	E2	EB	27	B2	75
	4	09	83	2C	1A	1B	6E	5A	A0	52	3B	D6	B3	29	E3	2F	84
	5	53	D1	00	ED	20	FC	B1	5B	6A	CB	BE	39	4A	4C	58	CF
	6	D0	EF	AA	FB	43	4D	33	85	45	F9	02	7F	50	3C	9F	A8
	7	51	A3	40	8F	92	9D	38	F5	BC	B6	DA	21	10	FF	F3	D2
	8	CD	0C	13	EC	5F	97	44	17	C4	A7	7E	3D	64	5D	19	73
	9	60	81	4F	DC	22	2A	90	88	46	EE	BB	14	DE	5E	08	DB
	A	E0	32	3A	0A	49	06	24	5C	C2	D3	AC	62	91	95	E4	79
	B	E7	C8	37	6D	8D	D5	4E	A9	6C	56	F4	EA	65	7A	AE	08
	C	BA	78	25	2E	1C	A6	B4	C6	E8	DD	74	1F	4B	BD	8B	8A
	D	70	3E	B5	66	48	03	F6	0E	61	35	57	B9	86	C1	1D	9E
	E	E1	F8	98	11	69	D9	8E	94	9B	1E	87	E9	CE	55	28	DF
	F	8C	A1	89	0D	BF	E6	42	68	41	99	2D	0F	B0	54	BB	16

图 2.21　S盒的变换表

2）ShiftRows

ShiftRows 是一个字节换位操作,它将状态中的行按照不同的偏移量进行循环移位:第 0 行移动 C_0 字节,第 1 行移动 C_1 字节,以此类推,从而使第 i 行第 j 列的字节移动到 $(j-C_i)\bmod N_b$。C_i 依赖于 N_b 的取值。ShiftRows 过程如图 2.22 所示。

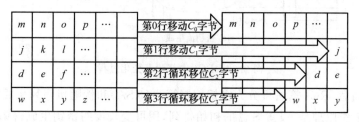

图 2.22　ShiftRows 过程

为了达到最佳的扩散性能(低海明重量向高海明重量扩散),4 个偏移量必须互不相同。

3）MixColumns

MixColumns 对状态进行列与列的操作。将状态的列看作域 $GF(2^8)$ 上的多项式 $b(x)$,和一个固定多项式 $a(x)(\bmod x^4+1)$ 相乘:$b'(x)=a(x)\otimes b(x)(\bmod x^4+1)$。用矩阵表达则为

$$\begin{bmatrix} b_0 \\ b_1 \\ b_2 \\ b_3 \end{bmatrix} = \begin{bmatrix} 02 & 03 & 01 & 01 \\ 01 & 02 & 03 & 01 \\ 01 & 01 & 02 & 03 \\ 03 & 01 & 01 & 02 \end{bmatrix} \times \begin{bmatrix} a_0 \\ a_1 \\ a_2 \\ a_3 \end{bmatrix}$$

Rijndael 的设计采用宽轨迹策略,因此 MixColumns 应是 GF(2)上的线性变换,且具有扩散能力;同时为了在查表时充分利用 32 位的体系结构,该步骤应是作用在 4 字节上的变换。

4)密钥加法

密钥加法记作 AddRoundKey。在这个变换中,状态的调整通过与一个轮密钥进行逐位异或得到。轮密钥记作 ExpandKey[i],$0 \leqslant i \leqslant N_r$。轮密钥由密码密钥通过密钥编排方案导出,且与分组长度相等。AddRoundKey 的逆操作是其自身。

3. RC4 算法

RC4 算法是一种基于非线性变换的流密码算法,其内部结构可分为内部状态 S 盒、状态变换函数和输出函数,RC4 内部状态变化如图 2.23 所示。

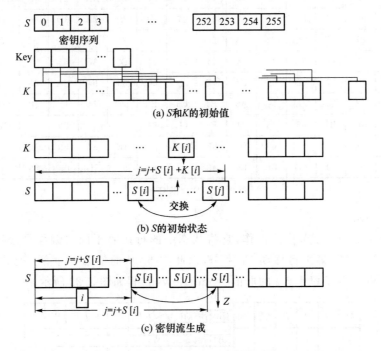

图 2.23　RC4 内部状态变化过程

根据运算过程,RC4 算法可分为密钥编制算法(KSA)和伪随机序列生成算法(PRGA)。其中,KSA 的工作原理是:设置 S 盒的初始排列,用可变长度的密钥生成密钥流生成器的初始状态。PRGA 的工作原理是:根据初始状态进行非线性运算,选取随机元素,修改 S 盒的原始排列顺序,产生与明文或密文进行非线性运算的密钥流序列。

(1) KSA

RC4 的 KSA 用于产生密钥流生成器的初始状态,步骤如下。

① 随机选取一个字长为 l 的密钥 Key,初始化 S 盒。

② 用指针 i_t 搜索 S 盒中的每一个位置,i_t 每更新一次,j_t 由 $S_t[i_t]$ 和 Key 共同计算生成下一个值。

③ 将 S_t 中的 j_t 和 i_t 交换。RC4 的初始状态表 S_0 由上面的 KSA 经过 N 步迭代后生成。

RC4 的 KSA 伪代码如下。

$$S_0[i] = i(i = 0,1,\cdots,2^n - 1), i_0 = 0, j_0 = 0;$$
$$i_t = i_{t-1} + 1;$$
$$j_t = j_{t-1} + S_{t-1}[i_{t-1}] + K[i_{t-1} \bmod l];$$
$$S_t[i_t] = S_{t-1}[j_t], S_t[j_t] = S_{t-1}[i_t], t = 1,2,\cdots,N-1$$

其中,n 表示算法中使用的一个字节长度;N 表示长度为 n 的一个字节能显示值的总量,即 $N = 2^n$;i_t 和 j_t 表示两个参数;K 表示种子密钥,l 为其长度,$l = K$ 的位数 $/n$。

（2）PRGA

PRGA 生成的伪随机序列构成加/解密运算的密钥流序列。伪随机序列生成原理如图 2.24 所示。

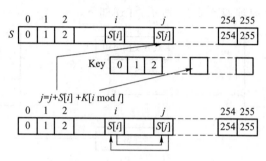

图 2.24　伪随机序列生成原理

PRGA 的步骤如下。

① 初始化。指针 i_t 和 j_t 的初始值在 KSA 产生的 S_0 中选取。

② 变换 S 盒。改变该算法中的 j 值,并将 S_t 中的 i_t 和 j_t 进行交换。

③ 生成伪随机序列 Z。连续改变 S 盒中各个字节的位置,并输出变换后的 $S_t[i_t] + S_t[j_t]$ 位置的值,该输出字节序列是伪随机序列,也是密钥流序列,记为 $Z = \{Z_t\} \infty t = 0$。加密时,用 Z_t 与明文进行异或运算,解密时同样用 Z_t 与密文进行异或运算。

RC4 的 PRGA 的伪代码如下。

$$i_0 = 0, j_0 = 0;$$
$$i_t = i_{t-1} + 1;$$
$$S_{t-1}[j_t] = j_{t-1} + S_{t-1}[i_t];$$
$$S_t[i_t] = S_{t-1}[j_t], S_t[j_t] = S_{t-1}[i_t];$$
$$Z_t = S_t[S_t[i_t] + S_t[j_t]], t = 1,2,\cdots,N-1$$

其中,i_t 和 j_t 表示两个位置参数,Z_t 表示 t 时刻的输出值。加密时,将 Z_t 与明文异或;解密时,将 Z_t 与密文异或。

2.3　非对称密码

2.3.1　非对称加密技术简介

非对称加密技术是美国学者 W. Diffie 和 M. Hellman 于 1976 年在 *IEEE Trans. on*

*Information*期刊上提出的一种新的密钥交换协议,用于解决信息公开传送和密钥管理问题,可以在不直接传递密钥的情况下完成加密、解密过程,又名"公开密钥密码算法"。这对当时的密码学领域有深刻的意义,为密码学的研究开辟了新方向。

1. 非对称加密的概念

在非对称加密算法中,加/解密信息的过程需使用一组密钥对,称为公钥和私钥,该密钥对由接收方生成。若使用公钥加密信息,则只能使用对应的私钥进行解密;若使用私钥加密信息,则只能使用对应的公钥进行解密。若要求接收方将公钥公开给其他人,则私钥必须由接收方保存且保密,并且不能让其他人轻易地通过公钥推出私钥。因为加密和解密用的是不同的密钥,所以称为非对称加密。

2. 非对称加密的工作原理

非对称加密的工作原理如图 2.25 所示,详述如下。

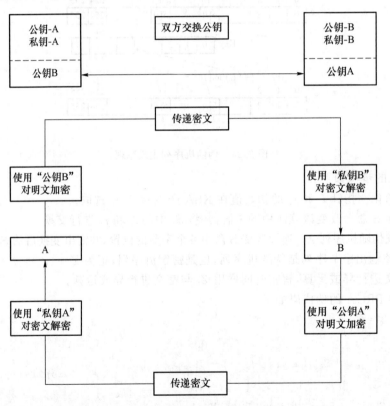

图 2.25　非对称加密的工作原理

① A 要向 B 发送信息,A 和 B 都要产生一对用于加密和解密的公钥和私钥。

② A 的私钥保密,A 的公钥告诉 B;B 的私钥保密,B 的公钥告诉 A。

③ A 要给 B 发送信息时,A 用 B 的公钥加密信息,因为 A 知道 B 的公钥。

④ A 将这个消息发给 B(已经用 B 的公钥加密消息)。

⑤ B 收到这个消息后,B 用自己的私钥解密 A 的消息。其他所有收到这个报文的人都无法解密,因为只有 B 才有 B 的私钥。

3. 非对称加密的特点

非对称加密的密钥分配不必保持信道的保密性,算法复杂,相较于对称加密技术,安全性更强,可用来签名和抗抵赖。因为对称密码体制中只有一种密钥,并且是非公开的,如果要解密需要让对方知道该密钥,所以保证信道安全性就是保证密钥的安全。而非对称密钥体制有两种密钥,其中一个密钥(公钥)是公开的,因此无须像对称密码一样传输对方密钥,这样安全性更有保障。但由于非对称加密算法十分复杂,相较于对称加密技术,其加密速度慢且对处理能力要求高,因此不便于在小型移动设备上实现,它主要用于短消息和对称密钥的加密。

4. 非对称加密的应用场景

(1)信息加密

接收者是唯一能够解开加密信息的人,因此接收者拥有的必须是私钥。发送者所拥有的是公钥,其他人知道公钥没有关系,因为其他人发来的信息对接收者来说没有意义。

(2)登录认证

客户端需要将认证标识传送给服务器,此认证标识其他客户端可以知道,因此需要用私钥加密,客户端保存的是私钥。服务器端保存的是公钥,其他服务器知道公钥没有关系,因为客户端不需要登录其他服务器。

(3)数字签名

数字签名是为了表明信息并非伪造,确实是信息的拥有者发出来的,附在信息原文的后面。就像手写的签名一样,数字签名具有不可抵赖性和简洁性。不可抵赖性指的是信息的拥有者要保证签名的唯一性,该拥有者必须是唯一能够加密的人,因此必须用私钥加密。

非对称加密技术包括的算法主要有 RSA、ElGamal、背包算法、Rabin、D-H、ECC(椭圆曲线加密算法)等,下面我们将要介绍的就是到目前为止使用最广泛的一种算法——RSA算法。

2.3.2 RSA 算法

1976 年,Diffie 和 Hellman 提出了指数密钥交换的概念。1977 年,Rivest、Shamir 和 Adleman 发明了用于数字签名算法或密钥交换算法的 RSA 算法,这是第一个公钥密码系统。RSA 算法发布不久,Merkle 和 Hellman 就设计了一种基于背包算法的公钥加密系统。RSA 密码系统与 D-H 密钥交换系统类似,在模数算法中使用取幂运算进行加密和解密,不同的是 RSA 对合数进行运算。RSA 是目前世界上使用最广泛的,也是被研究得最多的公钥算法,从提出到现在已 40 多年,经历了各种攻击的考验,逐渐为人们接受,被普遍认为是目前最优秀的公钥方案之一。RSA 的安全性取决于大数进行因式分解的难度,其公钥和私钥是一对大素数的函数。由一个公钥和密文恢复出明文的难度,等价于分解两个大素数之积,这是公认的数学难题。RSA 的速度无法胜过 DES,因为 DES 的速度比软件中的 RSA 快 100 倍。

1. RSA 中的密码学基础知识

密码学实质上体现了数论知识的应用,每一个加密算法体现了不同的加密理论,而加密理论又涉及了数论知识。所以,数论知识是加密算法的基础。

定义 1(互质关系) 如果两个正整数,除 1 以外,没有其他公因子,则称这两个数是互质关系,即互素。

两个正整数互素的性质:①任意两个质数构成互质关系;②假设有个质数,后面找到一个数不和前面那个质数成倍数关系,则它们就互质;③所有的自然数和 1 都互质;④p 是大于 1 的整数,则 $p-1$ 和 p 构成互质关系;⑤p 是大于 1 的奇数,则 p 和 $p-2$ 构成互质关系。

定义 2(欧拉函数) 设 n 为正整数,以 $\varphi(n)$ 表示不超过 n 且与 n 互素的正整数的个数,则 $\varphi(n)$ 为 n 的欧拉函数值。

定理 1(欧拉定理) 如果 a 和 n 两个正整数是互质关系,那么 n 的欧拉函数 $\varphi(n)$ 满足 $a^{\varphi(n)}=1(\bmod\ n)$。该式说明,$a$ 的 $\varphi(n)$ 次方除 n 后的余数是 1。

定理 2(费马小定理) 设 p 为素数,对于任意整数 a,a^p-a 是 p 的倍数,用模算数等式表示为 $a^p=a(\bmod\ p)$,如果 a 不是 p 的倍数,则有

$$a^{p-1}=1(\bmod\ p)$$

定义 3(模反元素) 如果两个整数 a 和 n 互质,那么一定可以找到整数 b,使得 $ab-1$ 能被 n 整除,即

$$ab=1(\bmod\ n)$$

2. RSA 算法

RSA 算法由密钥生成、加密和解密 3 个部分组成。具体算法流程如下。已知公钥 e 和模量 n,解密的私钥 d 必须通过因式分解 n 才能得到。

(1)密钥生成

① 选择两个大素数 p 和 q,计算模量 n,即两个素数的乘积:

$$n=p\times q$$

② 选择加密密钥 e,使其满足 $1<e<\varphi(n)$,使得 e 和 $\varphi(n)$ 互质,即

$$\gcd(e,\varphi(n))=1$$

其中 $\varphi(n)=(p-1)(q-1)$ 为欧拉函数。

注:gcd()函数用来计算两个数的最大公约数。

③ 使用欧几里得算法,解密的私钥 d 可以通过取 e 的逆元来计算

$$d=e^{-1}(\bmod\ \varphi(n))$$

解密私钥 d 和模数 n 也是相对素数。

注:由于 $\gcd(e,\varphi(n))=1$,则 d 一定存在。

④ 取序对 (e,n) 为公钥,可公开;(d,n) 为私钥,对外保密。

(2)加密

将要发送的字符串分割成长度为 $m<n$ 的分组,然后对分组 m 进行加密,可以通过下面的加密公式找到对应的密文 c:

$$c=m^e(\bmod\ n)$$

(3)解密

收到密文 c 后,接收者使用自己的私钥执行解密运算,取 c 的 d 次方得到明文 m,所用解密公式如下:

$$m=c^d(\bmod\ n)$$

由于欧拉公式为 $m^{\varphi(n)}=1$,因此消息 m 与 n 互质,使得 $\gcd(m,n)=1$。由于对于某个整数 λ 有 $m^{\lambda\varphi(n)}=1(\bmod\ n)$,该公式可以写成 $m^{\lambda\varphi(n)+1}=m(\bmod\ n)$。因为 $m^{\lambda\varphi(n)+1}=m\ m^{\lambda\varphi(n)}=m(\bmod\ n)$,所以我们可以恢复消息 m。

图 2.26 和表 2.4 对用于加密和解密的 RSA 算法进行了说明。

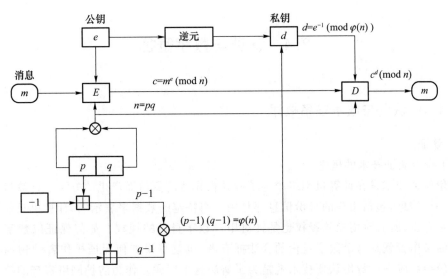

图 2.26　用于加密和解密的 RSA 算法

表 2.4　RSA 算法

参数	说明
公钥 e	n（两个素数 p 和 q 的乘积）
	e（加密密钥，与 $\varphi(n)=(p-1)(q-1)$ 互质）
私钥 d	d（解密密钥，$d=e^{-1}(\bmod\ \varphi(n))$）
	$d=e^{-1}(\bmod\ \varphi(n))$
加密	$c=m^e(\bmod\ n)$，其中 m 是明文
解密	$m=c^d(\bmod\ n)$，其中 c 为密文

3. 算法特点

RSA 算法的优点是保密性好，安全可靠。它的不足则在于算法数据量大，使得运算时间长、效率低。因此 RSA 算法更适合应用于对小信息量数据的保护，采用配合其他算法共同使用的方式进行信息保护，能够提高信息保护的性能和效率。

4. 总结

在数字时代，信息为社会的繁荣和发展提供着强大的力量。信息作为交流的媒介和资讯的载体，它的安全成为日趋重要的议题。随着网络特别是移动互联网的发展，连接终端数量递增，网络的应用也越来越普及，这使得每时每刻都有大量的信息在传递，信息安全面临着更大的压力。加强信息保护应该从传输系统和信息自身出发，双管齐下。既要加强各种信息系统的安全性，又要加强信息的安全性。RSA 算法作为非对称加密算法，能够提高信息的安全性，为数字时代的发展提供可靠的保障；其运算量大，存在效率低的缺点，配合其他加密算法共同使用，能够使信息保护的措施更加先进和完善。

2.4 认证与数字签名

2.4.1 认证与数字签名概述

1. 认证

（1）身份认证技术的概念

身份认证技术是在计算机网络中为了确认操作者的身份而产生的方法。计算机网络世界中的一切信息，包括用户的身份信息都是用一组特定的数据来表示的，计算机只能识别用户的数字身份，所有对用户的授权也是针对用户数字身份的授权。如何保证以数字身份进行操作的操作者就是这个数字身份的合法拥有者，也就是说如何保证操作者的物理身份与数字身份相对应——身份认证技术就是为了解决这个问题。作为防护网络资产的第一道关口，身份认证有着举足轻重的作用。

（2）身份认证机制

身份认证的目的是鉴别通信过程中另一端的真实身份，防止伪造和假冒等情况发生。进行身份认证的技术方法主要是密码学方法，包括使用对称加密算法、非对称加密算法、数字签名算法等。

对称加密算法与非对称加密算法在前面的内容里有介绍过，在此就不再介绍。数字签名算法在本小节接下来的内容会有介绍。其大概原理是，用户使用自己的私钥对某个消息进行签名，验证者使用签名者的公开密钥进行验证，这样就实现了只有拥有合法私钥的人才能产生数字签名和得到用户公钥的公众才可以进行验证的功能。

根据身份认证的对象不同，认证手段也不同，但针对每种身份的认证都有很多种不同的方法。如果被认证的对象是人，则有 3 类信息可以用于认证：①你所知道的（what you know），这类信息通常被理解为口令；②你所拥有的（what you have），这类信息包括密码本、密码卡、动态密码生产器、U 盾等；③你自身带来的（what you are），这类信息包括指纹、虹膜、笔迹、语音特征等。一般情况下，对人的认证只需要一种类型的信息即可，如口令（常用于登录网站）、指纹（常用于登录电脑和门禁设备）、U 盾（常用于网络金融业务），而用户的身份信息就是该用户的账户名。在一些特殊的应用领域，如涉及资金交易时，认证还可能通过更多方法来实现，如使用口令的同时也使用 U 盾，这类认证被称为多因子认证。

如果被认证的对象是一般的设备，则通常使用"挑战—应答"机制，即认证者发起一个挑战，被认证者进行应答，认证者对应答进行检验，如果符合要求，则通过认证；否则拒绝。移动通信系统中的认证就是一个典型的对设备的认证，这里的设备标识是电话卡（SIM 卡或 USIM 卡），认证过程则根据不同的网络有不同的方法。例如，GSM 网络和 3G 网络就有很大区别，LTE 网络又与前两种网络有很大不同，但这 3 种网络都使用了"挑战—应答"机制。

在物联网应用环境下，一些感知终端节点的资源，包括计算资源、存储资源和通信资源有限，实现"挑战—应答"机制可能需要付出很大代价，这种情况下需要轻量级认证。为了区分对人的认证和对设备的认证，把这种轻量级认证称为对物的认证。其实，对物的认证不是很严格的说法，因为在技术的具体实施上是对数据来源的认证。

（3）身份认证技术

根据认证方法的不同,下面介绍几种身份认证技术。

1）数字签名技术

数字签名(Digital Signatures)是签名者使用私钥对签名数据的杂凑值做密码运算得到的结果,该结果只能用签名者的公钥进行验证,用于确认待签名数据的完整性、签名者身份的真实性和签名行为的抗抵赖性。

数字签名是一种附加在消息后的一些数据,它基于公钥加密,用于鉴别数字信息。一套数字签名通常定义两种运算,一个用于签名,另一个用于验证。数字签名只有发送者才能产生,别人不能伪造这一段数字串。由于签名与消息之间存在着可靠的联系,接收者可以利用数字签名来确认消息来源以及确保消息的完整性、真实性和不可否认性。

① 完整性。由于签名本身和要传递的消息之间是有关联的,消息的任何改动都将引起签名的变化。消息的接收方在接收到消息和签名之后经过对比就可以确定消息在传输的过程中是否被修改,如果被修改过,则签名失效。这也表明签名是不能够通过简单的拷贝从一个消息应用到另一个消息上的。

② 真实性。与接收方的公钥相对应的私钥只有发送方有,从而使接收方或第三方可以证实发送者的身份。如果接收方的公钥能够解密签名,则说明消息确实是发送方发送的。

③ 不可否认性。签名方日后不能否认自己曾经对消息进行的签名,因为私钥被用在了签名产生的过程中,而私钥只有发送者才拥有,因此,只要用相应的公钥解密了签名,就可以确定该签名一定是发送者产生的。但是,如果使用对称性密钥进行加密,不可否认性是不被保证的。

数字签名的实施需要公钥密码体制,而公钥的管理通常需要公钥证书来实现,即通过公钥证书来告知他人所掌握的公钥是否真实。数字签名可以用来提供多种安全服务,包括数据完整性、数据起源鉴别、身份认证以及非否认等。数字签名的一般过程如下。

① 证书持有者对信息 M 做杂凑,得到杂凑值 H。国际上公开使用的杂凑算法有 MD5、SHA1 等,在我国必须使用国家规定的杂凑算法。

② 证书持有者使用私钥对 H 变换得到 S,变换算法必须跟证书中的主体公钥信息中标明的算法一致。

③ 将 S 与原信息 M 一起传输或发布。其中,S 为证书持有者对信息 M 的签名,其数据格式可以由国家相关标准定义(国际常用的标准为 PKCS＃7),数据中包含所用杂凑算法的信息。

④ 依赖方构建从自己的信任锚开始到信息发布者证书为止的证书认证路径,并验证该证书路径。如果验证成功,则相信该证书的合法性,即确认该证书确实属于声称的持有者。

⑤ 依赖方使用证书持有者的证书验证信息 M 的签名 S。首先,使用 S 中标识的杂凑算法对 M 做杂凑,得到杂凑值 H′;然后,使用证书中的公钥对 S 进行变换,得到 H″。比较 H′与 H″,如果二者相等,则签名验证成功;否则,签名验证失败。

数字签名可用于确认签名者身份的真实性。为避免中间人攻击,基于数字签名的身份认证往往需要结合数字证书来使用。例如,金融行业标准《中国金融集成电路(IC)卡规范第 7 部分:借记/贷记应用安全规范》(JR/T 0025.7—2010)规定了一种基于数字签名的动态数据认证(DDA)过程。动态数据认证采用了一个三层的公钥证书方案,每一个 IC 卡公钥由它的发卡行认证,而认证中心认证发卡行公钥。这表明,为了验证 IC 卡的签名,终端需要先通过验证两个证书来恢复和验证 IC 卡公钥,然后用这个公钥来验证 IC 卡的动态签名。

2)数字证书

数字证书也称公钥证书,是由证书认证机构(CA)签名的包含公开密钥拥有者信息、公开密钥、签发者信息、有效期以及扩展信息的一种数据结构。最简单的数字证书包含一个公开密钥、名称以及证书授权中心的数字签名。一般来说,数字证书主要包括证书所有者的信息、证书所有者的公钥、证书颁发机构的签名、证书的有效时间和其他信息等。数字证书的格式一般采用 X.509 国际标准,是被广泛使用的证书格式之一。

数字证书提供了一种网上验证身份的方式,它主要采用公开密钥体制,还包括对称密钥加密、数字签名、数字信封等技术。可以使用数字证书,通过运用对称和非对称密码体制等密码技术建立起一套严密的身份认证系统,每个用户自己设定一把特定的、仅为本人所知的私有密钥(私钥),用它进行解密和签名;同时设定一把公共密钥(公钥)并由本人公开,为一组用户所共享,用于加密和验证签名。当发送一份保密文件时,发送方使用接收方的公钥对数据加密,而接收方则使用自己的私钥解密,通过数字的手段来保证加密过程是一个不可逆过程,即只有用私有密钥才能解密,这样信息就可以安全无误地到达目的地了。因此,数字证书保证了信息除被发送方和接收方知晓外不被其他人窃取;信息在传输过程中不被篡改;发送方能够通过数字证书来确认接收方的身份;发送方对于自己的信息不能抵赖。

数字证书采用公钥密码体制,公钥密码技术解决了密钥的分配与管理问题。在电子商务技术中,商家可以公开其公钥,而保留其私钥。购物者可以用人人皆知的公钥对发送的消息进行加密,然后安全地发送给商家,商家用自己的私钥进行解密。用户也可以用自己的私钥对信息进行加密,由于私钥仅为本人所有,这样就产生了别人无法生成的文件,即形成了数字证书。采用数字证书,能够确认以下两点内容。

① 保证信息是由签名者自己签名发送的,签名者不能否认或难以否认。

② 保证信息自签发后至收到为止未曾做过任何修改,签发的文件是真实文件。

根据用途的不同,数字证书可以分为以下几类。

① 服务器证书(SSL 证书):安装在服务器设备上,用来证明服务器的身份和进行通信加密。SSL 证书还可以用来防止欺诈钓鱼站点。SSL 证书主要用于服务器(应用)的数据传输链路加密和身份认证,绑定网站域名,不同的产品对于不同价值的数据要求不同的身份认证。

② 电子邮件证书:用来证明电子邮件发件人的真实性。电子邮件证书并不证明数字证书上面 CN 一项所标识的证书所有者姓名的真实性,它只证明邮件地址的真实性。收到具有有效电子签名的电子邮件,除了能相信邮件确实由指定邮箱发出,还可以确信该邮件从被发出后没有被篡改过。另外,使用接收的邮件证书,还可以向接收方发送加密邮件。该加密邮件可以在非安全网络传输,只有接收方的持有者才可能打开该邮件。

③ 客户端个人证书:主要用来进行身份验证和电子签名。客户端个人证书存储在专用的智能密码钥匙中,使用时需要输入保护密码。使用该证书需要在物理上获得其存储介质智能密码钥匙,且需要知道智能密码钥匙的保护密码,这也被称为双因子认证。这种认证手段是目前在互联网领域最安全的身份认证手段之一。

3)匿名认证技术

匿名是指在一组由多个用户组成的匿名集中,用户不能被识别的状态。换言之,无法将这组对象中的用户或用户的行为进行任何关联。对象的匿名性必须是在一个对象集合中，以基于此类的对象集合组成一个匿名集合。例如，如果无法从一个发送者集合中找到信息的真实发送者，则实现发送匿名。匿名通信是指掩盖实际发生的通信链接关系，使窃听者无法直接获得或无法通过观察推测出通信参与方及参与方之间的通信链接关系。匿名通信的重要目的就是实现通信双方的身份匿名或者行动的无关联，为用户提供通信隐私保护和不可追踪性。匿名认证是指用户在证明自己身份合法性的同时能够确保自己的身份信息、位置信息的匿名性。常见的实现匿名性的方法有零知识证明身份认证、假名认证等。匿名认证技术在 RFID 隐私性保护、智慧医疗系统的病例隐私性保护、网络投票等方面有广泛的应用。

实现匿名认证的其中一种方法是零知识证明。零知识证明指的是证明者能够在不向验证者提供任何有用信息的情况下，使验证者相信某个论断是正确的，即证明者向验证者证明并使其相信自己知道或拥有某一消息，但证明过程不能向验证者泄露任何关于被证明消息的信息。用零知识证明构造的身份认证协议可以在完成身份认证的同时不泄露任何身份信息，也就是实现了身份的匿名性。

4) 群组认证技术

群组认证是指证明方向验证方证明自己是某个群体的合法成员，而验证者也只能验证该用户是否属于某个群体，不能知道证明者的具体身份。达到该目标的方法有群签名、环签名等。

群签名就是满足这样要求的签名：一个群体中的任意一个成员可以以匿名的方式代表整个群体对消息进行签名。与其他数字签名一样，群签名是可以公开验证的，而且可以只用单个群公钥来验证，也可以作为群标志来展示群的主要用途、种类等。

环签名可以被视为一种特殊的群签名，它因签名按一定的规则组成一个环而得名。在环签名方案中，环中的每个成员可以用自己的私钥和其他成员的公钥进行签名，却不需要得到其他成员的允许，而验证者只知道签名者来自这个环，但不知道具体的签名者。它没有可信中心，没有群的建立过程，对于验证者来说签名者是完全匿名的。环签名提供了一种匿名泄露秘密的巧妙方法。环签名的这种无条件匿名性在需要对信息进行长期保护的一些特殊环境中非常有用。

2. 数字签名

（1）数字签名的概念

数字签名是只有信息的发送者才能产生的、别人无法伪造的一段数字串，这段数字串同时也是对信息的发送者发送信息真实性的一个有效证明。数字签名类似于写在纸上的普通的物理签名，但是它使用了公钥加密领域的技术来实现，是一种用于鉴别数字信息的方法。一套数字签名通常定义两种互补的运算，一个用于签名，另一个用于验证。数字签名是非对称加密技术与数字摘要技术的应用。基于公钥密码体制和私钥密码体制都可以获得数字签名，目前常见的主要是基于公钥密码体制的数字签名，包括普通数字签名和特殊数字签名。普通数字签名算法有 RSA、ElGamal、Fiat-Shamir、Guillou-Quisquarter、Schnorr、Ong-Schnorr-Shamir 等算法，DES 和 DSA 算法，椭圆曲线算法和有限自动机算法等。特殊的数字签名有盲签名、代理签名、群签名、不可否认签名、公平盲签名、门限签名、具有消息恢复功能的签名等，它与具体应用的环境密切相关。

（2）数字签名的基本特征

数字签名与手写签名的主要差别体现在以下 3 点。

① 与所签文件的关系不同。一个手写签名是所签文件的物理部分，而一个数字签名是绑在所签文件上用于验证签名者的一种手段。

② 验证方法不同。一个手写签名是通过和一个真实的手写签名相比较来验证的，而数字签名能通过一个公开的验证算法来验证。这样，任何人都可以对一个数字签名加以验证。

③ 防复制的能力不同。手写的签名文件能与原来的签名文件区分开来，而数字签名的复制品与原签名文件相同，所以必须采取措施防止一个数字签名消息被重复使用。

数字签名必须保证以下 3 点。

① 报文鉴权——接收者能够核实发送者对报文的签名

公钥加密系统允许任何人在发送信息时使用私钥进行加密，接收信息时使用公钥解密。当然，接收者不可能百分之百确信发送者的真实身份，而只能在密码系统未被破译的情况下才有理由确信。

② 报文的完整性——接收者不能伪造对报文的签名或更改报文内容

传输数据的双方总希望确认消息未在传输的过程中被修改。加密使得第三方想要读取数据十分困难，然而第三方仍然能采取可行的方法在传输的过程中修改数据。

③ 不可抵赖——发送方事后不能抵赖对报文的签名

在密文背景下，抵赖这个词指的是不承认与消息有关的举动（即声称消息来自第三方）。消息的接收方可以通过数字签名来防止所有后续的来自发送方的抵赖行为，因为接收方可以通过出示签名给别人看来证明信息的来源。

以上特征使数字签名不仅具有和手写签名相同的作用，而且还具有手写签名不具备的很多优点，如使用方便、节省时间、节省费用开支等。

（3）数字签名过程的数学描述与验证过程

数字签名方案是一个算法对的三元组，包括 (D, D_v)，(G, G_v)，(Σ, Σ_v)，还包含一个安全参数 k，现对各符号进行详细的说明。

k：用户在创建公钥和私钥时选取的安全参数，它决定了签名的长度、可签名消息的长度以及签名算法执行的时间等一系列安全因素。

D：域参数产生算法。这是一个随机算法，其功能是：输入 k 个连续的 1，它能够输出域参数集 D'，D' 能够被一个或多个用户所共享，同时能够提供一些状态信息，用来证明这些参数满足安全需求。

D_v：域参数有效验证算法。该算法的功能是在输入域参数集 D' 和一些状态信息 I 后，能够输出一位二进制数来判定域参数是否满足指定的安全需求。

G：密钥对生成算法。该算法是一个随机算法，其功能是在输入域参数集 D' 后，能够输出公钥私钥密钥对 (y, x)。

G_v：公钥有效验证算法。该算法是一个双方的零知识协议。双方都有作为输入的二元组 (D, y)，这里 D' 是有效的域参数集，y 是公钥，证实方还需拥有私钥 x 作为输入。协议 G_v 允许证实方向验证方展示 y 确实是与私钥 x 相对应的有效公钥。

Σ：签名生成算法。该算法是一个随机算法，其功能是在输入消息和与域参数集 D' 相关的私钥 x 后，输出数字签名。

Σ_v:数字签名验证算法。该算法的功能是,在输入消息 m、数字签名 s、有效的域参数集 D' 和有效的公钥 y 后,输出"真"或"假"来判定数字签名的真伪。

规定:当 D' 是由 D 生成的有效的域参数集,y 是由 G 生成的与私钥 x 相关的有效公钥,并且 $s \in \Sigma(m, D', x)$ 时,$\Sigma(m, s, D', y) =$ 真。

下面我们通过一个例子来描述数字签名最后一步的验证流程。图 2.27 所示为用户 A 使用数字签名向用户 B 传输一份文件的过程,具体流程如下。

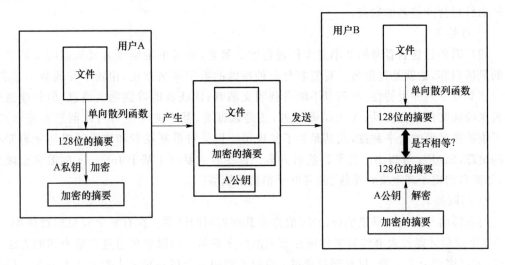

图 2.27　用户 A 向用户 B 传输文件的流程

首先,文件经过单向散列函数的处理得到一份 128 位的摘要(无论文件多大,经过单向散列函数的处理,生成的摘要都是 128 位),这份摘要相当于该文件的"指纹",能够唯一地识别文件。注意:只要文件发生改动,经过单向散列函数处理后得到的摘要就会不一样。所以,文件和文件的摘要具有很强的对应关系。

随后,用户 A 使用自己的私钥对这份 128 位的摘要进行加密,得到一份加密的摘要。然后,用户 A 把文件、加密的摘要和公钥打包发给用户 B。传输的过程中并没有对文件进行加密处理。

用户 B 将收到的文件进行单向散列函数处理,得到一份 128 位的摘要,这份摘要是通过收到的文件得到的,存在被更改的可能;使用 A 提供的公钥对收到的"加密的摘要"进行解密,得到另一份 128 位的摘要,这份摘要是通过原始文件得到的,一般被认为是代表真正的文件;然后将两份摘要进行比较。

如果两份摘要相等,说明文件经过用户 A 签名之后,在传输的过程中没有被更改;若不相等,说明文件在传输过程中被更改了,或者说已经不是原来的文件了,此时用户 A 的签名失效。

(4) 数字签名的发展与类别

数字签名的概念由 Diffie 和 Hellman 于 1976 年提出,目的是通过签名者对电子文件进行电子签名,使签名者无法否认自己的签名,以实现与手写签名相同的功能。随着密码学的发展,人们提出了满足各种需要的密码体制,基于种种密码体制的数字签名方案先后被提出。Rivest、Shamir 和 Adleman 于 1978 年提出了基于 RSA 公钥算法的数字签名方案;

Shamir 于 1985 年提出了一种基于身份识别的数字签名方案；ElGamal 于 1985 年提出一种基于离散对数的公钥密码算法和数字签名方案；Schnorr 于 1990 年提出了适用于智能卡的有效数字签名；Agnew 于 1990 年提出了一种改进的基于离散对数的数字签名方案；NIST 于 1991 年提出了数字签名算法 DSA；1992 年，Vanstone 首先提出椭圆曲线数字签名算法（ECDSA）。

人们在研究普通数字签名算法的同时，针对实际应用中大量特殊场合的签名需要，也逐渐转向针对特殊签名的研究。

1）盲签名

用户需要让签名者对明文消息文件进行数字签名，而又不希望签名者知晓明文消息文件的具体内容，这就是盲签名。盲签名是一种特殊的数字签名方法，相较于普通数字签名，它应当具有下列 3 个特性：签名者不能看到明文消息；认证者能看到明文消息，但只能通过签名来确认文件的合法性；无论是签名者，还是认证者，都不能将签名与盲消息对应起来。为了维护签名者的公平利益，尤其是为了实现司法机关对重复花费和洗黑钱等违法犯罪行为的追踪，Stadler 等提出了公平盲签名方案。盲签名主要用于基于 Internet 的匿名金融交易，如匿名的电子现金支付系统、匿名电子拍卖系统等。

2）门限签名

门限签名与密钥共享里的 (t,n) 阈值方案具有相同的性质。在有 n 个成员的群体中，至少 t 个成员才能代表群体对文件进行有效的数字签名。门限签名通过共享密钥的方法来实现，它将密钥分为 n 份，只有当将超过 t 份的子密钥组合在一起时才能重构出密钥。门限签名在密钥托管技术中得到了很好的应用。某人的私钥由政府的 n 个部门托管，当其中超过 t 个部门决定对其实行监听时，便可重构密钥。

3）代理签名

1996 年，Mambo、Usuda 和 Okamoto 等提出了代理签名的概念。代理签名允许密钥持有者授权给第三方，获得授权的第三方能够代表签名持有者进行数字签名。代理签名相当于一个人把自己的印章托付给自己信赖的人，让其代替自己行使权力。由于代理签名在实际应用中起着重要的作用，所以代理签名一提出便受到关注，并得到了广泛的研究。对代理签名的分类，以 Mambo 等提出的分类方案为基础：完全代理签名、部分代理签名和具有证书的代理签名。SKim 等在此基础上指出了具有证书的部分代理签名。

Mambo 等指出，代理签名体制应当满足以下基本性质。①不可伪造性：除了原始签名者，只有指定的代理签名者能够代表原始签名者产生有效的代理签名。②可验证性：从代理签名中，验证者能够相信原始签名者认同了这份签名消息。③不可否认性：一旦代理签名者代替原始签名者产生了有效的代理签名，他就不能向原始签名者否认他所签的有效代理签名。④可区分性：任何人都可以区分代理签名和正常的原始签名者的签名。⑤代理签名者的不符合性：代理签名者必须创建一个能检测到是代理签名的有效代理签名。⑥可识别性：原始签名者能够从代理签名中确定代理签名者的身份。

代理签名所具有的广阔应用前景引起了人们的普遍关注，与各种实际应用环境相适应的代理签名方案应运而生，如门限代理签名方案、代理多重签名方案、匿名代理签名方案和代理盲签名方案等。人们并就在公开信道安全传递代理密钥等各方面的问题进行了广泛的探讨。

4）前向安全的数字签名方案

普通数字签名具有如下局限性：若签名者的密钥被泄露，那么这个签名者所有的签名（过去的和将来的）都有可能泄露，前向安全的数字签名方案的主要思想是当前密钥的泄露并不影响以前时间段签名的安全性。

5）群签名

群签名允许一个群体中的成员以整个群体的名义进行数字签名，并且验证者能够确认签名者的身份。一个好的群签名方案应满足以下安全性要求。①匿名性：给定一个群签名后，对除唯一的群管理人之外的任何人来说，确定签名人的身份在计算上是不可行的。②不关联性：在不打开签名的情况下，确定两个不同的签名是否为同一个群成员所产生，在计算上是困难的。③防伪造性：只有群成员才能产生有效的群签名。④可跟踪性：群管理人在必要时可以打开一个签名以确定出签名人的身份，而且签名人不能阻止一个合法签名的打开。⑤防陷害攻击：包括群管理人在内的任何人都不能以其他群成员的名义产生合法的群签名。⑥抗联合攻击：即使一些群成员串通在一起，也不能产生一个合法的不能被跟踪的群签名。

在 D. Chaum 提出群数字签名的定义，并给出了 4 个实现方案后，由于群签名具有实用性，人们对群签名进行了更加广泛的研究，并提出了分级多群签名、群盲签名、多群签名、子群签名、满足门限性质的群签名、前向安全的群签名等。

（5）数字签名的应用场景

网络的安全，主要是网络信息的安全，需要采取相应的安全技术措施，提供适合的安全服务。数字签名机制作为保障网络信息安全的手段之一，可以解决伪造、抵赖、冒充和篡改等问题。数字签名的目的之一，就是在网络环境中代替传统的手工签字与印章，其可抵御的网络攻击主要有以下几个。

1）防冒充

其他人不能伪造对消息的签名，因为私有密钥只有签名者自己知道，所以其他人不可能构造出正确的签名结果数据。这显然要求各位保存好自己的私有密钥，好像保存自己家门的钥匙一样。

2）可鉴别身份

由于传统的手工签名一般是双方直接见面的，身份自可一清二楚；在网络环境中，接受方必须能够鉴别发送方所宣称的身份。

3）防篡改

传统的手工签字，假如要签署一本 200 页的合同，是仅在合同末尾签名还是对每一页都签名是个问题，因为不知道对方会不会偷换其中几页。而数字签名，如上所述，签名与原有文件已经形成了一个混合的整体数据，不可能篡改，从而保证了数据的完整性。

4）防重放

如在日常生活中，A 向 B 借了钱，同时写了一张借条给 B。当 A 还钱的时候，肯定要向 B 索回借条并撕毁，不然，恐怕 B 会挟借条要求 A 再次还钱。在数字签名中，如果采用了对签名报文添加流水号、时间戳等技术，可以防止重放攻击。

5）防抵赖

如上所述，数字签名可以鉴别身份，不可能冒充伪造，那么，只要保存好签名的报文，就好似保存好了手工签署的合同文本,也就是保留了证据,签名者就无法抵赖。以上是签名者不能抵赖,那如果接收者确已收到对方的签名报文,却抵赖没有收到呢?要防止接收者抵赖,在数字签名体制中,可要求接收者返回一个自己签名的表示收到的报文,给对方或者是第三方,或者引入第三方机制。如此操作,双方均不可抵赖。

6)机密性

有了机密性保证,截收攻击也就失效了。手工签字的文件(如合同文本)是不具备保密性的,文件一旦丢失,文件信息就极可能泄露。数字签名,可以加密要签名的消息。当然,签名的报文如果不要求机密性,也可以不用加密。

(6)数字签名的隐患

数字签名已成为信息社会中人们保障网络身份安全的重要手段之一,然而,随着安全威胁的日益猖獗,目前的数字签名技术还存在一定的隐患。经核实的数字签名向接收者保证了两点:一,信息未经改动;二,信息的确来自签名人。后者就成了对原产地证明的认可,即加密认可这一概念的基础。这正是症结所在。更确切地说,经核实的数字签名向接收者保证信息未经改动,而且信息是用签名人的私钥签名的。但仍存在欺诈的可能性。在私钥持有人毫不知情的情形下,有人会利用无人照管的台式机对合同进行数字签名。由于"始终联通"的互联网设备如线缆调制解调器和 DSL 日益普及,黑客窃取私钥的机会也随之激增,消费者的利益就容易受到侵害。还存在另一种可怕的情景:将欺诈作为理由,即完全是想终止签署合同的签名人可能以合乎法律为由,拒绝履行合法签署的合同。这样,企业的利益就容易受到侵害。明智的个人和机构一定要意识到这些危险。大多数企业和个人明白无法消除所有的风险,于是专注于如何降低风险,而不是完全避免风险。

2.4.2　身份认证系统

在实际的系统中,有多种不同类型和适用于不同场景的身份认证系统。下面介绍几种有代表性的身份认证系统。

1. Kerberos 认证系统

当一群用户在使用相互独立的计算机,而计算机之间没有网络连接时,与每个用户相关的资源都是可以通过物理方式来保护的。例如,操作系统可以使用基于用户身份的操作控制策略,通过鉴别客户的合法身份来允许用户使用操作系统。然而,当许多计算机工作站和分散的服务器通过网络连接起来组成一个分布式体系结构时,需要更复杂的安全认证方案来支撑。

(1)Kerberos 简介

Kerberos 协议是 20 世纪 80 年代由 MIT 组织开发的一个公开源代码的网络认证协议,它是一种采用第三方作为认证中心的认证协议。Kerberos 的命名来源于古希腊神话中地狱之门守护者——长有 3 个头的狗 Cerberus。MIT 开发的认证系统由服务方、被服务方以及第三方认证中心 3 部分组成,因而被贴切地命名为 Kerberos。目前 Kerberos 已被开放软件基金会(OSF)的分布式计算环境(DCE)以及其他许多网络操作系统的供应商采用。

Kerberos 是一种网络认证协议,基于对称密码算法实现,密码设计基于 Needham-

Schroeder 协议。该协议的基本思想是使用可信的第三方把某个用户引见给某个服务器，引见方法是在用户和服务器间分发会话密钥，建立安全信道。其设计目标是通过密钥系统为客户端、服务器应用程序提供强大的认证服务。该认证过程的实现依赖于主机操作系统的认证，无需基于主机地址的信任，不要求网络上所有主机的物理安全，并假定网络上传输的数据包可以被任意地读取、修改和插入数据。Kerberos 认证协议假定网络中的主机是不可信的，要求每个用户对每次业务请求证明其身份，不要求用户每次业务请求都输入密码。Kerberos 系统应用广泛，比如构造 Windows 网络中的身份认证，服务器和服务器之间的认证。

Kerberos 认证系统主要由以下 3 个部分组成。

① 密钥分发中心。KDC 服务器有两个部件：Kerberos 认证服务器（AS，Authentication Server）和一个票据授权服务器（TGS，Ticket Granting Server）。AS 和 TGS 是两个独立的结构，在实际的部署过程中，可以是一个 AS 和多个 TGS 共同存在。

② 客户端（Client）：需要向 Server 请求服务的被服务方。

③ 服务器端（Server）：向授权客户提供服务的服务方。

（2）Kerberos 身份证明资源

1）Tickets（票据）

每个业务请求需要一个 Ticket，一个 Ticket 只能用于单个用户访问单个服务器，Ticket 由 TGS 分发，TGS 具备所有 Server 的加密密钥。Tickets 对 Client 是无意义的，Client 只是使用它们接入服务器。TGS 用服务器的加密密钥加密每个 Ticket，加密的 Tickets 可在网上安全传输，只有对应的服务器可以解密。大量用户每次在申请票据时会浪费资源而且加重 TGS 的工作负荷，所以每一个 Ticket 拥有一定范围的生存期，通常为几个小时，这样可以适当地减少系统的负担。

Ticket 包含的内容为：Client 名，即用户登录名；Server 名，即服务器名称；Client 主机网络地址；Client 和 Server 之间的会话密钥，用于加密 Client 和 Server 间的请求和响应；Ticket 的生存期；时间戳，表示发放 Ticket 的时间。

TGS 作为可信第三方，为 Client 和 Server 分配密钥，通过 TGS 来验证用户的身份。用户在访问某服务器时，只凭借 Ticket 是不能做到的。因为在网络环境中，存在很多的"坏人"，Ticket 可能会被窃取或重放，手持 Ticket 的用户和 Ticket 中对应的 Client 名未必一致，为了访问服务器，用户除 Ticket 之外还需要提交认证符。

2）Authenticators（认证符）

认证符能够证明 Client 身份，包括 Client 用户名、Client 网络地址和时间戳（访问服务器的时间）。认证符以 session key 加密（Tickets 内的会话密钥）。攻击者可以截取票据，但是无法得知会话密钥，没有办法构造合法的认证符。服务器利用 session key 获取认证符的网络地址和用户名信息，如果和 Tickets 中的网络地址和用户名一致，这样就可以确认用户的身份。

（3）Kerberos 身份认证流程

Kerberos 身份认证的认证过程可分为 3 个阶段：认证服务器交换（AS Exchange）、票据授权服务器交换（TGS Exchange）以及客户端/服务器交换（C/S Exchange），原理如图 2.28 所示。

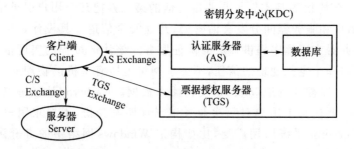

图 2.28　Kerberos 身份认证流程原理图

在具体介绍认证流程之前,先列出下文所用到的基本名词,见表 2.5。

表 2.5　Kerberos 身份认证中的名词

名词	意　义
KDC	密钥分发中心
AS	认证服务器
TGS	票据授权服务器
$SK_{X,Y}$	X 与 Y 的会话密钥,为短期密钥
K_x	X 的长期密钥经哈希运算后形成的密钥
ID_x	X 的身份信息
ET_x	票据 X 的有效期

1) 认证服务器交换

KDC 中的认证服务器实现对 Client 身份的确认,并颁发给该 Client 一个票据授权票据(TGT,Ticket Granting Ticket),具体过程如下。

① Client→AS:$K_C\{ID_C\|\|ID_{TGS}\}$

Client 向 KDC 的 AS 发送请求,为了确保仅限于自己和 KDC 知道该请求,Client 使用自己的 K_C 对其进行加密(KDC 可以通过数据库获得该 K_C 并进行解密)。请求包含 Client 的基本身份信息 ID_C 以及 TGS 的基本信息 ID_{TGS} 等。

② AS→Client:$K_C\{SK_{C,TGS}\|\|ID_{TGS}\}$,TGT

$TGT = K_{TGS}\{SK_{C,TGS}\|\|ID_C\|\|IP_C\|\|ET_{TGT}\}$。验证通过之后,AS 将一份回复信息发送给 Client,该信息主要包含两个部分:K_C 加密过的 $SK_{C,TGS}$ 和被 K_{TGS} 加密的 TGT,其内容包括 $SK_{C,TGS}$、Client 信息 ID_C、IP_C 以及有效期 ET_{TGT} 等。

2) 票据授权服务器交换

① Client→TGS:{TGT\|\|Authenticator_1}

TGT 是前一步骤中 AS 发送给 Client 的,此时由 Client 转发给 TGS。Authenticator_1 = $SK_{C,TGS}\{ID_C\|\|TS\|\|ID_S\}$ 用以证明 TGT 的拥有者的身份,所以它用 $SK_{C,TGS}$ 加密,$SK_{C,TGS}$ 包括 Client 的 ID 信息和时间戳(TS)。时间戳的作用是防止黑客截获数据包伪造合法用户(超过时间阈值的数据包无效)。最终,Client 把要访问的应用服务器 ID_S、TGT 和 Authenticator_1

一起加密发送给 TGS。

② TGS→Client：$SK_{C,TGS}\{SK_{C,S}\}, K_S\{Ticket\}$

$Ticket = K_S\{SK_{C,S}||ID_C||IP_C||ET_{Ticket}\}$。TGS 收到 Client 发来的信息，由于它没有 $SK_{C,TGS}$，故不能对 Authenticator_1 进行解密，只能先用自己的密钥 K_{TGS}对 TGT 解密，得到 $SK_{C,TGS}$、ID_C、IP_C、ET_{TGT}，如果ET_{Ticket}在有效时间内，则继续进行。TGS 使用得到的$SK_{C,TGS}$ 对 Authenticator_1 解密，所得结果与 TGT 结果比对，ID_C 相同则通过验证。

此后，TGS 会产生 Client 与应用服务器的会话密钥$SK_{C,S}$和票据服务 Ticket，它们分别被$SK_{C,TGS}$与 K_S 加密。票据服务的主要内容包括会话密钥$SK_{C,S}$、用户 ID、IP 以及 Ticket 的有效期。TGS 会将这两份加密信息同时发送给 Client。

3）客户端/服务器交换

① Client→Sever：Ticket, Authenticator_2

Authenticator_2 $= SK_{C,S}\{ID_C||TS\}$。Client 收到后，先用$SK_{C,TGS}$对第一个信息解密，得到$SK_{C,S}$，再用$SK_{C,S}$对用户信息和时间戳加密，得到 Authenticator_2，连通从 TGS 收到的 Ticket，一并发送给应用服务器。

② Sever→Client：$SK_{C,S}\{TS+1\}$

服务器收到 Client 的信息后，先用自己的 K_S 对 Ticket 解密，得到$SK_{C,S}$和相关的客户信息，检验 Ticket 是否在有效期ET_{ST}内。若在有效期内，则用$SK_{C,S}$对 Authenticator_2 解密，比较二者的ID_C是否一致，一致则通过验证。

通过以上步骤，Server 确认 Ticket 的持有者为合法客户端，二者会使用$SK_{C,S}$加密通信数据，以此保障数据的安全。

（4）Kerberos 认证协议的优缺点

综上所述，与传统的认证协议相比，Kerberos 协议具有一系列的优势。首先，它支持双向的身份认证。大部分传统的认证协议基于服务器可信的网络环境，往往是只验证客户，但客户无法验证服务器。而 Kerberos 则没有这样的前提，正如之前所说，Kerberos 协议中只有 AS 和 TGS 是可信的，网络的所有工作站、服务器都是不可信的。当用户与服务器进行交互时，Kerberos 为其抵挡了网络的恶意攻击和欺骗。其次，Kerberos 实现了一次性签放，在有效期内可多次使用。假如用户在一个开放的网络环境中需要访问多个服务器，如查询邮件、打印文件、访问 FTP 等（都在不同的服务器上），用户可以通过 AS 申请 TGS 的票据，之后在有效期内利用该票据与 TGS 多次请求不同的访问授权票据，降低用户输入口令的次数，从而提高用户的体验。最后，Kerberos 提供了分布式网络环境下的域间认证机制，允许客户花费少量的资源即可访问其他子域的服务。这一点传统的认证协议难以实现。

但是，Kerberos 协议也存在一些不足和安全隐患。Kerberos 身份认证采用的是对称加密机制，加/解密需要相同的密钥，交换密钥时的安全性不能保障。Kerberos 协议对时间的要求比较高，必须是在时间基本同步的环境中，如果引入时间同步机制则又需保证同步机制的安全；若时间不同步，攻击者可以通过调节时间来实现重放攻击。在 Kerberos 中，客户信息和服务器认证信息都集中存放在 AS 中，使 Kerberos 的安全严重依赖于 AS 和 TGS 的性能和安全。随着用户数量的增加，Kerberos 需要维护复杂的密钥管理，这往往比较困难。

（5）多 Kerberos 域的跨域访问

Kerberos 协议支持多个 Kerberos 域之间的跨域访问。如图 2.29 所示,域 A 和域 B 是以 Kerberos 协议作为认证机制的两个网络环境,每个域包括一个 Kerberos 服务器,该服务器维护了该域内所有用户的共享密钥信息和所有服务器的共享密钥信息。这样的域也被称为 Kerberos 域。Kerberos 协议提供多个 Kerberos 子域之间的跨域访问,前提条件是两个子域的 Kerberos 服务器应该相互在对方系统上注册,也就是说两个 Kerberos 服务器应该共享一个通信密钥。

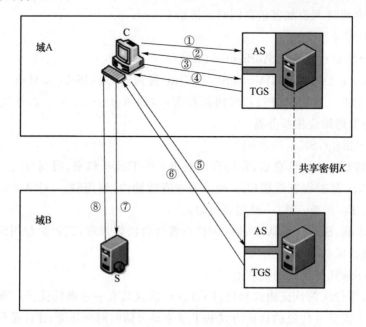

图 2.29　Kerberos 域的跨域访问

如图 2.29 所示,当域 A 中的客户端 C 希望访问域 B 的应用服务器 S 时,A 首先向本地的 Kerberos 服务器申请访问域 B 的 TGS 的远程授权票据,获得授权票据后,C 向域 B 的 Kerberos 服务器发送请求访问 S 的票据,通过验证后,Kerberos 服务器返回访问 S 的授权票据,最后 C 可以携带域 B 的 Kerberos 服务器签发的票据来访问远程服务器 S。任何两个子域之间的访问比单个子域内的访问多两步,性能影响不大。但是这种多域之间跨域访问的方式需要任意两个 Kerberos 服务器之间相互注册并维护这些通信密钥,其复杂度随着子域数的增长成 $O(N^2)$。

2. 公钥基础设施(PKI)认证系统

公钥基础设施(PKI,Public Key Infrastructure)是基于公钥密码学算法的安全基础服务设施。在 PKI 中,由证书认证中心(CA,Certification Authority)签发数字证书,绑定用户的身份信息和公钥。在通信过程中,证书依赖方(Relying Party)获得通信对方的证书链,然后利用自身配置存储的根 CA 自签名证书来逐一验证证书链中的各张证书,可信地获得通信对方的公钥,从而用于机密性、数据完整性、身份鉴别、非否认等各种安全功能。

1978 年,L. Kohnfelder 首次提出证书的概念;1988 年,第 1 版 X.509 标准推出,最新标准为 2005 年推出的第 3 版标准;1995 年,IETF 成立 PKIX 工作组,将 X. 509 标准用于 Internet,2013 年 IETF PKIX 工作组结束工作任务。经过多年的技术研究,PKI 技术已经得到了长足的发展和广泛的应用,在全球的信息系统中发挥了重要的安全支撑作用。

(1) PKI 认证系统简述

身份认证的目的是要确定对方的身份是否真实或合法。为了达到这一目的,需要建立初始信任。但在网络环境下,建立信任意味着建立一条安全通道(单向的或双向的)。这一任务在公钥密码提出之前非常困难、代价很高。公钥密码提出后,人们可以通过公钥密码来传递秘密密钥,但公钥的真实性又难以保证。为了满足网络环境下陌生人之间安全通信的需求,基于可信第三方的公钥基础设施被提出来,这样,当陌生的 A 与 B 想要建立一条安全路径时,可以寻找共同信任的第三方,在可信第三方的帮助下实现 A 对 B 所拥有的公钥的鉴别,从而建立从 B 到 A 的安全通道。简单地说,公钥基础设施就是让可信第三方对用户的公钥签署证书,只要验证公钥证书的合法性,就可以相信公钥证书中所描述的公钥属主信息。

在通信双方 A 与 B 互不信任的情况下,要想使 B 确信某个公钥的确是 A 的公钥,必须有一个可信的第三方 T 向 B 证明,而 T 又必须有能力知道该公钥的确属于 A,从而可以向 B 提供真实信息。为了使这种证明可以离线工作,即不必由 T 亲自向 B 证明,只要 T 预先出具一个证明,A 向 B 提供这个证明即可。这种证明就是公钥证书。更确切地说,由一个用户都信任的被称为证书认证中心(CA)的第三方向每一个合法用户的公钥签署一个证书,该证书包含用户身份信息(如 IP 地址)、用户公钥信息、证书的签发时间和有效期等信息,CA 对这些信息进行数字签名,该签名就是公钥证书。任何人收到这样一个公钥证书后,通过验证 CA 的签名是否合法以及证书是否还有效,就可知道证书中所包含的公钥属于谁。

为了能验证 CA 的签名,用户应该知道 CA 的公钥信息。如果用户不知道 CA 的公钥,即认为这是系统外的用户,不予考虑。系统中的用户知道 CA 的真实公钥是最基本的信任假设,缺少这个假设任何其他信任都很难建立起来。读者可能还有一系列的问题,如 CA 为什么要为用户签署公钥证书? 答案很简单:CA 是服务机构,或者是赢利机构,而用户是它的客户。CA 如何知道用户提供的公钥是真实的? 这一点毋庸置疑,因为没有哪个用户把别人的公钥当作自己的公钥去申请证书,那样只能给别人提供攻击自己的机会。那么 CA 如何知道用户的身份是真实的? 这一点需要各个 CA 去掌握。在许多应用环境中,CA 对用户提供的身份信息需要通过另外的途径去验证,如电话确认或让用户离线注册。

最后的问题是由谁来做 CA。同样的回答是看具体情况。但不管是哪种情况,在整个世界都被互联网连接在一起的今天,没有谁能做全世界的 CA,因为如果存在这样一个 CA,那么它对用户身份的确认就是个问题,而且要服务世界范围内的用户,负担也太重,一旦网络出现问题或 CA 的服务器遭受攻击,所造成的损失将太大。为了实现在世界范围内,或者至少在较大的范围内(如一个国家)能对公钥签署证书,公钥基础设施(PKI)应运而生。PKI 是一种签署和管理公钥证书的标准体系,它看起来似乎容易,但具体成为标准的话需要考虑很多方面的问题,如证书格式、证书的撤销和更新过程、证书的存放和查询、证书的验证,特别是跨 CA 证书的验证等。

(2) PKI 认证系统体系结构

公钥证书、证书管理机构、证书管理系统、与证书服务相关的软硬件设备以及相应的法律基础共同构成 PKI。PKI 在实际的应用中是一套软硬件系统和安全策略的集合,它提供一整套安全机制,以数字证书为基础,通过一系列的信任关系来实现信息的真实性、完整性、保密性和不可否认性。基本的 PKI 组成如图 2.30 所示。

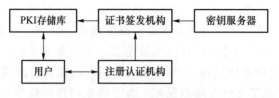

图 2.30 基本的 PKI 组成

基本的 PKI 主要由证书颁发机构、注册认证机构和相应的 PKI 存储库等组成。为了确保用户的身份和用户所持有的密钥正确匹配,公钥系统需要可信的第三方担任认证中心(CA),以此来确认公钥拥有者的真正身份,签发并管理用户的数字证书;注册认证机构可以作为 CA 的代表处,负责证书申请者的信息录入、审核和证书发放等工作,也对发放的证书完成相应的管理工作;PKI 存储库包括 LDAP 目录服务器和普通数据库,用于对用户申请、证书、密钥、证书撤销列表(CRL)和日志等信息进行存储和管理,也提供查询功能。

一个有效的 PKI 系统必须是安全的和透明的。PKI 提供服务的过程应该是一个"黑匣子",它的所有安全操作应隐藏在用户的后面,不需要额外的干预,不需要用户关注算法和密钥,不会因为用户的错误操作对安全造成危害,安全操作不需要特别的知识,不需要用户进行特殊的处理,除了初始的登录,PKI 应当用一种对用户安全透明的方式完成所有与安全有关的工作。PKI 能保证数目不受限制的应用程序、设备和服务器无缝地协调工作,安全地传输、存储和检索数据,安全地进行事务处理,安全地访问服务器。一个可用的 PKI 产品还必须提供相应的密钥管理服务,包括密钥的备份、恢复和更新等。一个好的密钥管理系统,将极大地影响一个 PKI 系统的规模、可伸缩性和在协调网络中的运行成本。

PKI 必须具有认证机构、证书库、密钥备份及恢复系统、证书撤销处理系统以及 PKI 应用接口系统等主要部分,构建和实施一个 PKI 系统也将围绕这些部分来进行。一个典型的 PKI 系统包括 PKI 安全策略、软硬件系统、认证中心(CA)、注册中心(RA)、证书签发系统及 PKI 应用接口系统等基本部分,如图 2.31 所示。

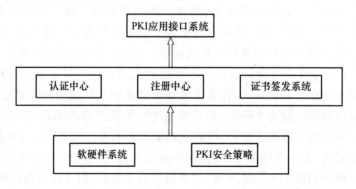

图 2.31 典型 PKI 系统的组成

下面我们来介绍一下各部分的功能。

1) PKI 安全策略

PKI 安全策略是一个包含如何在实际中支持安全策略的操作过程的详细文档,它定义了一个信息安全方面的指导思想,也定义了密码系统使用的处理方法和原则,包括一个组织如何处理私钥和有价值的信息,以及根据风险的级别定义安全控制的级别。PKI 安全策略的内容一般包括认证策略的制定、技术标准的遵循、各 CA 之间的上下级或同级关系、安全策略、安全程度、服务对象、管理原则、认证规则、运作制度的规定以及所涉及的各方面法律关系和技术的实现。

2) 软硬件系统

软硬件系统是系统运行所需的所有软硬件的集合,主要包括目录服务器以及客户端软件等。目录服务器的组成主要有:目录服务器软件,用来存储目录信息并响应访问请求;复制服务器软件,实现主目录服务器信息到从目录服务器信息的复制映射;目录服务器管理程序,便于目录管理员对目录服务器进行配置、维护和管理;图形客户端软件等。目录服务器一般为层次树状结构,一主多从,与子树组成级联方式。目录服务器一般使用一种 master-slave 模式,仅复制变化的部分,从而减少了网络通信量。客户端软件是一个可操作 PKI 的必要组成部分。PKI 采用 C/S 或 B/S 结构,只有客户端提出请求服务,服务器端才会为此请求做出响应处理。客户端软件的功能有:完成 PKI 对证书的生命周期管理;为文档请求时间戳;进行传输加密或数字签名操作;进行证书路径处理等。没有客户端软件,PKI 无法有效地提供很多安全服务。客户端软件应当独立于所有应用程序,来完成 PKI 服务的上述客户端功能。应用程序应当通过标准接口与客户端软件的连接来使用安全基础设施。

3) 认证中心(CA)

CA,即认证中心。在网上的电子交易中,商家需要确认持卡人是否是信用卡的合法持有者,同时持卡人也要能够识别商家是否是合法商户,是否被授权接受某种品牌的信用卡支付。

数字证书就是参与网上交易活动的各方身份的证明。每次交易时,都要通过数字证书对各方的身份进行验证。CA 作为权威的、可信赖的、公正的第三方,是发放、管理、撤销数字证书的机构,其作用是检查证书持有者身份的合法性,并签发证书,以防证书被伪造或篡改,以及对证书和密钥进行管理,解决公钥体系中公钥的合法性检验问题。CA 是 PKI 体系的核心。

4) 注册中心(RA)

注册中心(RA,Registration Authority)是 PKI 认证体系的重要组成部分,是用户和认证中心之间的一个接口。RA 是 CA 系统的证书的注册、申请和审核批准机构,在这里进行该可信 PKI 域的用户实体的证书申请资质的验证。它主要具备收集用户信息和确认用户身份的功能,比如:录入客户信息,对客户信息进行添加、修改、删除和审核;对用户证书进行管理,能够发起证书更新、撤销、恢复、冻结和解冻等请求,并能够提供证书到期提示;提供现场单个或批量生产证书的功能;提供在线证书管理功能,能实现在线申请、在线下载等。RA 可以设置在直接面对客户的业务部门,如银行的营业部。对于一个小规模的 PKI 应用系统来说,注册管理的职能可由 CA 来完成,而不设立独立运行的 RA(将其作为认证中心的一项功能)。但 PKI 国际标准推荐由独立的 RA 来完成注册管理的任务,因为这样可以增强应用系统的安全性。

5) 证书签发系统

证书签发系统是 PKI 的核心执行机构,它包括 CA 服务器的硬件和软件系统,具有签发和管理证书的全面功能;开放管理接口,具有层结构、高处理能力、大容量、安全可靠等特性;采用国家保密机构认可的加密机,私钥不出卡,支持硬件平台,具有对证书的管理统计功能。

6) PKI 应用接口系统

一个完整的 PKI 系统必须提供良好的应用接口系统,以便各种应用都能够以安全、一致和可信的方式与 PKI 交互,确保建立起来的网络环境的可信性,降低管理和维护的成本。

(3) PKI 认证系统原理

PKI 的原理简单描述如下。假定有一个证书认证中心(CA)、一个证书注册中心(RA)、一个复杂的存放证书的公共数据库,那么证书的签署和使用等包括下列几个过程。

1) 证书签署

用户向 CA 证明自己的合法身份并提供公钥,CA 对此公钥签署公钥证书。用户可以对公钥证书进行正确性验证。用户的公钥证书可以证明该公钥属于该用户,需要使用该用户公钥的人都可以在获取该证书后进行验证以确信公钥是真实的。

2) 证书存放

如何让其他需要使用该证书的用户得到该用户的公钥证书呢? 最直观的方法是向该用户索取,但该用户并不是总处于在线状态,即使在线,也不一定能随时应答索取公钥证书的询问。另一种方法是用户将公钥证书放在自己的个人网页上,但问题是并非所有用户都有自己的个人网页,即使有个人网页,需要使用该证书的用户也不一定容易找到该个人网页。因此,PKI 的解决方案是将公钥证书放在一个标准数据库中,需要使用公钥证书的用户可以到该数据库查询。因此,当用户申请到公钥证书时,需要到 RA 那里去注册,RA 验证证书的合法性后,将证书连同用户信息存放在证书数据库中。

3) 证书注销和更新

尽管公钥证书有其有效期,但由于各种原因,一个公钥证书可能在有效期内就需要更新或注销。当用户申请注销公钥证书时,需要用该公钥对应的私钥对一个固定格式的消息进行数字签名并传给 RA,当 RA 验证签名的合法性后,将证书从数据库中删除,同时在一个叫作证书撤销列表(CRL)的数据库中添加被注销的证书信息。当用户需要更新自己的证书时,选取一个新的公钥,用原来公钥对应的私钥对新公钥进行签名,将签名信息传给 CA,CA 验证签名的有效性后签署一个新的公钥证书。用户再将该新公钥证书连同用原私钥签名的证书更新请求传给 RA,RA 在验证签名以及新证书的合法性后,将原来的证书从数据库中删除,添加新证书,同时在证书撤销列表中添加被注销的证书信息。

4) 证书的获取

当其他用户需要某个用户的公钥证书时,向 RA 提出咨询请求。RA 根据请求所给出的用户信息查找到公钥证书,然后将公钥证书传给咨询者。有时候,咨询者已经有某个用户的公钥证书,只想查看一下该公钥证书是否仍然有效,对这种需求,RA 只需检查 CRL 中是否包含所咨询的公钥证书的信息即可。为了方便查询,每个公钥证书都有一个身份标识,因此,查询有效性时不需要对整个证书的数据进行传输,只需要传输证书的身份标识以及其是否被注销的信息即可。

5) 证书的验证

当得到某个用户的证书后,需要验证证书的合法性,以确定证书中所含公钥信息的真实性。当验证者和证书持有人有相同的 CA 时,这个问题很容易解决,因为验证者知道 CA 的公钥信息,通过验证 CA 在证书上的数字签名,即可确定证书的合法性。但是,当验证者和证书持有人没有相同的 CA 时,这个问题就变得复杂多了。正如前面的讨论,单一 CA 的假设是不合理的,在大的应用范围内,必将由多个 CA 来完成证书签署工作。但 RA 和证书数据库可以只有一个,或在逻辑上只有一个,即实际分布式的数据库;用户感知不到数据库的结构。

（4）PKI 技术研究进展

目前 PKI 技术已经较为成熟,并进入了大规模应用的阶段。随着 PKI 技术在实际应用系统中的大量部署以及被各种重要的应用领域采纳,近 10 年来相继出现了大量全新的 PKI 技术研究成果。这些成果克服了应用推广部署中的种种难题。近 10 年来的 PKI 技术研究进展,主要包括以下几个方面。

① SSL/TLS 协议是目前应用最为广泛的 PKI 技术。研究表明,SSL/TLS 协议中的证书验证安全漏洞大量存在于各种系统中,会导致严重的中间人攻击;相关的攻击检测、防护技术成果随之被提出。2013 年,Google 公司提出的 Certificate Transparency 技术被正式采纳为 IETFRFC6962,用于提升 SSL/TLS 协议的服务器证书的可信程度;在 Certificate Transparency 技术的基础上,又有多种改进方案被提出。作为证书依赖方,SSL/TLS 协议客户端（通常是浏览器）的根 CA 证书配置直接影响 SSL/TLS 服务器证书的验证结果;各种改进的 CA 证书配置管理方案可用于限制恶意 CA 的攻击效果。

② 如上文所述,PKI 技术已经进入大规模的应用阶段。随着 PKI 系统在全球电子护照、DNS 系统、HTTPS 服务器等信息服务中的部署,研究人员总结了多种全新的技术挑战,也提出了相应的解决方案。

③ 长期以来,证书撤销方案都是 PKI 技术研究的重要内容。由于不存在普遍最优适用的证书撤销方案,针对不同的应用场景,各种证书撤销方案各有优势和不足,所以,针对新型应用场景的证书撤销方案、基于新型技术的证书撤销方案,近年来仍然不断有相关的成果出现。

PKI 技术作为能够实现身份鉴别、机密性、完整性、非否认等核心安全服务的基础设施,在信息系统安全中发挥着重要的作用。作为典型的密码应用技术,近 10 年来,PKI 系统在走向大规模应用推广的过程中,相关的技术研究达到了新的高度。这些研究成果得益于 PKI 技术在智能移动平台、SSL/TLS、大规模网络系统等领域的深入应用。我们有理由相信,作为具有普适性的安全基础设施,随着信息技术的发展,PKI 技术将扩展到新的应用领域,未来必定会有更丰硕的研究成果。PKI 证书服务的安全性、大规模 PKI 应用技术、新型领域的 PKI 技术（包括物联网、虚拟环境、无线通信领域和下一代高速网络等场景）等将会在未来得到进一步的探讨和研究。

习　题

一、选择题

1. 假设 A 和 B 之间要进行加密通信,则正确的非对称加密流程是（　　）。

① A 和 B 都要产生一对用于加密和解密的加密密钥和解密密钥

② A 将公钥传送给 B,将私钥自己保存;B 将公钥传送给 A,将私钥自己保存

③ A 发送消息给 B 时,先用 B 的公钥对信息进行加密,再将密文发送给 B

④ B 收到 A 发来的消息时,用自己的私钥解密

A. ①②③④   B. ①③④②   C. ③①②④   D. ②③①④

2. 在密码学中,对 RSA 的描述正确的是(　　)。

A. RSA 是秘密密钥算法和对称密钥算法

B. RSA 是非对称密钥算法和公钥算法

C. RSA 是秘密密钥算法和非对称密钥算法

D. RSA 是公钥算法和对称密钥算法

3. RSA 使用不方便的最大问题在于(　　)。

A. 产生密钥需要强大的计算能力   B. 算法中需要大数

C. 算法中需要素数   D. 被攻击过很多次

4. 以下各种加密算法中属于对称加密算法的是(　　)。

A. DES 加密算法   B. Caesar 替代法

C. Vigenere 算法   D. Diffie-Hellman 加密算法

5. 以下各种加密算法中属于非对称加密算法的是(　　)。

A. DES 加密算法   B. Caesar 替代法

C. Vigenere 算法   D. Diffie-Hellman 加密算法

6. RSA 算法的安全理论基础是(　　)。

A. 离散对数难题   B. 整数分解难题

C. 背包难题   D. 代替和置换

7. 在普通数字签名中,签名者使用(　　)进行信息签名。

A. 签名者的公钥   B. 签名者的私钥

C. 签名者的公钥和私钥   D. 接收者的私钥

8. 签名者无法知道所签消息的具体内容,即使后来签名者见到这个签名时,也不能确定当时签名的行为,这种签名称为(　　)。

A. 代理签名   B. 群签名   C. 多重签名   D. 盲签名

二、填空题

1. 密码技术的分类有很多种,如果从密码体制而言或者从收发双方使用的密钥是否相同而言,加密技术分为_____和_____。

2. 1976 年,W. Diffie 和 M. Hellman 在_____一文中提出了_____的思想,从而开创了现代密码学的新领域。

3. 根据所基于的数学基础的不同,非对称密码体制通常分为:_____、基于离散对数难题的和基于椭圆曲线离散对数的密码体制。

4. RSA 的数论基础是_____,在现有的计算能力条件下,RSA 被认为是安全的最小密钥长度是_____。

5. 公钥密码体制的思想基于_____函数,公钥用于该函数的_____计算,私钥用于该函数的_____计算。

6. 普通数字签名一般包括 3 个过程,分别是_____、_____、和_____。

7. 群签名除具有一般数字签名的特点外,还有两个特征,即_____和_____。

8. 盲签名除具有一般数字签名的特点外,还有两个特征,即＿＿＿＿＿和＿＿＿＿＿。

三、简答题

1. 简述公钥密码体制与对称密码体制相比有什么优点和不足。
2. 简述 RSA 算法中密钥产生的过程。
3. 简述数字签名的特点。
4. 简述 RSA 算法的加密和解密过程。
5. PKI 的主要组成是什么？它们各自的功能是什么？
6. 为什么需要消息认证？
7. 简述 Kerberos 的基本工作过程。

参 考 文 献

[1] 李炳吉. 不对称加密算法与信息安全[J]. 智库时代,2018(40):228-229.

[2] 李彬. 浅谈非对称加密方式及其应用[J]. 信息记录材料,2021,22(1):214-215.

[3] Panda M. Performance analysis of encryption algorithms for security[C]// 2016 International conference on Signal Processing,Communication,Power and Embedded System(SCOPES). IEEE,2016.

[4] 李莹,赵瑞,曹宇,等. RSA 加密算法的研究[J]. 智能计算机与应用,2020,10(3):166-168.

[5] 弋改珍. RSA 算法的研究与实现[J]. 现代计算机,2018,630(30):14-16,32.

[6] 于晓燕. RSA 算法及其安全性分析[J]. 计算机产品与流通,2019(11):2.

[7] 李拴保,杨凤霞. 基于身份的数字签名综述[J]. 河南财政税务高等专科学校学报,2014(2):90-92.

[8] 赵翔. 数字签名综述[J]. 计算机工程与设计,2006,27(2):195-197.

[9] 张珑,单琳琳,王建华. 数字签名综述[C]// Proceedings of 2010 Second International Conference on E-Learning,E-Business,Enterprise Information Systems,and E-Government(EEEE 2010)Volume 2. 2010.

[10] 毕渼,程晓荣. Kerberos 认证协议分析与研究[J]. 电脑知识与技术(学术版),2017(9X):37-38.

[11] 李培培,曹芳. Kerberos 身份认证协议的研究[J]. 科技视界,2015(36):100,157.

[12] 刘寿臣. Kerberos 网络认证系统的关键技术分析[J]. 电脑知识与技术(学术版),2016(6):69-70.

[13] 吴薇. PKI 技术的发展综述[J]. 电子产品可靠性与环境试验,2002(4):55-60.

[14] 白青海,周岚. 公钥基础设施 PKI 体系结构探析[J]. 内蒙古民族大学学报(自然汉文版),2010,25(4):373-375.

[15] 黄志荣,范磊,陈恭亮. 密钥管理技术研究[J]. 计算机应用与软件,2005,22(11):112-114.

[16] 闫鸿滨. 密钥管理技术研究综述[J]. 南通职业大学学报,2011,25(1):79-83.

[17]　闫鸿滨.密钥管理关键技术研究[J].电子商务,2010(10):56-57.

[18]　徐令予.量子密钥分配技术——信息时代安全之"盾"[J].科技导报,2017,35(19):85-90.

[19]　周程,李辉.RFID 技术简介与发展综述[J].中国西部科技,2015,14(3):4-5,25.

[20]　任少杰,郝永生,许博浩.射频识别技术综述[J].飞航导弹,2015(1):70-73.

[21]　李琦,刘丹妮.物联网 RFID 系统安全防护浅析[J].电信网技术,2019,000(5):55-58.

第 **3** 章　感知层物理安全技术

3.1　RFID 标签物理层安全威胁及防护技术

3.1.1　RFID 标签的破解及复制

1. RFID 技术介绍

RFID(射频识别)又称无线射频识别,是一种能够通过射频信号识别目标并进行数据交换的非接触式自动识别技术。RFID 技术凭借数据容量大、读写速度快、稳定性高、使用寿命长等优点得到了广泛的应用。特别是在军事领域,RFID 技术在装备管理、后勤保障及作战演习等方面已经展现出特有的优势,受到了众多国家的重视。

(1) RFID 技术起源

RFID 技术最早起源于雷达技术的发展及应用。"二战"期间,英军根据雷达的工作原理开发了敌我飞机识别系统,避免误伤己方飞机,对当时的侦察工作起到了举足轻重的作用。1948 年,Harry Stockman 发表了题为"Communication by Means of Reflected Power"的文章,为 RFID 技术的发展奠定了理论基础。此后,RFID 技术得到了不断的发展。

20 世纪 50 年代,RFID 技术的研究处于探索阶段,这一阶段基本上以理论研究为主,发表了大量的文章。60 年代,是 RFID 技术的初步发展阶段,伴随着电子物品防盗系统的产生,RFID 技术开始了在应用方面的尝试。70 年代,RFID 技术成为人们研究的热门话题,并在这段时期得到了极大的发展,出现了一系列的研究成果,如车辆识别及自动化工厂等。80 年代,RFID 技术更加成熟,很快进入商业应用阶段,美国、日本以及欧洲多个国家在不同的领域开始使用 RFID 系统。90 年代,RFID 技术得到了迅猛的发展。1991 年,美国俄克拉何马州出现了世界上第一个高速公路电子收费系统,该系统很快得到了大规模的应用,这在 RFID 技术的发展史上具有划时代的意义。

进入 21 世纪后,RFID 技术的发展达到高潮,米粒大小的芯片的产生、纸质芯片封装技术的实现以及天线技术的发展都为具有新功能的 RFID 系统的出现起到了极大的推动作用,RFID技术拥有了更为广阔的应用前景。

（2）RFID系统组成

典型的RFID系统由电子标签、读写器和后台数据管理系统等组成,如图3.1所示。

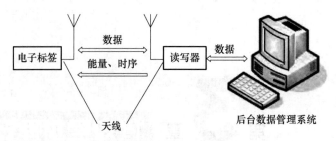

图3.1　RFID系统组成

1）电子标签

电子标签也被称为射频标签或应答器,由耦合元件、芯片以及天线组成,每个标签具有独一无二的电子编码,一般附着在被标识的物体表面,是RFID的数据信息载体,通常用来保存固定格式的数据。按照数据调制方式的不同,电子标签一般可分为被动式、半主动式和主动式3类。表3.1对3种形式的标签做了比较。特别要注意的是,半主动式标签也有内部电源,但它只为内部计算提供能量,与读写器间实现数据通信所需的能量仍然要从读写器所发射的电磁波中获取。

表3.1　3种形式的电子标签比较

方式	能量来源	特　点
被动式	电磁感应	价格低廉、体积小、工作寿命长、工作距离较短(一般为20~40 cm)、容量小(128字节)
半主动式	电磁感应、电池	较被动式反应速度更快、容量更大、工作距离更远;较主动式寿命更长
主动式	自身电池	读取距离长(可达100 m)、容量大(16 K字节)、对信号强度要求低、寿命较短(2~4年)

2）读写器

读写器又叫阅读器或射频卡,主要由射频模块(包括接收单元和发送单元)、控制模块及读写天线构成,一般分为固定式和手持式。读写器通过电感耦合或电磁反向散射耦合与电子标签进行数据通信。另外,读写器能够向上位机提供一些必要的信息,实现与数据管理系统的数据交换。

3）后台数据管理系统

一个完整的后台数据管理系统主要由中间件、信息处理系统和数据库组成,主要用来存储、处理RFID系统的相关信息。作为后台数据管理系统的一个重要组成部分,中间件是一个独立的系统软件或服务程序,能够对数据进行过滤和处理,还具有对读写器进行协调控制和降低射频辐射等功能。

（3）RFID系统基本工作原理与工作流程

RFID系统的基本工作原理是:由读写器通过发射天线发送特定频率的射频信号,当电子标签进入有效工作区域时产生感应电流,从而获得能量被激活,使得电子标签将自身编码信息通过内置天线发射出去;读写器的接收天线接收到从标签发送来的调制信号,经天线的调制器传送到读写器信号处理模块,经解调和解码后将有效信息传送到后台主机系统进行相关处理;主机系统根据逻辑运算识别该标签的身份,针对不同的设定做出相应的处理和控制,最终发出信号,控制读写器完成不同的读写操作。

从电子标签到读写器之间的通信和能量感应方式来看,RFID 系统一般可以分为电感耦合(磁耦合)系统和电磁反向散射耦合(电磁场耦合)系统。电感耦合系统是通过空间高频交变磁场实现耦合,依据的是电磁感应定律;电磁反向散射耦合,即雷达原理模型,发射出去的电磁波碰到目标后反射,同时携带回目标信息,依据的是电磁波的空间传播规律。电感耦合方式一般适合中、低频率工作的近距离 RFID 系统;电磁反向散射耦合方式一般适合高频、微波工作频率的远距离 RFID 系统。

RFID 系统有基本的工作流程,由工作流程可以看出 RFID 系统利用无线射频方式在读写器和电子标签之间进行非接触双向数据传输,以达到目标识别、数据传输和控制的目的。RFID 系统的一般工作流程如下。

① 读写器通过发射天线发送一定频率的射频信号。

② 当电子标签进入读写器天线的工作区时,电子标签天线产生足够的感应电流,电子标签获得能量被激活。

③ 电子标签将自身信息通过内置天线发送出去。

④ 读写器天线接收到从电子标签发送来的载波信号。

⑤ 读写器天线将载波信号传送到读写器。

⑥ 读写器对接收信号进行解调和解码,然后送到系统高层进行相关处理。

⑦ 系统高层根据逻辑运算判断该电子标签的合法性。

⑧ 系统高层针对不同的设定做出相应处理,发出指令信号,控制执行机构动作。

(4) RFID 核心技术

目前 RFID 的难点主要集中在超高频 RFID,其核心技术主要包括:防碰撞算法、低功耗芯片设计、UHF 电子标签天线设计、基于时隙 ALOHA 的防冲突算法等方面。

1) 防碰撞算法

当读写器向工作场区内的一组标签发出查询指令时,两个或两个以上的标签同时响应读写器的查询,标签传输信息时选取的信道是一样的且没有 MAC 的控制机制,返回信息产生相互干扰,从而导致读写器不能正确识别其中任何一个标签的信息,降低了读写器的识别效率和识读速度,上述问题被称为多标签碰撞问题。随着标签数量的增加,发生多标签碰撞的概率也会增加,读写器的识别效率将进一步下降。RFID 系统必须采用一定的策略来避免碰撞现象的发生,将射频区域内的多个标签分别识别出来。多标签防碰撞(Anti-collision)技术可以分为空分多路(SDMA)、时分多路(TDMA)、码分多路(CDMA)、频分多路(FDMA)4 种。SDMA 是在分离的空间范围内进行多个目标识别的技术,采用这种技术的系统一般是在一些特殊的应用场合,例如大型的马拉松活动。FDMA 是将若干个使用不同载波频率的传输通路同时供通信用户使用,但读写器的成本高,因为每个接收通路必须有自己的单独接收器以供使用;电子标签的差异则更为麻烦。CDMA 技术基于扩频技术,用户具有特征码,缺点是频带利用率低,信道容量较小,地址码选择较难,接收时地址码的捕获时间较长。因此对于射频识别系统来说 TDMA 是最常见的技术。

2) 低功耗芯片设计

超高频射频识别(UHFRFID)标签芯片一般采用无源供电方式,对于无源标签而言,工作距离是一个非常重要的指标,这个工作距离与芯片灵敏度有关,而灵敏度又要求功耗要低,因此低功耗设计成为 RFID 芯片研发中的关键。芯片中的功耗主要来自射频前端电路、存储器、数字逻辑 3 部分,而在数字逻辑中时钟树上的功耗会占据不小的部分。目前广泛采用的 ISO18000-6B 协议可以满足低成本、低功耗要求的高频 RFID 标签芯片数字基带处理器的设计。根据 ISO18000-6B 协议,从阅读器到应答器的数据传送通过对载波的幅度调制(ASK)完成,数据编码为曼彻斯特码,速率为 40 kbit/s;标签返回给阅读器的数据通过 FM0 编码调制后发送至模拟前端,经由天线发送至阅读器。

3)标签天线设计

标签天线是 RFID 电子标签的应答器天线,是一种通信感应天线,根据材质与制造工艺的不同,分为金属蚀刻天线、印刷天线、镀铜天线等几种。目前常用的技术如下。①标签基板背面涂金属层。基板背面涂金属层可以形成反射板,从而使得反射的电磁场与标签天线的场在垂直标签的远场实现叠加,达到读出距离进一步提高的效果。只有某些类型的标签天线才可以这样处理,例如微带天线、缝隙天线、倒 F 天线等。②将标签天线集成在包装材料上。金属箔包装材料有利于标签天线集成。导电墨水可以将天线以零成本印刷到产品包装上,比传统金属天线成本低,节省空间,并利于环保。③采用 AMC 结构作为标签天线接地板。AMC(Artificial Magnetic Conductor,人工磁导体结构)可在某些频段显示高阻抗特性,其常见结构单元由一个方形贴片和连接贴片与接地板的过孔或导线组成。此结构应用于缝耦合微带天线时,可使天线背瓣降低,增益上升。

4)基于时隙 ALOHA 的防冲突算法

时隙 ALOHA 算法(Framed Slotted ALOHA)简称 FSA,是一种随机时分多址方式的用户信息通信收发算法,它将信道用信息帧表示,把信息帧分成许多时隙(slot),每个标签随机选一个时隙来发送自己的识别码信息。在整个信息帧的时间内,每个标签只响应一次,如图 3.2 所示。

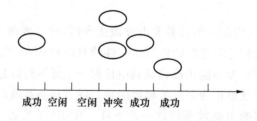

图 3.2　信息帧标签响应示意图

图 3.2 中的每个圆圈代表一个标签发出的电子编码信息,这样阅读器在整个信息帧接收过程中遇到的标签回复有 3 种情况,即成功、空闲以及冲突,它们可能分别代表在某个时隙内有一个标签、没有标签或有两个以上标签的应答。在实际情况中,由于各标签与阅读器的距离不同,近距离标签发送的信息可能覆盖了远距离标签发出的信息,即使是时隙冲突,阅读器也可能正确识别近距离标签的信息。同样,由于其他环境噪声的影响,即使在一个时隙内只有一个标签应答,阅读器也可能无法阅读成功。在不考虑这两种不理想条件(即捕获效应和环境噪声)的情况下,若整个信息帧的时隙数设定为 F,则阅读 N 个标签时每个信息帧内成功(a_1)、空闲(a_0)和冲突(a_k)的时隙数分别为:

$$a_1 = N\left(1 - \frac{1}{F}\right)^{N-1}$$

$$a_0 = F\left(1 - \frac{1}{F}\right)^{N} \tag{1}$$

$$a_k = F - a_0 - a_1$$

因此,RFID 系统的阅读吞吐率(也称识别效率,即阅读器在一个信息帧长的时间内能成功识别标签数所占的比例)可以表示为:

$$S = \frac{N}{F}\left(1 - \frac{1}{F}\right)^{N-1} \tag{2}$$

通过 Matlab 的仿真实验,可发现当标签个数接近信息帧长(即标签个数接近时隙数)时,系统的吞吐率比较高,这与式(2)通过微分计算获得的结果相一致。在 RFID 系统应用时,阅读器读取的 RFID 标签数往往是未知的。根据上述 RFID 多标签阅读的防碰撞算法的分析结果,要实现具有解决 RFID 防冲突算法功能的系统方案,系统需要先进行现场的标签数预测。通常可以通过以下几种预测方法来实现。

① 最小预测(lowbound)。若阅读中有冲突出现,那么至少有两个以上的标签存在,可以预测发生冲突的标签个数至少为 $2 \times a_k$。

② Schout 预测。若在每个信息帧中每个标签选择的时隙符合 $\lambda = 1$ 的泊松分布,那么信息帧中各冲突时隙平均响应的标签个数约为 2.39,这样可以预测未识别的标签数为 $2.39 \times a_k$。

③ Vogt 预测。它通过比较实际成功、空闲、冲突时隙数与理论成功、空闲、冲突时隙数来得出误差最小的结果,以此来预测未知标签数,即

$$\varepsilon = \min_{N}\left| \begin{pmatrix} c_0 \\ c_1 \\ c_k \end{pmatrix} - \begin{pmatrix} a_0 \\ a_1 \\ a_k \end{pmatrix} \right| \tag{3}$$

其中,c_1、c_0、c_k 为实际测得的成功、空闲、冲突时隙数值。在标签数 N 的取值范围 $[c_1 + 2 \times c_K, \cdots, 2 \times (c_1 + 2 \times c_K)]$ 内找到最小的 ε 值,所对应的 N 值就是预测的标签数。

通过 Matlab 的仿真实验,结果表明,与 FSA(信息帧长度固定为 256)相比,基于标签数预测的系统阅读的吞吐率具有明显的改善。但是总的来说,当现场有大量标签(特别是标签数大于 500 时),采用式(2),由预测标签数来设置最佳信息帧长度的实现方案就显得不合适了。因此,有人提出了采用分组应答响应的方法来实现,即当标签数超过 354 个时,将标签进行分组,第 1 组的先应答,识别完第 1 组之后再识别第 2 组,以此类推。因此,在大规模的标签识别中,使用分组算法可以有效地提高系统的识别效率。

(5) RFID 系统分类

RFID 系统的分类方式很多,按能源供给方式可分为有源系统、无源系统和半有源系统;按技术实现手段可分为广播发射式系统、倍频式系统和反射调制式系统;按工作方式可分为全双工系统、半双工系统和时序系统;按作用距离可分为密耦合系统、遥耦合系统和远距离系统;按工作频率可分为低频系统、高频系统、超高频系统和微波系统。

工作频率一般指的是电子标签与读写器之间进行数据交换时所使用的射频信号频率。作为 RFID 系统的一个重要参数指标,工作频率的频段选取直接影响系统的经济成本、通信距离、应用场合以及使用寿命等。表 3.2 给出了几种常见工作频段 RFID 系统的特性参数及应用。

表 3.2　常见工作频段 RFID 系统的特性参数及应用

系统类型	低频系统	高频系统	超高频系统	微波系统
工作频段/MHz	0.1～0.3	10～15	860～960	2 450 以上
常见频率/MHz	0.125,0.134 2	13.56	869.5,915.3	2 450,5 800
距离/m	<0.5	<1	1～10	<100
速率	低	低至中	中至高	高
耦合方式	电感	电感	电磁	电磁
缺点	易受外界电磁环境影响	通信距离较小	穿透性不强	"驻波无效"、成本较高
典型应用	畜牧业、停车场、门禁	图书馆、货架、门禁	生产自动化、物流	自动收费、物品标识

（6）RFID 系统存在的问题与发展趋势

RFID 技术在推广应用中遇到了不少挑战，主要体现在标准化、成本、技术瓶颈与应用模式等方面。

1）标准化

标准化是推动产品广泛地被市场接受的必要措施，但 RFID 读写器与标签的技术仍未统一，无法一体化使用。不同制造商所开发的标签通信协议，使用频率不同。RFID 标签的芯片性能、存储器存储协议与无线设计约定等，也没有统一标准。

2）成本

RFID 系统无论是电子标签、读写器还是天线，价格成本都很高。在新的制造工艺普及之前，高成本的 RFID 标签只能用于本身价值较高的产品中。

3）技术瓶颈

RFID 技术尚未完全成熟，特别是应用于某些特殊的产品时，无法使用大量的 RFID 标签；而且 RFID 标签的可靠性也是一个问题，RFID 标签与 RFID 读卡器在识别时具有方向性，信号容易被阻断。

4）应用模式

若 RFID 技术发展成熟，则企业大规模采用 RFID 系统之后，将会造成大量劳工面临失业的危机；RFID 大规模应用所产生的隐私泄露也是目前需要解决的问题。

2. RFID 标签的破解及复制

（1）ID 卡破解

1）基本原理

ID 卡属于大家常说的低频卡，一般情况下作为门禁卡或者大部分大学里使用的饭卡，通常为厚一些的卡，是只读的，卡里面只存有一串唯一的数字序号 ID（可以把这串数字理解为身份证号）。刷卡的时候，读卡器只能读到 ID 号，然后将 ID 号跟后台数据库进行匹配。如果是门禁卡，那么数据库里面就存在这样的 ID 号，匹配上门就开了，匹配不上门就开不了。

如果是学校的饭卡，刷卡的时候，实际上操作的是与 ID 号相关的数据库中的数据。ID 卡本身不存在任何其他数据，所以，学校使用的 ID 卡（饭卡）只能复制卡，刷别人的钱（数据库中的钱）。

2）破解方法

要破解 ID 卡，通过 ID 卡读卡器读取卡内的 ID 号，然后把这串 ID 号写入 ID 卡空卡中即可，相关工具特别多，实际上仅需要一个 ID 卡读卡器。该破解方法的优点是方便，缺点是我们看不到整个过程,对安全研究来说作用不大。

(2) 射频 IC 卡破解

射频 IC 卡种类繁多,标准也繁多(这些不在介绍范围内)。下面不特别说明就是指的 M1 S50 卡(简称 S50),这也是目前广泛使用的,并且大家做测试时最常见的 IC 卡。

射频 IC 卡常见的破解方法如下。

① 跟 ID 卡一样,复制 IC 卡的用户身份证明(UID, User Identification)号码并将其写入新的空白 IC 卡。

② 破解 IC 卡的密码,从而改写 IC 卡中的数据。

③ 破解 IC 卡的密码之后,把所有数据导出,再将其写入一个新的空白 IC 卡,也就是 IC 卡全卡复制(NFC 手机及 PM3 等设备也支持把自己模拟成一个 IC 卡,实际上也属于卡复制一类)。

IC 卡(S50)分为 16 个扇区(0~15),每个扇区又分为 64 个区域块(0~63),每个扇区都有独立的一对密码(keyA 和 keyB)负责控制对每个扇区数据的读写操作,keyA 和 keyB 分布在每个扇区的第 4 块中。第 0 扇区的第 1 个数据块存储 IC 卡的 UID 号,其他扇区可以存储其他的数据,如钱等。

一般 IC 卡的 UID 是唯一的也是写死的(不能更改),其他块的数据是可以更改的,所以也就有了普通 IC 空白卡以及 UID 可写空白卡(可以认为是不遵守规范的商家制作的)。

现在我们开始想象破解的几种环境。

① 读卡器把 IC 卡当成 ID 卡,只识别 UID 的正确性即可,不管 IC 卡内其他数据。这时候,只需要把卡的 UID 读出来,并使用一个 UID 可写的空白卡,把 UID 写入即可。

② 读卡器首先识别 UID 是否正确,然后再识别其他扇区的数据,通过 keyA 或者 keyB 对数据进行读写操作。这样,首先 UID 得正确,其次,keyA 或者 keyB 得正确(后面为了方便描述,我们就不说 keyA 或者 keyB,直接说 IC 卡密码)。

这样,如果知道了 IC 卡密码,我们不需要复制新卡,就可以更改 IC 卡中的数据,比如更改饭卡中的钱数。如果我们想复制一张一模一样的卡,那么就把原卡的所有扇区的数据全面导出来,再写入新的 UID 可写卡中即可。

③ 读卡器不识别 UID,只管对扇区的密码进行验证,如验证成功则允许对卡内数据操作等,如某快捷酒店的门卡,就不管 UID,只要扇区密码正确即可。我们可以通过扇区密码更改门卡中的数据,如房号、住宿的时间等,也可以通过一个普通的 IC 卡(UID 不能更改)来复制一张门卡(跟原卡 UID 不同),也可以通过一个 UID 可写的卡来复制一张跟原卡完全相同的卡(跟原卡 UID 也相同)。

综上,破解 IC 卡的几种环境为:改写 UID、通过扇区密码改写扇区数据和通过把原卡数据导出并重新导入到新的 IC 卡中来复制一张卡。

IC 卡的 UID 是不通过密码控制的,可以直接通过读卡器获得,后面讲 IC 卡的通信过程时会说明。那么我们做 IC 卡破解时,主要的问题就是破解 IC 卡每个扇区的控制密码,如果密码破解了,后续就可以随意操作。

破解 IC 卡密码的几种方法如下。

1) 使用默认的密码攻击

很多 IC 卡都没有更改默认密码,导致可以直接使用默认密码来尝试接入 IC 卡。常见的默认密码有：000000000000，a0a1a2a3a4a5，b0b1b2b3b4b5，4d3a99c351dd，1a982c7e459a，d3f7d3f7d3f7，714c5c886e97，A0zzzzzzzzzz。

2）nested authentication 攻击（大家常说的验证漏洞攻击）

前面讲到每个扇区都有独立的密码，一些情况下，比如某饭卡，扇区 3 中存储着钱等数据，扇区 3 更改了默认密码，扇区 5 中也存储着一些数据，扇区 5 也更改了默认密码，其他扇区没有更改默认密码。我们要操作扇区 3 跟扇区 5，不知道密码怎么办？使用 nested authentication 攻击。这种攻击方式是在已知 16 个扇区中任意一个扇区的密码之后采用的攻击方式，可以以此获得其他扇区的密码。前面提到，16 个扇区的密码都是独立的，那么怎么能通过某个扇区的密码获得其他扇区的密码呢？如果可以，那说明扇区就不是独立的，有的读者会说，那是由于 IC 卡的加密算法被破解了。这样的观点只能说明读者还没有理解。具体算法不讲，只说明一下，算法只是使得猜解密码的时间变短，使得猜解密码成为可能。

这是什么原理呢？首先，这是一个对等加密算法，也就是读卡器和 tag（标签）中都保存着同样的密码，也都是用同样的算法加密。然后看 RFID 的验证过程：开始交互的时候，tag 就已经把 UID 给读卡器"说"了，主要牵扯到防冲撞机制，之后才开始验证。

第一次验证时，读卡器首先验证 0 扇区的密码。tag 给读卡器发送一个随机数 n_t（明文），然后读卡器通过和密码相关的加密算法加密 n_t，同时读卡器产生一个随机数 n_r（密文），发送给 tag，tag 用自己的密码解密之后，如果解密出来的 n_t 就是自己之前发送的 n_t，则认为正确，然后通过自己的密码相关的算法加密读卡器的随机数 n_r（密文）并发送给读卡器，读卡器解密之后，如果跟读卡器之前发送的随机数 n_r 相同，则认为验证通过，之后所有的数据都通过此算法进行加密传输。

要记住这里面只有第一次的 n_t 是明文，之后都是密文，而且 n_t 是 tag 发送的，也就是验证过程中，tag 是主动、首先发送随机数的。破解的时候，读卡器中肯定没有密码（如果有就不用破解了），那么 tag 发送一个 n_t 给读卡器之后，读卡器用错误的密码加密发送给 tag，tag 肯定解密错误，然后验证中断。这个过程中，我们只看到 tag 发送的明文随机数，tag 根本没有把自己保存的密码相关的信息发送出来，那怎么破解呢？

所以，要已知一个扇区的密码。第一次验证的时候，使用这个扇区验证成功之后，后面所有的数据交互都是密文，读其他扇区数据的时候也需要验证，也是 tag 首先发送随机数 n_t，这个 n_t 是个加密的数据。我们前面说过每个扇区的密码是独立的，那么加密实际上就是通过 tag 这个扇区密码相关的算法来加密的 n_t，n_t 中就包含了这个扇区的密码信息，所以我们才能够通过算法漏洞继续分析出扇区的密码是什么。

这也是为什么 nested authentication 攻击必须要知道某一个扇区的密码，然后才能破解其他扇区的密码。

3）darkside 攻击

若某个 IC 卡的所有扇区都不存在默认密码怎么办？暴力破解根本不可能。这时候就是算法的问题导致的 darkside 攻击。我们考虑首先要把 tag 中的 key 相关的数据"骗"出来，也就是让 tag 发送出来一段加密的数据，通过这段加密的数据把 key 破解出来。如果 tag 不发送加密的数据给我们，那就没法破解了。

前面提到，第一次验证的时候 tag 会发送明文的随机数给读卡器，然后读卡器发送加密数据给 tag 进行验证，tag 验证失败就停止，不会发送任何数据了，这样看，根本就没有办法破解密码。

实际上经过研究人员大量的测试之后，发现算法还存在这样一个漏洞：当读卡器发送的加密数据中的某 8 位全部正确的时候，tag 会给读卡器发送一个加密的 4 位的数据回复 NACK，其他任何情况下 tag 都会直接停止交互。那么这个 4 位的加密的 NACK 就相当于把 tag 中的 key 带出来了，再结合算法的漏洞破解出 key，如果一个扇区的 key 被破解出来，就可以再使用 nested authentication 攻击破解其他扇区的密码。

4）正常验证过程获得 key

1）～3）的破解方法都是通过一般的读卡器把 tag 中的密码破解出来，不管密码破解算法的漏洞如何，实际上都是要让 tag 发送出来一段密文。

如果读卡器本身就保存有密码，卡也是授权的卡，也就是说卡和读卡器都是正确授权的，那么它们之间的加密数据交换过程就可以直接使用 PM3 等监控下来，然后通过"XOR 效验与算 Key"程序算出密码来。

这种情况下一般是内部人员作案，或者把读卡器中的 SAM（保存读卡器中密码的一个模块）偷出来，通过另外的读卡器插入 SAM，用正常授权的卡刷卡，然后监控交换数据，从而算出密码。

5）其他破解工具

上文提到的都是卡和读卡器之间的数据交换，数据是加密的，但是对于读卡器跟电脑相连的情况，由于电脑中肯定没有加密芯片，所以肯定是明文传输。在某种情况下，比如通过电脑的控制程序将密码（假设是二进制等不能直接观看的密码文件）导入读卡器的时候，我们通过监控 USB 口（串口）数据通信，是不是就能明文看到密码呢？

常用的破解工具说明如下。

① mfoc：mfocgui 以及目前网络上充斥的各类破解工具都基于 nested authentication 攻击原理，这些工具内置了一些默认密码，使用默认密码对每个扇区进行测试，如果某个扇区存在默认密码，就用 nested authentication 攻击获得其他扇区的密码。

② Mfcuk：Mfcuk 等为 darkside 攻击工具，用于一个扇区密码都不知道的情况，由于破解算法本身就不是 100% 成功的，所以如果长时间破解不出来，就停止，重新换个 n_t，重新选个时间破解。是否能破解出来跟运气也有些关系。

③ Libnfc 工具：目前用得比较多的是 RadioWar 的 nfcgui，RadioWar 网站上也有相关说明，该工具就是给 nfc-list、nfc-mfsetuid、nfc-mfclassic 这 3 个工具写的一个 GUI 界面，可以使用命令行模式，或者自己写个 GUI 界面来调用这 3 个程序。这些都是操作卡或者读卡数据的工具，国内不同的 IC 卡读卡器都附带一些读写卡程序。

3.1.2　RFID 标签的安全防护

RFID 系统容易遭受各种主动攻击和被动攻击的威胁。RFID 系统本身的安全问题可归纳为隐私和认证两个方面：隐私方面主要是可追踪性问题，即如何防止攻击者对 RFID 标签进行任何形式的跟踪；认证方面主要是要确保只有合法的阅读器才能够与标签进行交互通信。当前，保障 RFID 系统自身安全的方法主要有两大类：物理方法（Kill 命令、静电屏蔽、主动干扰以及 Blocker Tag 法等）、安全协议（哈希锁随着物联网技术的日益普及应用）。

RFID 标签的安全防护日益受到关注，主要原因有：使用 RFID 标签的消费者隐私权备受关注；在使用电子标签进行交易的业务中，标签复制和伪造会给使用者带来损失；在 RFID 标签应用较广的供应链中，如何防止信息的窃听和篡改显得尤为重要。RFID 标签的安全防护主要分为两个方面，分别是物理防护和逻辑防护。

1. 物理防护

（1）Kill 命令机制（Kill 标签）

Kill 命令机制由标准化组织自动识别中心（Auto-ID Center）提出。Kill 命令机制采用从物理上销毁 RFID 标签的方法，一旦对标签实施了销毁（Kill）命令，RFID 标签将永久作废。读写器无法再对销毁后的标签进行查询和发布指令，通过自毁的方法来保护消费者的个人隐私。这种牺牲 RFID 电子标签功能以及后续服务的方法可以在一定程度上阻止扫描和追踪。但是 Kill 命令机制的口令只有 8 位，因此恶意攻击者仅以 64 的计算代价就可以获得标签访问权。而且由于电子标签销毁后不再有任何应答，很难检测是否真正对标签实施了 Kill 操作。因此，Kill 标签并非一项有效检测和阻止标签扫描与追踪的防止隐私泄漏的技术。

EPC Class1 Gen2（简称 G2）协议设置了 Kill 命令，并且用 32 位的密码来控制。有效使用 Kill 命令后，标签永远不会产生调制信号以激活射频场，从而永久失效。但原来的数据可能还在标签中，若想读取它们并非完全不可能，因此可以考虑改善 Kill 命令的含义——附带擦除这些数据。此外在一定时期内，由于 G2 标签的使用成本或其他原因，所以会考虑到兼顾标签能回收重复使用的情况（如用户要周转使用带标签的托盘、箱子，内容物更换后相应的 EPC 号码、User 区内容要改写；更换或重新贴装标签所费不菲、不方便；等等），需要即使被永久锁定了的标签其内容也能被改写的命令。因为不同锁定状态的影响，仅用 Write 或 BlockWrite、BlockErase 命令，不一定能改写 EPC 号码、User 内容或者 Password（如标签的 EPC 号码被锁定，从而不能被改写，或未被锁定，但忘了这个标签的 Access Password 而不能去改写 EPC 号码）。这样就产生了一个需求，需要一个简单明了的 Erase 命令。比较起来，改善的 Kill 命令和增加的 Erase 命令的功能基本相同（包括都使用 Kill Password），区别仅在于前者的 Kill 命令不产生调制信号；这样也可以统一归到由 Kill 命令所带参数 RFU 的不同值来考虑。

（2）静电屏蔽机制

静电屏蔽机制的工作原理是使用法拉第笼（Faraday Cage）来屏蔽标签。

法拉第笼是一个由金属或者良导体形成的笼子，是以电磁学的奠基人、英国物理学家迈克尔·法拉第的姓氏命名的一种用于演示等电势、静电屏蔽和高压带电作业原理的设备。它由笼体、高压电源、电压显示器和控制部分组成，笼体与大地连通，高压电源通过限流电阻将 10 万伏直流高压电输送给放电杆，当放电杆尖端距笼体 10 cm 时，出现放电火花。根据接地导体静电平衡的条件，笼体是一个等位体，内部电势差为零，电场为零，电荷分布在接近放电杆的外表面上。

添加法拉第笼前，两个物体可产生电磁反应，但添加法拉第笼后，外部电磁信号不能进入法拉第笼，里面的电磁波也无法穿透出去。当人们把标签放进由传导材料构成的容器里时，可以阻止标签被扫描，被动电子标签接收不到信号也就不能获得能量，主动电子标签发射的信号不能发出。利用法拉第笼可以阻止非法窥测者通过扫描获得标签的信息。采用法拉第笼需要添加一个额外的物理设备，这带来了不便，也增加了物联网系统设备的成本。

（3）主动干扰

主动干扰无线电信号是另一种屏蔽标签的方法。标签用户可以通过一个设备来主动广播无线电信号以阻止或破坏附近的物联网阅读器的操作。这种初级的方法可能导致非法干扰，附近的其他合法物联网系统也会受到干扰，更严重的是这种方法可能阻断附近其他使用无线电信号的系统。

（4）阻塞标签法

阻塞标签法（Blocker Tag）通过阻止阅读器读取标签来保护用户的隐私。与一般用来识别物品的标签不同，Blocker Tag 是一种被动干扰器。在读写器进行某种分离操作时，当搜索到 Blocker Tag 所保护的范围，Blocker Tag 便发出干扰信号，使读写器无法完成分离动作，读写器无法确定标签是否存在，也就无法和标签沟通，以此来保护标签，保护用户的隐私。但是由于增加了阻塞标签，因此应用成本相应地增加了。Blocker Tag 还可以模拟大量的标签 ID，从而阻止阅读器访问隐私保护区域以外的其他标签，因此 Blocker Tag 的滥用可能导致拒绝服务攻击。同时，Blocker Tag 有其作用范围，超出隐私保护区域的标签将得不到保护。

2. 逻辑防护

（1）哈希锁（Hash Lock）

哈希锁是一种完善的抵制标签未授权访问的安全与隐私技术。整个方案只需要采用哈希函数，因此成本很低。方案原理如下。数据库中存储着每个标签的访问密钥 K 和对应的标签存储元身份（MetaID），其中 MetaID＝Hash(K)。标签接收到阅读器的访问请求后发送 MetaID 作为响应，阅读器通过查询获得与标签 MetaID 对应的密钥 K 并发送给标签，标签通过哈希函数计算阅读器发送的密钥 K，检查 Hash(K)是否与 MetaID 相同，若相同则解锁，并发送标签的真实 ID 给阅读器。哈希锁的工作机制如图 3.3 所示。

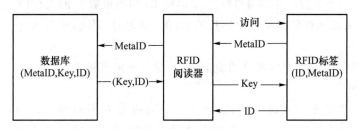

图 3.3　哈希锁的工作机制

1）锁定标签

对于唯一标志号为 ID 的标签，阅读器随机产生该标签的 Key 值并计算 MetaID＝Hash(Key)，然后将 MetaID 发送给标签；标签将 MetaID 存储下来并进入锁定状态；阅读器将(MetaID,Key,ID)存储到后台数据库中，并以 MetaID 为索引。

2）解锁标签

当阅读器访问标签时，标签返回 MetaID；阅读器将查询后台数据库，找到对应的(MetaID,Key,ID)记录，然后将该 Key 值发送给标签；标签收到 Key 值后，计算 Hash(Key)的值，并与自身存储的 MetaID 值进行比较，若 Hash(Key)＝MetaID，则标签将其 ID 发送给阅读器。此时，标签进入已解锁状态，并为附近的阅读器开放所有的功能。

3）方法的优点

解密单向哈希函数是较困难的，因此哈希锁可以阻止未授权的阅读器读取标签的信息数据，在一定程度上为标签提供隐私保护；该方法只需在标签上实现一个哈希函数的计算，以及增加少量存储空间（存放 MetaID 值），因此在低成本的标签上容易实现。

4）方法的缺陷

由于每次询问时标签回答的数据是特定的，因此不能防止位置跟踪攻击；阅读器和标签间传输的数据是未经加密的，窃听者可以轻易地获得标签的 Key 值和 ID 值。

（2）随机哈希锁（Randomized Hash Lock）

作为哈希锁的扩展，随机哈希锁解决了标签位置隐私问题。采用随机哈希锁方案，阅读器每次访问标签时的输出信息均不相同。随机哈希锁的原理如下。标签包含哈希函数和随机数发生器，后台数据库存储所有的标签 ID。阅读器请求访问标签，标签接收到访问请求后，使用哈希函数计算标签 ID 与随机数 R（由随机数发生器生成）的哈希值。标签发送该哈希值给相应的阅读器，阅读器在后台数据库中检索所有标签的 ID 值，并依次计算所有 ID 和 R 的哈希值，判断是否为对应的标签 ID。标签接收到阅读器发送的 ID 后解锁。随机哈希锁的工作机制如图 3.4 所示。

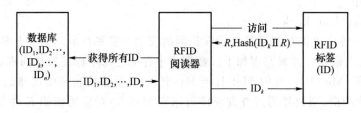

图 3.4　随机哈希锁的工作机制

首先要解释一下字符串连接符号"Ⅱ"，如标签 ID 和随机数 R 的连接即表示为"ID Ⅱ R"。并且，该方案中数据库存储的是各个标签的 ID 值，设为 $ID_1, ID_2, \cdots, ID_k, \cdots, ID_n$。

1）锁定标签

通过向未锁定的标签发送简单的锁定指令，即可锁定该标签。

2）解锁标签

阅读器向标签发出访问请求，标签产生一个随机数 R 并计算 Hash(ID Ⅱ R)，将(R, Hash(ID Ⅱ R))数据对发送给阅读器；阅读器收到数据对后，在后台数据库中查询所有的标签，分别计算与各个 ID 值相对应的 Hash(ID Ⅱ R)值，并与收到的 Hash(ID Ⅱ R)值比较，若两者相同，则向标签发送相应的 ID 值；若标签接收到的 ID 值与其自身存储的 ID 值相同，则标签将被解锁。

3）方法的优点

在随机哈希锁中，标签的每次应答是随机的，因此可以防止依据特定输出而进行的位置跟踪攻击。

4）方法的缺陷

尽管哈希锁函数可以在低成本的情况下实现，但要将随机数发生器集成到计算能力有限的低成本被动标签中却是很困难的。另外，随机哈希锁锁仅解决了标签位置隐私问题，但它不具备前向安全性，一旦标签的秘密信息被事先截获，恶意攻击者可以获得访问控制权，通过信息回溯得到标签的历史记录,推断标签持有者的隐私。由于阅读器需要在数据库中搜索所有标签的 ID 值,并为每一个 ID 值计算相应的 Hash(ID Ⅱ R)值,因此当标签数目很多时,这样的穷举计算会使得系统延时,效率并不高,而且存在拒绝服务攻击。

（3）哈希链（Hash Chain）

作为哈希方法的一个发展,为了解决可跟踪性,标签使用了一个哈希函数,在每次阅读器访问后自动更新标识符,实现前向安全性。哈希链的原理如下。标签最初在存储器设置一个随机的初始化标识符 S,同时这个标识符也储存在后台数据库中。标签包含两个哈希函数（G 和 H）。当阅读器请求访问标签时,标签返回当前标识符 $G(S_k)$给阅读器,同时当标签从阅读器的电磁场获得能量时自动更新标识符 $S_{k+1} = H(S_k)$。哈希链的工作机制如图 3.5 所示。

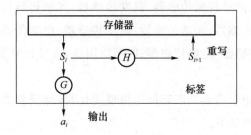

图 3.5　哈希链的工作机制

1）锁定标签

对于每一个标签 ID,阅读器随机选取一个数 S 发送给标签,并将（ID,S）数据对存储到后台数据库中;标签接收数 S 后,计算 $H(S)$值并予以保存,即进入锁定状态。

2）解锁标签

在第 i 次事务交换中,阅读器向标签发出访问请求,标签返回 $G(S_i)$值,并更新 $S_{i+1} = H(S_i)$,其中 G 和 H 为单向哈希函数。阅读器收到 $G(S_i)$值后,搜索数据库中所有的（ID,S）数据对,并为每个标签计算 $G(H(S))$,比较 $G(S_i)$值和 $G(H(S))$值是否相等,若相等,则向标签发送相应的 ID 值,并且将数据库中对应的数据对更新为（ID,$H(S)$）。若标签接收到的 ID 值与其自身存储的 ID 值相同,则标签将被解锁。

3）方法的优点

哈希链具有不可分辨性。因为 G 是单向哈希函数,外人获得 $G(S_i)$值后不能推算出 S_i值;当外人观察标签的输出时,G 输出的是随机数,所以不能将 $G(S_i)$和 $G(S_{i+1})$联系起来。哈希链还具有前向安全性。因为 H 是单向哈希函数,即使外人窃取了 S_{i+1}值,也无法推算出 S 值,所以无法获得标签的历史活动信息。

4）方法的缺点

哈希链并不能阻止重放攻击,并且该方案每次识别都需要进行穷举搜索,计算每个标签的 $G(H(S))$值,并对每个标签的 ID 进行比较,总共要计算 $2N$ 个哈希函数、N 个记录搜索和 N 个值比较,一旦标签规模增大,相应的计算负担也将急剧增大。因此哈希链存在所有标签自动更新标识符方案的共同缺点,难以大规模扩展。同时,因为需要穷举搜索,所以哈希链存在拒绝服务攻击。

3.2 传感器网络节点的安全威胁及其防御机制

3.2.1 传感器分类

传感器的类型有很多,可以按照测量方式、输出信号类型、用途、工作原理、应用场合等方式进行分类。按照测量方式的不同,可以把传感器分为接触式测量和非接触式测量传感器;按照输出信号是模拟量还是数字量,可分为模拟式传感器和数字式传感器;按照用途,可分为可见光视频传感器、红外视频传感器、温度传感器、气敏传感器、化学传感器、声学传感器、压力传感器、加速度传感器、振动传感器、磁学传感器、电学传感器等;按照工作原理,可分为物理传感器、化学传感器、生物传感器;按照应用场合,可分为军用传感器、民用传感器、军民两用传感器。

常见的传感器一般用于检测周围环境的物理变化,将感受到的信息转换为电子信号的形式输出。常见的传感器如下。

1. 温度/湿度传感器

温度/湿度传感器测算周围环境的温度/湿度,将结果转换为电子信号。温度传感器通常使用热敏电阻、半导体温度传感器以及温差电偶来实现温度检测。对于热敏电阻来说,主要是利用各种材料电阻率的温度敏感性,用于设备的过热保护和温控报警等。对于半导体温度传感器来说,主要是利用半导体的温度敏感性来测量温度,成本低廉且线性度好。对于温差电偶来说,主要是利用温差电现象,把被测端的温度转换为电压和电流的变化;由不同金属材料构成的温差电偶,能够在比较大的范围内测量温度。

湿度传感器主要分为电阻式和电容式。电阻式湿度传感器又称湿敏电阻,利用氯化锂、碳、陶瓷等材料电阻率的湿度敏感性来探测湿度。电容式湿度传感器也称湿敏电容,利用材料介电系数的湿度敏感性来探测湿度。

温度/湿度传感器在测量家庭、工厂、温室大棚等室内环境时应用比较普遍。

温度传感器的种类很多,经常使用的有热电阻 PT100、PT1000、Cu50、Cu100,热电偶 B、E、J、K、S 等。温度传感器不但种类繁多,而且组合形式多样,应根据不同的场所选用合适的产品。温度传感器如图 3.6 所示。

2. 力学传感器

力学传感器(如图 3.7 所示)通过计算施加在传感器上的力,将结果转换成电子信号。常见的力学传感器有片状、开关状压力传感器,在受到外部压力时内部结构会产生一定的变形或位移,进而转换为电特性的改变,产生相应的电信号。还有一类力学传感器能够通过气压来测定海拔高度。

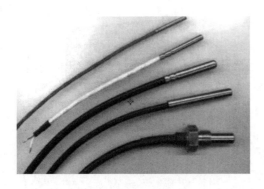

图 3.6　温度传感器

图 3.7　力学传感器

3．加速度传感器

加速度传感器（如图 3.8 所示）可计算施加在传感器上的加速度，并将结果转换成电子信号。加速度传感器常用在智能手机和健身追踪器等智能终端上。

图 3.8　加速度传感器

4．光传感器

光传感器（如图 3.9 所示）可以分为光敏电阻和光电传感器。光敏电阻主要利用各种材料电阻率的光敏感性来进行光探测。光电传感器主要包括光敏二极管和光敏三极管，这两种器件都是利用半导体器件对光照的敏感性来工作的。光敏二极管的反向饱和电流在光照的作用下会显著变大，而光敏三极管在光照时其集电极、发射极导通。此外，光敏二极管和光敏三极管与信号处理电路也可以集成在一个光传感器的芯片上。不同种类的光传感器可以覆盖可见光、红外线、紫外线等波长范围的传感应用。光传感器并不局限于对光的探测，它还可以作为探测元件组成其他传感器，对许多非电量进行检测，只要将这些非电量转换为光信号的变化即可。光传感器是目前产量最高、应用最多的传感器之一，它在自动控制和非电量电测技术中占有非常重要的地位。

5．测距传感器

测距传感器（如图 3.10 所示）通过测算传感器与障碍物之间的距离（一般通过照射红外线和超声波等）来搜集反射结果，根据反射来测量距离，并把结果转换为电子信号。照射仪器包括能够扫描二维平面的激光测距仪。测距传感器常用于汽车等交通工具。

图 3.9　光传感器

图 3.10　测距传感器

6. 磁性传感器

磁性传感器(如图 3.11 所示)也称霍尔传感器,是利用霍尔效应制成的一种传感器。霍尔效应是指:把一个金属或者半导体材料的薄片置于磁场中,当有电流流过时,形成电流的电子在磁场中运动而受到磁场的作用力,使材料中产生与电流方向垂直的电压差。可通过测量霍尔传感器所产生的电压来计算磁场强度。结合不同的结构,该类传感器能够间接测量电流、振动、位移、速度、加速度、转速等。

7. 微机电传感器

微机电系统的英文名称是 Micro-Electro-Mechanical System,简称 MEMS,是由微机械加工技术(Micromachining)和

图 3.11　磁性传感器

微电子技术(Microelectronics Technologies)结合而成的集成系统,包括微电子电路(IC)、微执行机构以及微传感器,多采用半导体工艺加工。目前已有的微机电器件包括压力传感器、加速度计、微陀螺仪、墨水喷嘴和硬盘驱动头等。微机电系统的出现体现了当前器件的微型化发展趋势。比较常见的微机电传感器有微机电压力传感器、微机电加速度传感器和微机电气体流速传感器等。

纳米技术和微机电系统(MEMS)技术的应用使传感器的尺寸减小,精度也大大提高。MEMS 技术的目标是把信息获取、处理和执行一体化地集成,使成为真正的微电子系统。把电路和运转着的机器装在一个硅芯片上——对于传统的电子机械系统来说,MEMS 不仅是真正机电一体化的开始,更为传感器的感知、运算、执行等打开了"物联网"微观领域的大门,其具体应用例如血管内的微型机器人。微机电传感器如图 3.12 所示。

图 3.12　微机电传感器

8. 生物传感器

生物传感器(biosensor)(如图 3.13 所示)的工作原理是生物能够对外界的各种刺激做出反应。生物传感器是对生物物质敏感,并将其浓度转换为电信号以进行检测的仪器。智能交互技术中的电子鼻、电子舌就是运用的生物传感器技术。各种生物传感器的共同结构包括一种或数种相关生物活性材料及能把生物活性表达的信号转换为电信号的物理或化学换能器,二者组合在一起,用现代微电子和自动化仪表

技术对生物信号进行再加工,构成各种可以使用的生物传感器分析装置、仪器和系统。

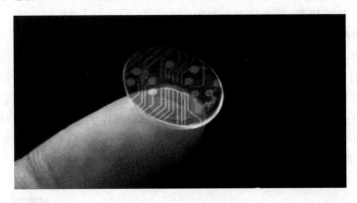

图 3.13 生物传感器

生物传感器按照其感受器中所采用的生命物质可分为:微生物传感器、免疫传感器、组织传感器、细胞传感器、酶传感器、DNA 传感器等。按照传感器器件检测的原理,可分为:热敏生物传感器、场效应管生物传感器、压电生物传感器、光学生物传感器、声波道生物传感器、酶电极生物传感器、介体生物传感器等。按照生物敏感物质相互作用的类型,可分为亲和型传感器和代谢型传感器。

9. 智能传感器

智能传感器(smart sensor)(如图 3.14 所示)是具有一定信息处理能力或智能特征的传感器,它具有复合敏感功能,自补偿和计算功能,自检、自校准、自诊断功能,信息存储和传输等功能,并具有集成化的特点。

需要注意的是,这里的"智能"和人工智能中的"智能"有根本的不同,这里所说的"智能"侧重于与传统传感器的对比,而人工智能中的"智能"强调"拟人化"的思辨能力。智能传感器最早来源于太空设备对于传感器处理能力的需求。

由于嵌入式智能技术是实现传感器智能化的重要手段,所以通常把智能传感器的"智能"称为"嵌入式智

图 3.14 智能传感器

能",其特点是具备了微处理器这一器件。嵌入式微处理器具有功耗低、体积小、集成度高和嵌入式软件的高效率、高可靠性等优点,在人工智能技术的推动下,嵌入式技术与人工智能共同构筑物联网的智能感知环境。随着嵌入式智能技术的发展,信息物理系统(CPS,Cyber-Physical Systems)在自动化与控制领域内逐渐被认为更接近于物联网。CPS 利用计算机对物理设备进行监控,融合了自动化技术、信息技术、控制技术和网络技术,注重反馈与控制过程,能够实现对物体实时、动态的控制和服务。虽然 CPS 在应用和网络上与物联网有相同之处,但在信息采集与控制中存在着差别。

10. 变频功率传感器

变频功率传感器(如图 3.15 所示)对输入的电压、电流信号进行交流采样,再将采样值通过电缆、光纤等传输系统与数字量输入二次仪表相连,数字量输入二次仪表对电压、电流

的采样值进行运算,便可获得电压有效值、电流有效值、基波电压、基波电流、谐波电压、谐波电流、有功功率、基波功率、谐波功率等参数。

11. 视觉传感器

视觉传感器(如图 3.16 所示)具有从一整幅图像捕获光线的数以千计的像素。图像的清晰程度通常用分辨率来衡量,以像素数量表示。在捕获图像之后,视觉传感器将其与内存中存储的基准图像进行比较,以做出分析。例如,若视觉传感器被设定为辨别正确地插有八颗螺栓的机器部件,则传感器应该知道在发现只有七颗螺栓的部件,或者螺栓未对准的部件时"举手"。此外,无论该机器部件位于视场中的哪个位置,无论该部件是否在 360°范围内旋转,视觉传感器应都能做出判断。

图 3.15　变频功率传感器　　　　图 3.16　视觉传感器

12. 位移传感器

位移传感器(如图 3.17 所示)又被称为线性传感器,是把位移转换为电量的传感器。位移传感器是一种属于金属感应的线性器件。

图 3.17　位移传感器

在位移传感器的转换过程中有许多物理量(例如压力、流量、加速度等)常常需要先转换为位移,然后再转换为电量。因此位移传感器是一类重要的基本传感器。在生产过程中,位移的测量一般分为测量实物尺寸和机械位移两种。机械位移包括线位移和角位移。按被测变量变换形式的不同,位移传感器分为模拟式和数字式两种,模拟式又分为物性型(如自发电式)和结构型两种。常用的位移传感器以模拟式结构型居多,包括电位器式位移传感器、电感式位移传感器、自整角机、电容式位移传感器、电涡流式位移传感器、霍尔式位移传感器等。数字式位移传感器的一个重要优点是便于将信号直接送入计算机系统,这种传感器的相关技术发展迅速,应用日益广泛。

13. 液位传感器

液位传感器(静态液位计/液位变送器、水位传感器)(如图 3.18 所示)是一种测量液位的压力传感器。其中,静压投入式液位变压器(液位计)基于所测液体静压与该液体高度成比例的原理,采用国外先进的隔离型扩散硅敏感元件或陶瓷电容压力敏感传感器,将静压转换为电信号,再经过温度补偿和线性修正,转换为标准电信号。

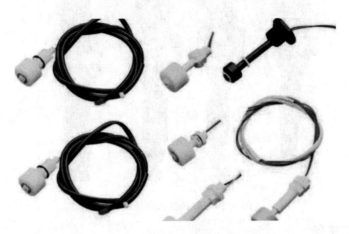

图 3.18　液位传感器

　　液位传感器通常分为两类:一类为接触式,包括单法兰静压/双法兰差压液位传感器、浮球式液位传感器、磁性液位传感器、投入式液位传感器、电动内浮球液位传感器、电动浮筒液位传感器、电容式液位传感器、磁致伸缩液位传感器、伺服液位传感器等;第二类为非接触式,包括超声波液位传感器、雷达液位传感器等。

14. 真空度传感器

　　真空度传感器(如图 3.19 所示)采用先进的硅微机械加工技术生产。以集成硅压阻力敏感元件作为传感器的核心元件制成的绝对压力变送器,由于采用硅-硅直接键合或硅-派勒克斯玻璃静电键合形成的真空参考压力腔,以及一系列无应力封装技术及精密温度补偿技术,因而具有稳定性优良、精度高的突出优点,适用于各种情况下绝对压力的测量与控制。

图 3.19　真空度传感器

15. 酸碱盐浓度传感器

　　酸碱盐浓度传感器(如图 3.20 所示)通过测量溶液的电导值来确定其浓度,它可以在线连续检测工业工程中酸、碱、盐在水溶液中的浓度含量。该传感器主要由电导池、电子模块、显示表头和壳体组成。电子模块电路则由激励源、电导池、电导放大器、相敏整流器、解调器、温度补偿、过载保护和电流转换等单元组成。这种传感器主要应用于锅炉给水处理、化工溶液的配置以及环保等工业生产过程。

　　酸碱盐浓度传感器的工作原理是,在一定的范围内,溶液的酸碱浓度与其电导率的大小成比例。因而,只要测出溶液电导率的大小便可得知酸碱浓度的高低。当被测溶液流入专用电导池时,如果忽略电极极化和分布电容,则它可以等效为一个纯电阻。在有恒压交变电流流过时,其输出电流和电导率呈线性关系,而电导率又与溶液的酸碱浓度成比例关系。因此只要测出溶液中的电流,便可算出酸、碱、盐的浓度。

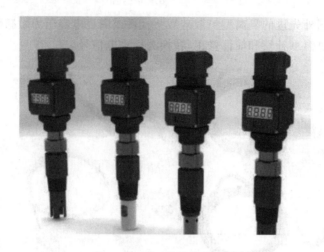

图 3.20　酸碱盐浓度传感器

16. 电导率传感器

电导率传感器（如图 3.21 所示）是在实验室、工业生产和探测领域里被用来测量超纯水、纯水、饮用水、污水等各种溶液的电导性或水标本整体离子浓度的传感器。它是通过测量溶液的电导值来间接测量离子浓度的流程仪表（一体化传感器），可在线连续检测工业生产中水溶液的电导率。

由于电解质溶液是与金属导体一样的电的良导体，因此电流流过电解质溶液时必有电阻作用，且符合欧姆定律。但液体的电阻温度特性与金属导体相反，具有负向温度特性。为区别于金属导体，电解质溶液的导电能力用电导（电阻的倒数）或电导率（电阻率的倒数）来表示。当两个相互绝缘的电极组成电导池时，若在其中间放置待测溶液，并通以恒压交变电流，就形成了电流回路。如果将电压大小和电极尺固定，则回路电流和电导率就存在一定的函数关系。这样，测得待测溶液中流过的电流，就能测出待测溶液的电导率。电导率传感器的结构和电路与酸碱盐浓度传感器相同。

17. 电容式物位传感器

电容式物位传感器（如图 3.22 所示）适用于工业企业进行测量和控制的生产过程，主要用作类导电与非导电介质的液体液位或粉粒状固体料位的远距离连续测量和指示。

图 3.21　电导率传感器　　　　　　　　图 3.22　电容式物位传感器

电容式物位传感器由电容式传感器和电子模块电路组成，它以两线制 4～20 mA 恒定电流输出为基型，经过转换，以三线或四线方式输出，输出信号形成 1～5 V、0～5 V、0～10 mA 等标准信号。电容式传感器由绝缘电极和装有测量介质的圆柱形金属容器组成。当料位上升时，因非导电物料的介电常数明显小于空气的介电常数，所以电容量随着物料高度的变化而变化。传感器的电子模块电路由基准源、脉宽调制、转换、恒流放大、反馈和限流等单元组成。采用脉宽调制原理进行测量的优点是频率较低，对周围无射频干扰、稳定性好、线性好、无明显温度漂移等。

18. 锑电极酸度传感器

锑电极酸度传感器（如图 3.23 所示）是集 pH 检测、自动清洗、电信号转换于一体的工业在线分析仪表，它是由锑电极与参考电极组成的 pH 值测量系统。在被测酸性溶液中，由于锑电极表面会生成三氧化二锑氧化层，这样在金属锑面与三氧化二锑之间会形成电位差，该电位差的大小取决于三氧化二锑的浓度，该浓度与被测酸性溶液中氢离子的适度相对应。如果把锑、三氧化二锑和水溶液的适度都当作 1，其电极电位就可用能斯特公式计算出来。

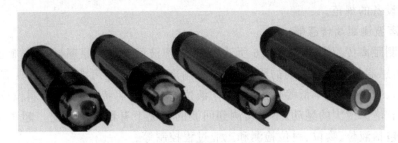

图 3.23　锑电极酸度传感器

锑电极酸度传感器中的固体模块电路由两大部分组成。第一部分是电源。为了现场作用的安全起见，电源部分采用交流 24 V 为二次仪表供电。这一电源除了为清洗电极提供驱动电源，还应通过电流转换单元转换为相应的直流电压，以供变送电路使用。第二部分是测量传感器电路，它把来自传感器的基准信号和 pH 酸度信号经放大后送给斜率调整和定位调整电路，以使信号内阻降低并可调节。将放大后的 pH 信号与温度补偿信号进行叠加后再通过转换电路，最后向二次仪表输出与 pH 值相对应的 4～20 mA 恒流电流信号，以完成显示并控制 pH 值。

19. 激光传感器

激光传感器（如图 3.24 所示）是采用激光技术进行测量的传感器，它由激光器、激光检测器和测量电路组成。激光传感器是新型测量仪表，它的优点是能实现无接触远距离测量，速度快，精度高，量程大，抗光、电干扰能力强等。

图 3.24　激光传感器

激光传感器工作时,先由激光发射二极管对准目标发射激光脉冲,经目标反射后激光向各方向散射,部分散射光返回传感器接收器,被光学系统接收后成像到雪崩光电二极管上。雪崩光电二极管是一种内部具有放大功能的光学传感器,因此它能检测极其微弱的光信号,并将其转化为相应的电信号。

利用激光的高方向性、高单色性和高亮度等特点,激光传感器可实现无接触远距离测量,常用于长度、距离、振动、速度、方位等物理量的测量,还可用于探伤和大气污染物的监测等。

20. 24 GHz 雷达传感器

24 GHz 雷达传感器(如图 3.25 所示)采用高频微波来测量物体的运动速度、距离、运动方向、方位角度信息,采用平面微带天线设计,具有体积小、质量轻、灵敏度高、稳定强等特点,广泛运用于智能交通、工业控制、安防、体育运动、智能家居等行业。工业和信息化部 2012 年 11 月 19 日正式发布《工业和信息化部关于发布 24 GHz 频段短距离车载雷达设备使用频率的通知》(工信部无〔2012〕548 号),明确提出 24 GHz 频段短距离车载雷达设备作为车载雷达设备的规范。

21. 超声波测距离传感器

超声波测距离传感器(如图 3.26 所示)采用超声波回波测距原理,运用精确的时差测量技术,检测传感器与目标物之间的距离,采用小角度、小盲区超声波传感器,具有测量准确、无接触、防水、防腐蚀、成本低等优点,可用于液位、物位检测,特有的液位、料位检测方式,可保证在液面有泡沫或大的晃动,不易检测到回波的情况下有稳定的输出。超声波测距离传感器的应用包括液位、物位、料位检测和工业过程控制等。

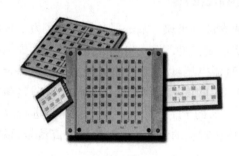

图 3.25　24 GHz 雷达传感器　　　　图 3.26　超声波测距离传感器

22. 无线温度传感器

无线温度传感器(如图 3.27 所示)将控制对象的温度参数变成电信号,并对接收终端发送无线信号,对系统进行检测、调节和控制。该传感器可直接安装在一般工业热电阻、热电偶的接线盒内,与现场传感元件构成一体化结构。它通常和无线中继、接收终端、通信串口、电子计算机等配套使用,这样不仅节省了补偿导线和电缆,而且减少了信号传递失真和干扰,从而能够获得高精度的测量结果。

无线温度传感器广泛应用于化工、冶金、石油、电力、水处理、制药、食品等自动化行业,具体应用包括:高压电缆上的温度

图 3.27　无线温度传感器

采集;水下等恶劣环境的温度采集;运动物体上的温度采集;不易连线通过的空间传输传感器数据;单纯为降低布线成本选用的数据采集方案;没有交流电源的工作场合的数据测量;便携式非固定场所的数据测量。

23. 电阻应变式传感器

电阻应变式传感器(如图 3.28 所示)中的电阻应变片具有金属的应变效应,即在外力作用下产生机械形变,从而电阻值随之发生相应的变化。电阻应变片主要有金属和半导体两类,金属应变片有金属丝式、箔式、薄膜式等;半导体应变片有薄膜型、扩散型、外延型等。

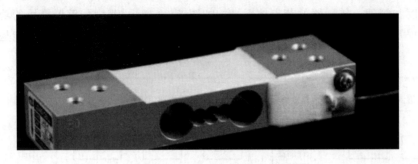

图 3.28 电阻应变式传感器

智能手机中的
指纹识别传感器

3.2.2 传感器概述

传感器是可以感知外部环境参数的小型计算节点,可以感知热、力、光、电、声、位移等信号,为传感器网络的处理和传输提供最原始的信息。传感器网络(如图 3.29 所示)是大量传感器节点构成的网络,用于不同地点、不同种类的参数的感知或数据的采集,传感器网络可以有任意数目的传感器节点,每一个节点都具备存储和通过网络发送信息的能力,都有自己的电池、存储器、处理器、收发器以及感应装置。传感器节点部署在特定的区域内,它们彼此通信并收集相关信息。信息保存到一个被称作汇聚节点(Sink Node)的特定节点上,或者发送到一个邻居节点(距离最近的节点)。

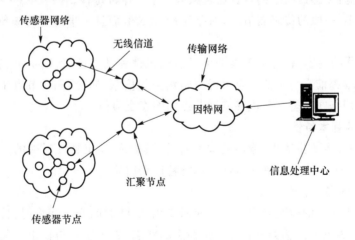

图 3.29 传感器网络

无线传感器网络(Wireless Sensor Network)则是利用无线通信技术来传递感知数据的

网络,无线传感器网络是一个由多个传感器节点设备协同工作以执行特定任务的、自组织性的网络,集成了传感器技术、微机电系统技术、无线通信技术以及分布式信息处理技术。传感器的发明和应用极大地提高了人类获取信息的能力。目前,传感器网络主要用于环保、工业、医药、军事等领域的安全威胁及其防御技术。

传感器节点的组成在不同应用场景中略有不同,但是从结构上说一般包括4部分:数据采集、数据处理、数据传输和电源。感知信号的形式通常决定了传感器的类型。数据传输单元主要由低功耗、短距离的无线模块组成,运行在传感器网络上的微型化操作系统主要负责复杂任务的系统调度和管理。传感器的节点体系结构如图3.30所示,其中传感器模块的功能是感知和产生数据及数模转换,信息处理模块的功能是信号处理,无线通信模块的功能是将信号发射出去。

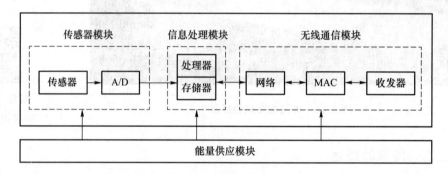

图 3.30 传感器的节点体系结构

传感器网络节点的技术参数包括如下几项。

① 电池能量:一般由电池提供传感器的能量。

② 传输范围:由于传感器节点能量有限,节点的传输只能被限制在一个很小的范围之内,否则会造成传感器的能量枯竭。一些技术通过先将数据进行聚集,然后传输聚集的结果来减少能量的消耗,可以帮助减少传感器节点的传输能耗。

③ 网络带宽:传感器网络的带宽通常只有几十千比特每秒。

④ 内存大小:一般的传感器节点,内存为6~8 KB,而且一半的空间被传感器网络的操作系统所占据。

⑤ 预先部署的内容:因为传感器网络具有随机性和动态性,所以不可能获取应用环境的所有情况,必须提前在传感器节点上配置密钥类的信息,如:预先在节点中存储一些秘密共享密钥,使得网络在部署之后能够实现节点间的安全通信。

1. 传感器的基本特性

传感器的特性主要指输入、输出的关系特性,其输入-输出特性反映的是与内部结构参数有关系的外部特征,通常用静态特性和动态特性来描述。

(1)传感器的静态特性

静态特性:指输入的被测参数不随时间而变化,或随时间变化缓慢时,传感器的输出量和输入量之间的关系。传感器只有在一个稳定的状态,表示输入与输出的关系式中才不会出现随时间变化的变量。衡量静态特性的重要指标有线性度、灵敏度、迟滞、重复性、分辨力、稳定性、漂移和可靠性等。

1) 线性度

线性度是指传感器输入量与输出量之间的静态特性曲线偏离直线的程度,又称为非线性误差,是表示传感器实际特性的曲线与拟合直线(也称为理论直线)之间的最大偏差与传感器量程范围内的输出之百分比,非线性误差越小越好。线性度的计算公式如下:

$$\gamma_L = \pm \frac{\Delta L_{max}}{Y_{FS}} \times 100\%$$

其中,ΔL_{max} 为最大非线性绝对误差,Y_{FS} 为满量程输出值。

在实际使用中,大部分传感器的静态特性曲线是非线性的,可用一条直线(切线或割线)近似地代表实际曲线的一段,使输入、输出特性线性化,这条直线通常被称为拟合直线。图 3.31 所示为几种拟合直线。

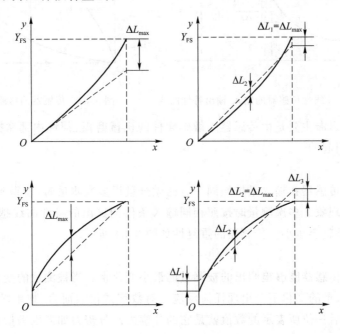

图 3.31 几种拟合直线

2) 灵敏度

灵敏度是指传感器在稳定工作状态下输出变化量与输入变化量之比,用 k 来表示:

$$k = \frac{\Delta y}{\Delta x}$$

式中,Δy 为输出量的增量,Δx 为输入量的增量。

灵敏度表征传感器对输入量变化的反应能力。对于线性传感器而言,灵敏度是该传感器特性曲线的斜率;而对于非线性传感器来说,灵敏度是一个随着工作点变化的变化量,实际是该点的导数。图 3.32 所示为非线性传感器的输入-输出特性曲线。

3) 迟滞

迟滞是指传感器在输入量由小到大(正行程)和输入量由大到小(反行程)变化时其输入-输出特性曲线不重合的程度。如果是同一大小的输入量,传感器正、反行程的输出量的大小是不相等的。图 3.33 所示为传感器迟滞特性曲线。迟滞误差是指对应同一输入量,

正、反行程输出值之间的最大差值与满量程值的百分比,通常用 γ_H 表示,即

$$\gamma_H = \pm \frac{\Delta H_{max}}{Y_{FS}} \times 100\%$$

式中,ΔH_{max} 为正、反行程输出值之间的最大差值。

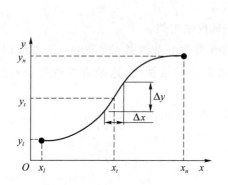

图 3.32　非线性传感器的输入-输出特性曲线

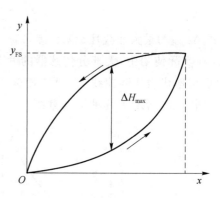

图 3.33　传感器的迟滞特性曲线

　　传感器出现迟滞主要是由传感器中敏感元件的机械磨损、部件内部摩擦、积尘、电路老化、松动等原因引起的。

　　4) 重复性

　　重复性是指传感器在输入量按照同一方向做全量程多次测量时,所得到的输入-输出特性曲线不一致的现象。多次测量时按照相同输入条件测试出的特性曲线越重合,传感器的重复性越好,误差就会越小。传感器的重复性如图 3.34 所示。

　　5) 分辨力

　　分辨力是指传感器能够检测出的被测量的最小变化量。当被测量的变化量小于分辨力时,传感器对输入量的变化不会出现任何反应。对数字式仪表而言,如果没有其他说明,可以认为该表的最后一位所表示的数值就是它的分辨力。分辨力如果以满量程输出的百分数表示,则称为分辨率。

　　6) 稳定性

　　稳定性是指传感器在一个较长的时间内保持其性能参数的能力。稳定性一般用在室温条件下经过一定的时间间隔(比如一天、一个月或者一年)后,传感器此时的输出与起始标定时的输出之间的差异来表示,这种差异称为稳定性误差。稳定性误差通常可由相对误差和绝对误差来表示。

　　7) 漂移

　　漂移是指在外界的干扰下,在一定时间内,传感器的输出量发生与输入量无关的、不需要的变化,通常包括零点漂移和灵敏度漂移,如图 3.35 所示。产生漂移的主要原因有两个:一个是仪器自身参数的变化;另一个是周围环境导致的输出的变化。零点漂移或灵敏度漂移又可分为时间漂移和温度漂移。时间漂移是指在规定的条件下,零点漂移或灵敏度漂移随时间的缓慢变化。温度漂移是指当环境温度变化时引起的零点漂移或灵敏度漂移。

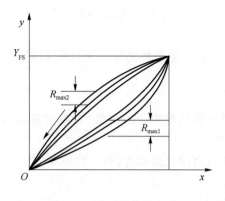

图 3.34　传感器的重复性

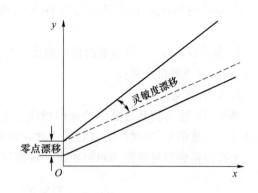

图 3.35　传感器的漂移

8）可靠性

可靠性是指传感器在规定的条件下和时间内,完成规定功能的一种能力。衡量传感器可靠性的指标如下。

① 平均无故障时间

平均无故障时间是指传感器或检测系统在正常的工作条件下,连续不间断地工作,直到发生故障而丧失正常工作能力所用的时间。

② 平均修复时间

平均修复时间是指排除故障所花费的时间。

③ 故障率

故障率又被称为失效率,它是平均无故障时间的倒数。

（2）传感器的动态特性

传感器的动态特性就是当输入信号随时间变化时,输入与输出的响应特性;通常要求传感器能够迅速、准确地响应和再现被测信号的变化,这也是传感器的重要特性之一。

在评价传感器的动态特性时,最常用的输入信号为阶跃信号和正弦信号,与其对应的方法为阶跃响应法和频率响应法。

1）阶跃响应法

研究传感器的动态特性时,在时域状态中分析传感器的响应和过渡过程被称为时域分析法,这时传感器对输入信号的响应就被称为阶跃响应。图 3.36 所示为阶跃响应特性曲线。

衡量传感器阶跃响应特性的几项指标如下。

① 最大超调量（σ_P）:指阶跃响应特性曲线偏离稳态值的最大值,常用百分数表示。

② 延滞时间（t_d）:指阶跃响应特性曲线达到稳态值的 50% 所需的时间。

③ 上升时间（t_r）:指阶跃响应特性曲线从稳态值的 10% 上升到 90% 所需的时间。

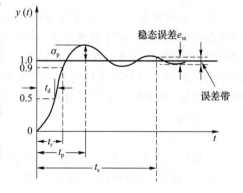

图 3.36　阶跃响应特性曲线

④ 峰值时间（t_p）:指阶跃响应特性曲线从稳态值为零上升到第一个峰值所需的时间。

⑤ 响应时间(t_s)：指阶跃响应特性曲线到达与稳态值之差不超过（2%～5%）所需的时间。

⑥ 稳态误差(e_{ss})：指期望的稳态输出量与实际的稳态输出量之差。控制系统的稳态误差越小，说明控制精度越高。

2）频率响应法

频率响应法是指从传感器的频率特性出发来研究传感器的动态特性。此时传感器的输入信号为正弦信号，这时的响应特性为频率响应特性。

大部分传感器可简化为单自由度一阶系统或单自由度二阶系统，即

$$H(jw) = \frac{1}{\tau(jw+1)}$$

式中，τ 为时间函数。

$$H(jw) = \frac{1}{1 - \left(\frac{w}{w_n}\right)^2 + 2j\xi\frac{w}{w_n}}$$

式中，w_n 为传感器的固有频率。

衡量传感器频率响应特性的几项指标如下。

① 频带：传感器的增益保持在一定的频率范围内，这一频率范围称为传感器的频带或通频带，对应有上截止频率和下截止频率。

② 时间常数：可用时间常数 τ 来表征传感器单自由度一阶系统的动态特性。时间常数 τ 越小，频带越宽。

③ 固有频率：传感器单自由度二阶系统的固有频率可用 w_n 来表征其动态特性。

2. 传感器的选用

（1）灵敏度

通常在传感器的线性范围内，希望传感器的灵敏度越高越好。因为只有灵敏度高时，与被测量变化相对应的输出信号的值才比较大，有利于信号处理。但要注意的是，传感器的灵敏度高，与被测量无关的外界噪声也容易混入，会被放大系统放大，影响测量精度。因此，要求传感器本身应具有较高的信噪比，尽量减少从外界引入的干扰信号。

（2）精度

精度是传感器的一个重要性能指标，是关系到整个测量系统测量精度的一个重要因素。传感器的精度越高，其价格越昂贵，因此，传感器的精度只要满足整个测量系统的精度要求就可以，不必选得过高。这样就可以在满足同一测量目的的诸多传感器中选择比较便宜和简单的传感器。如果测量目的是定性分析，选用重复精度高的传感器即可，不宜选用绝对量值精度高的；如果是为了定量分析，必须获得精确的测量子，就需要选用精度等级能满足要求的传感器。

（3）可靠性

选择可靠的传感器十分重要，对传感器的可靠性要求如下：①尽量简单，组件少、结构简单；②工艺简单；③使用简单；④维修简单；⑤技术上成熟；⑥选用合乎标准的原材料和组件；⑦采用保守的设计方案。

（4）线性范围

传感器的线性范围是指输出与输入成正比的范围。从理论上讲，在此范围内，灵敏度保

持定值。传感器的线性范围越宽,则其量程越大,并且能保证一定的测量精度。在选择传感器时,当传感器的种类确定以后,首先要看其量程是否满足要求。

但实际上,任何传感器都不能保证绝对的线性,其线性度也是相对的。当所要求的测量精度比较低时,在一定的范围内,可将非线性误差较小的传感器近似看作线性。

(5) 频率响应

传感器的频率响应特性决定了被测量的频率范围,必须在允许频率范围内保持不失真的测量条件,实际上传感器的响应总有一定的延迟,只是希望延迟时间越短越好。传感器的频率响应高,可测的信号频率范围就宽,而由于结构特性的影响,机械系统的惯性较大,因有频率低的传感器可测信号的频率较低。在动态测量中,应根据信号的特点(稳态、瞬态、随机等)来响应特性,以免产生过大的误差。

(6) 稳定性

传感器使用一段时间后,其性能保持不变化的能力被称为稳定性。影响传感器长期稳定性的因素除传感器本身的结构外,主要是传感器的使用环境。因此,要使传感器具有良好的稳定性,传感器必须要有较强的环境适应能力。在选择传感器之前,应对其使用环境进行调查,并根据具体的使用环境来选择合适的传感器,或采取适当的措施,减小环境的影响。传感器的稳定性有定量指标,在超过使用期后,使用传感器前应重新进行标定,以确定传感器的性能是否发生变化。在某些要求传感器能长期使用而不能轻易更换或标定的场合,对所选用传感器的稳定性要求更严格。

3. 无线传感器网络的协议栈

接下来了解无线传感器网络的协议栈。图3.37给出了一种无线传感器网络的协议栈,它包括两个平面:通信平面和管理平面。通信平面包括物理层、数据链路层、网络层、传输层和应用层。管理层包括电源管理、移动管理和协同管理。通信平面的作用是实现网络节点之间的信息传递。节点把接收到的数据传递给管理平面,由管理平面来决定节点如何处理数据。管理平面负责检测和控制节点,使节点能正确地工作。

① 物理层主要负责收集感知数据,并对收集的数据进行抽样,以及完成信号的调制解调、信号的发送和接收、功率控制等任务。按照目前电子电路的技术水平,在传送和接收相同长度的比特数据时,发射所需的能量＞接收所需的能量≫CPU处理所需的能量。考虑到无线传感器网络节点的能量是十分有限的,节能对于延长网络的生存时间十分重要。因此,可以采用高频来发射信号,采用低频来接收信号。如何进行动态功率的管理和控制是无线传感器网络一个非常重要的课题。

② 数据链路层负责控制媒体接入和建立节点之间可靠的通信链路,主要由介质访问控制(MAC)组成。传统的基于竞争机制的MAC协议很难适应无线传感器网络的需要。因为基于竞争机制的MAC协议需要多次握手,数据发生冲突的概率很大,造成能量的浪费,这在无线传感器网络中是不可取的。因此,无线传感器网络的MAC协议一般采用基于预先规划的机制,如TDMA来保护节点的能量。MAC层是无线传感器网络的研究热点之一。

③ 网络层的主要任务是发现和维护路由。因为多跳通信比直接通信更加节能,也正好符合数据融合和协同信号

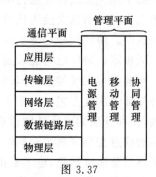

图 3.37

无线传感器网络的协议栈

处理的需要,所以在无线传感器网络中,节点一般采用多跳路由来连接信源和信宿。但是,现存的 Ad hoc 网络多跳路由协议,如 AODV、TORA 和 DSR 等,一般不适合无线传感器网络,无线传感器网络必须开发属于自己的路由协议。事实上,由于无线传感器网络具有很强的具体应用背景,一个传感器网络通常是为某个具体的应用场合设计的,因此,很难采用通用的路由协议。与传统的以地址为中心的路由协议不同,无线传感器网络的路由协议是以数据为中心的,没有一个全局的标识,一般是基于属性的寻址方式,通常采用按需的被动式路由方式。常见的以数据为中心的路由协议有 SPIN(Sensor Protocol for Information via Negotiation)、Directed Diffusion 和 GHT(Geographic Hash Table)。另外一类常见的路由协议是基于分簇的层次化路由协议,常见的有 LEACH(Low Energy Adaptive Clustering Hierarch)、TEEN(Threshold Sensitive Energy Efficient Sensor Network Protocol)。关于路由层的研究是无线传感器网络研究领域的一个十分活跃的分支。

④ 在无线传感器网络中,节点的能量是十分有限的,而节点又必须完成感知数据、处理信号和与相邻节点通信等多重任务,这样,如何有效地节省能量就至关重要了。人们必须采用有效的感知模型、较低的采样率和低功耗的信号处理算法。同时,为了有效地实现对感知区域的监控,包括对目标的检测、分类、辨识和跟踪,信号处理必须在一定的时间内完成。还有,在无线传感器网络中,节点的通信链路是很不稳定的。因为协同信号处理具有低时延、强鲁棒性和可测量性等优点,所以很有必要在无线传感器网络节点之间进行协同信号处理。协同信号处理指的是多个节点协作性地对多个信源的数据进行处理。

从另外一个角度来看,传统的集中式信号处理方式也不适合无线传感器网络的需要。在以往的无线通信系统中,网络节点把收集到的原始数据直接发送给中心节点,由中心节点来进行信号处理。在无线传感器网络这种带宽十分宝贵的情况下,这样的中心处理方式会浪费很多带宽资源,并且处理中心附件的节点由于要转发大量的信息,能量很容易就耗尽,这会大大缩短网络的生存时间。

在集中式的信号处理方式中,节点把收集到的原始数据直接传送给远程的处理中心,这在无线传感器网络中也是不可取的。由于无线传感器网络相邻节点的感知数据通常具有很强的相关性,存在很大的冗余,如果直接传送原始数据,将会浪费有限的带宽资源,因此应该利用协同信号处理技术把相邻节点之间的数据进行融合和压缩,再进行数据传送。这样就可以降低数据的冗余度,减少网络的总体流量。

协同信号处理是一种按需的、面向目标的信号处理方式,只有当节点接到具体的查询任务时,才进行与当前查询有关的信号处理。协同信号处理又是一种多分辨率信号处理方式,能根据不同的查询任务进行不同的信号处理。协同信号处理性能的提高实际上是以增加相邻节点之间的信息交换为代价的,因此,设计实际算法时常常要考虑算法性能和网络资源之间的折中。协同信号处理也面临一些问题,如由节点移动产生的多普勒频移的影响、节点的时间同步等。协同信号处理是一项新兴的技术,还有许多问题值得进一步探讨。

当前很多无线传感器网络协议是基于传统的分层结构设计的,这种分层结构实际上是一种局部的次优方案。由于无线传感器网络的资源,如能量、带宽和节点的资源等是十分有限的,这种分层的次优结构很难适应无线传感器网络的发展需要。而跨层设计通过层与层之间的信息交换来满足全局性的需要,是一个全局性的优化问题。当然,跨层设计并不意味着不再需要协议规范,也不是把所有的规范整合在一起,跨层设计实际上是通过层与层之间的信息共享来优化整个网络的性能。

⑤ 不同的网络体系需要不同的设计方案,不同的应用同样要有不同的设计方案。无线传感器网络是一种基于应用的网络,具有很强的应用背景。特别地,有些应用是不需要涉及所有网络层的,如多跳的 LPS(Local Positioning System)。这样,在设计这种网络体系时,就可以把不相关的层拿掉,仅考虑其他层的优化问题;传统的分层结构显然不能满足这种需求。另外,无线传感器网络的具体应用环境常常要求网络的生存时间足够长、网络时延尽量短,这和无线传感器网络有限的能量供应、有限的节点资源和带宽是矛盾的,传统的分层结构很难解决这个问题。因此,需要引入跨层设计。特别是在无线传感器网络这种无线通信环境中,由于各个层之间是紧密联系的,更加有必要跨层地考虑问题。

无线传感器网络在应用场景不同时,网络拓扑结构可能不同。比较典型的应用是:无线传感器节点被任意地散落在检测区域,然后节点间以自组织的形式构建网络,对感知参数进行检测并生成感知数据,最后通过短距离无线通信,经过多次转发将数据传送到网关,网关通过远距离无线通信网络将数据发到控制中心。也有传感器节点直接将感知的数据发给控制中心的,这便是一种典型的 M2M 通信场景。一般而言,无线传感器的网络结构可以分为分布式网络结构和集中式网络结构。

(1)分布式无线传感器网络

分布式无线传感器网络没有固定的网络结构,网络拓扑结构在部署前也无法确定。传感器节点通常随机部署在目标区域中,一旦节点被部署,它们就开始在自己的通信范围内寻找邻居节点,建立数据传输路径。分布式无线传感器网络的结构如图 3.38 所示。

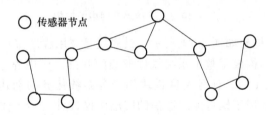

图 3.38 分布式无线传感器网络

(2)集中式无线传感器网络

在集中式无线传感器网络中,依据节点能力的不同可以将其分为基站、簇头和普通节点。基站是一个控制中心,通常具有很高的计算和存储能力,可以实施多种控制命令。基站的功能包括:典型的网络应用中的网关、用户的访问接口等。通常情况下,基站是抗攻击、可信赖的,因而它可以成为网络中的密钥分发中心。节点通常部署在与基站一跳或多跳的范围内,多跳节点形成一个簇结构(包括一个簇头节点和多个普通节点或子节点的树状结构)。基站具有很强的传输能力,通常可以与任意一个网络内的节点通信,而节点的通信能力则取决于节点自身的能量水平和位置。依据通信方式的不同,网络内的数据流可以分为:点对点通信、组播通信、基站到节点的广播通信。集中式无线传感器网络的结构如图 3.39 所示。

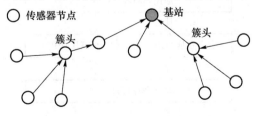

图 3.39 集中式无线传感器网络

对于无线传感器网络安全方案的设计,需要考虑以下几个要素:

① 网络节点数量极多,节点密度大;

② 网络拓扑结构会发生变化;

③ 由于应用环境和节点成本的限制,传感器节点的计算能力和通信能力有限;

④ 无线传感器网络由于部署在特定环境内,多以电池作为能量源。

无线传感器网络的结构如图 3.40 所示。在传感器网络中有很多节点,每个节点的功能相同,大量传感器节点被布置在整个检测区中,每个传感器节点将自己所探测到的有用信息经过数据处理和信息融合后传送给用户,数据通过相邻节点的接力传送传送回基站,然后再通过基站以卫星信道或者有线网络连接的方式传送到最终用户。

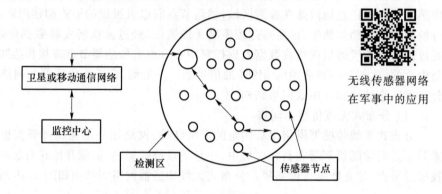

无线传感器网络
在军事中的应用

图 3.40 无线传感器网络的结构

无线传感器的软件框架如图 3.41 所示。最底层是应用程序接口(API),由相关的函数库和硬件接口程序组成,构成了整个系统软件框架的基础。应用程序接口的上层是任务调度模块(TS)和协议栈(BPS)。任务调度模块用于各系统任务的创建、执行和通信,是用户应用程序的基础;协议栈用于执行无线通信的底层协议,保证了无线传感器符合无线通信规范的要求。通用访问协议(GAP)保证了无线传感器网络传输的可靠性。传感器规范(SF)定义了不同传感器的软件驱动和接口规范。用户应用接口(UI)定义了应用程序访问传感器数据的规范。数据采集(DC)是具体传感器应用系统的数据采集应用程序。

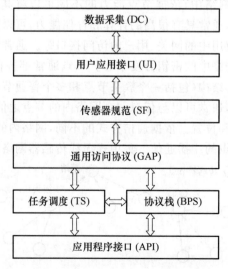

图 3.41 无线传感器的软件框架

3.2.3 常见安全威胁

传感器网络节点的安全威胁主要指各种攻击。由于传感器网络采用无线通信,开放的数据链路是不安全的,所以攻击者可以窃听通信的内容,实施干扰。而且传感器节点通常在无人区域工作,缺乏物理保护,容易损坏,且攻击者可以获取节点,读取存储内容,甚至写入恶意代码。攻击通常与使用的数据链路层协议和网络层协议有关。本小节对各种攻击进行简单的分类。

(1)阻塞攻击

阻塞攻击是一种针对无线通信的 DoS 攻击。攻击方法是干扰正常节点通信所使用的无线电波频率,以达到干扰正常通信的目的。攻击者只需要在节点数为 N 的网络中随机布置 $K(K \ll N)$ 个攻击节点,使它们的干扰范围覆盖全网,就可以使整个网络瘫痪。

(2)耗尽攻击

耗尽攻击的原理如下。恶意节点侦听附近节点的通信,当一帧快发送完时,恶意节点发送干扰信号。传统 MAC 层协议中的控制算法往往会重传该帧,反复重传造成被干扰节点的电源很快被耗尽。自杀式的攻击节点甚至一直对被攻击节点发送请求信号,使得对方必须回答,这样两个节点都被耗尽电源。这一攻击的原理可能与具体 MAC 层协议有关。

(3)非公平竞争攻击

无线信道是单一访问的共享信道,采用竞争方式进行信道的分配。非公平竞争攻击是指网络中的某些恶意节点总是占用链路通道,采用一些设置,如较短的等待时间进行重传重试、预留较长的信道占用时间等,企图不公平地占用信道。这一攻击的原理与 MAC 层协议有关。

(4)汇聚节点攻击

传感器网络中有些节点执行路由转发功能,汇聚节点攻击就针对这一类节点。攻击者只需要监听网络通信,就可以知道簇头的位置,然后对其发动攻击。簇头瘫痪后,在一段时间内整个簇都不能工作。这一攻击也属于 DoS 攻击的一种。

(5)怠慢和贪婪攻击

攻击者处于路由转发路径上,但是随机地对收到的数据包不进行转发处理。如果向消息源发送收包确认,但是把数据包丢弃不予转发,这就是怠慢攻击。如果被攻击者改装的节点对自己产生的数据包设定很高的优先级,使得这些恶意信息在网络中被优先转发,这就是贪婪攻击。

(6)方向误导攻击

方向是指数据包转发的方向。如果被攻击者控制的路由节点将收到的数据包发给错误的目标,则数据源节点受到攻击;如果将所有数据包都转发给同一个正常节点,则该节点会很快因接收包而耗尽电源。

(7)黑洞攻击

黑洞攻击又被称为排水洞攻击。攻击者声称自己具有一条高质量的从路由到基站的路径,比如广播"我到基站的距离为零",如果攻击者能将无线通信信息发送很远,则收到该信息的大量节点会向攻击者发送数据。大量数据到达攻击者的邻居节点,它们都要给基站发送数据,造成信道的竞争。由于竞争,邻居节点的电源将很快被耗尽,这一区域就成为黑洞,通信无法传递过去。对于收到的数据,攻击者可能不予处理。黑洞攻击的破坏性很强,基于距离向量的路由算法容易受到黑洞攻击,因为这些路由算法将距离较短的路径作为优先传递数据包的路径。

（8）虫洞攻击

虫洞攻击通常由两个移动主机攻击者合作进行。一个主机 A 在网络的一边收到一条消息,比如基站的查询请求,通过低延迟链路传给距离很远的另一个主机 B,B 就直接广播出去,这样,收到 B 广播的节点就会把传感器的数据发给 B,因为收到 B 广播的节点认为这是一条到达 A 的捷径。

（9）女巫攻击

女巫攻击是指一个节点冒充多个节点,它可以声称自己具有多个身份,甚至随意产生多个假身份,利用这些身份非法获取信息并实施攻击。

（10）破坏同步攻击

破坏同步攻击是指在两个节点正常通信时,攻击者监听并向双方发送带有错误序列号的包,使得双方误以为发生了丢失而要求对方重传,攻击者使正常通信双方不停地重传消息,从而耗尽电源。

（11）泛洪攻击

泛洪攻击是指攻击者不断要求与邻居节点建立新的连接,从而耗尽邻居节点用来建立连接的资源,使得其他合法的对邻居节点的请求不得不被忽略。

（12）Hello 泛洪攻击

在众多协议中,节点通过发送一条 Hello 信息来表明自己的身份,而收到该信息的节点认为发送者是自己的邻居。但移动主机攻击者可以将 Hello 信息传播得很远,远处的正常节点收到消息之后于是把攻击者当成自己的邻居。这些节点会与"邻居"通信,导致网络流量的混乱。

（13）应用层攻击

应用层攻击包括感知数据的窃听、篡改、重放、伪造等,这些都会造成对应用层功能例如节点定位、节点数据收集和融合的破坏,使得功能出现错误。

除以上提及的攻击外,按照不同的分类标准还可将攻击进行不同的分类,图 3.42 给出了无线传感器中网络攻击的分类。

3.2.4　常用防御机制

扩频通信可以有效地防止物理层的阻塞攻击。防止阻塞攻击的另一种方法是攻击节点附近的节点觉察到阻塞攻击之后进入睡眠状态并保持低能耗,然后定期地检查阻塞攻击是否已经消失,如果消失则进入活动状态,向网络通报阻塞攻击的发生。

对于传输层的攻击,一种对策是使用客户端谜题,即如果客户要和服务器建立一个连接,必须首先证明自己已经为连接分配了一定的资源,然后服务器才为连接分配资源,这样就增大了攻击者发起攻击的代价。这一防御机制对于攻击者同样是传感器节点的情况很有效,但是合法节点在请求建立连接时也增大了开销。

对于怠慢和贪婪攻击,可用身份认证机制来确认路由节点的合法性,或者使用多路径路由来传输数据包,使得数据包在某条路径被丢弃后,仍可以被传送到目的节点。

分类标准	分类	说明
攻击者身份	节点型攻击	攻击者与传感器节点的计算能力和通信能力相当
	移动主机型攻击	攻击者与移动主机同级别，危害范围广
攻击来源	外部攻击	攻击者是敌方放置的，可以是节点或移动主机
	内部攻击	网络中的节点被攻击者所控制，从网络内部发起攻击
攻击发生的协议层次	物理层攻击	阻塞攻击
	数据链路层攻击	耗尽攻击、非公平竞争攻击
	网络层攻击	汇聚节点攻击、怠慢和贪婪攻击、方向误导攻击、黑洞攻击、虫洞攻击、Hello 泛洪攻击、女巫攻击
	传输层攻击	破坏同步攻击、泛洪攻击
	应用层攻击	如感知数据的窃听、篡改、重放、伪造等，节点不合作

图 3.42 无线传感器中网络攻击的分类

对于黑洞攻击，可采用认证、监测、冗余机制。因为拓扑结构建立在局部信息和通信上，通信通过接收节点的实际位置自然地寻址，所以在别的位置成为黑洞就变得很困难了。

对于其他更多的攻击，通常采用加密和认证机制来提供解决方案。例如对于分簇节点的数据层层聚集，可使用同态加密、秘密共享的方法。对于节点定位安全，可采用门限密码学以及容错计算方法等。图 3.43 给出了无线传感器网络节点针对攻击的防御方法的总结。

网络层次	攻击	防御方法
物理层	阻塞攻击	扩频、优先级消息、区域映射、模式转换
	物理破坏	破坏感知、节点伪装和隐藏
数据链路层	耗尽攻击	设置竞争门限
	非公平竞争	使用短帧策略和非优先级策略
网络层	丢弃和贪婪攻击	冗余路径、探测机制
	汇聚节点攻击	加密和逐跳 (Hop-to-Hop) 认证机制
	方向误导攻击	出口过滤、认证、监测机制
	黑洞攻击	认证、监测、冗余机制
传输层	破坏同步攻击	认证
	泛洪攻击	客户端谜题
应用层	感知数据的窃听、篡改、重放、伪造	加密、消息鉴别、认证、安全路由、安全数据聚集、安全数据融合、安全定位、安全时间同步
	节点不合作	信任管理、入侵检测

图 3.43 无线传感器网络节点针对攻击的防御方法

3.2.5 传感器网络节点安全设计

1. 无线传感器网络的安全目标

（1）机密性

机密性指信息只能被合法实体看到，无论通过网络窃听还是读取内存中的数据，其他任何实体都不能对其进行访问。机密性一般通过加密技术实现，在传感器网络中，如果数据没有通过加密保护，攻击者就能轻易地利用简单的无线接收器访问网络中的信息。由于传感器节点仅具备有限的计算资源，目前公钥加密算法（也称非对称加密算法）并不适用，因此通常采用对称加密算法来保护数据。但是，传感器网络中密钥的发布、管理和信任的确立非常复杂，在节点中预设密钥会破坏传感器网络固有的灵活性，如果预设所有密钥，添加或移除节点将变得困难，同时也会存在风险，因为其中只要有一个节点被俘获，整个网络将不再安全。与传统网络相比，传感器网络中的节点被俘获更加见，因为后者节点数目众多且很容易被接触，实际上，要阻止对传感器网络节点的物理访问几乎是不可能的。解决密钥问题的主要方法是使用合适的安全协议，比如 SPINS 协议，测试结果表明该协议在某些情况下工作得很好。防止恶意用户对节点物理访问唯一可行的方法是增强节点封装的健壮性，确保任何进入节点内部的企图都将导致对节点安全至关重要的组成部分的自我毁坏；但自我毁坏可能会导致拒绝服务攻击（DoS），因此，这种自我保护机制不能太敏感。

（2）数据完整性

数据完整性指数据在传输过程中不被修改。理想情况下，数据是可靠的并能提供有用信息。在传感器网络中，攻击者可能直接发送错误信息，或者通过操纵传感器环境让传感器得到错误信息。错误数据可能是无意义的噪声、以前数据的重放和以传感器网络正在使用的协议为攻击目标的数据。保证数据完整性的方法与传统网络一致，仍然采用密码技术，典型的做法如消息认证码（MAC），能够通过对数据的加密来保证数据的完整性。此外，在设计网络协议时，要确保它能检测出发送错误数据的节点并对其做出适当的处理。

（3）身份验证

身份验证也叫认证，主要指确认通信实体的身份。任何实体在请求一个服务、触发一个事件、发送数据包时，都必须能够被唯一地标识出来，以确认这个实体的身份。在传感器网络中，攻击者会模拟普通节点或者汇聚节点，扰乱路由协议的正常工作，也可能模仿一个汇聚节点或者控制节点，获得对传感器网络的控制以实现自己的目的。身份验证可以识别伪装者，身份验证的有效方法仍然是密码技术，比如数字签名。身份验证算法应能够确保数字签名不可伪造，并且确保消息发送者就是它所声称的那个对象。传感器网络中的节点要具备彼此验证对方身份，同时避免恶意节点执行身份验证的技术特点。

（4）可用性

可用性是指让合法实体访问相应的资源，非法实体却不能影响合法实体对资源的访问。在传感器网络中，拒绝服务（使合法实体无法访问资源）是网络无法正常工作的最常见攻击。它可以通过多种方式来实现，比如破坏一定数量的传感器节点、攻击网络协议等。无线电频道干扰也是最多用于实施拒绝服务攻击的方法。恶意节点通常拥有强大的电力和发射功率，能够持续地进行干扰。路由协议通常要求节点达到一定密度才能正常工作，因此损毁一定数量的传感器节点具有与无线电干扰一样的效果。攻击者也可能针对无线频道协议的节能特征进行攻击,利用协议的某些特点,让传感器节点经常处于活动状态,从而很快耗尽节点的电力,如果有足够多的节点被欺骗并耗尽电力,整个网络将无法工作。攻击者若能访问传输中的数据,有可能会通过修改数据而使路由协议混乱。因此,可用性需要依赖多重安全措施,但是必须清楚绝对安全的可用性无法获得。对于无线电频道访问的强健性,最有效的技术是扩频通信技术,如超宽频通信(UWB)。由于 UWB 发送脉冲信号需要很宽的频带,所以攻击者必须消耗大量的电力来阻塞整个频段。另外,UWB 还具有天然的安全特性。UWB 一般把信号能量弥散在极宽的频带范围内,对一般通信系统来说,UWB 信号相当于白噪声信号,并且大多数情况下 UWB 信号的功率谱密度低于自然的电子噪声,目前要从自然的电子噪声中将脉冲信号检测出来非常困难。

(5)访问控制

访问控制指被授权的实体才能够访问服务或者信息。攻击者会想方设法地获取传感器网络的访问权限,它可以通过物理方式获取,或者通过操纵某个节点或节点之间的通信获取。因此,必须限制攻击者对节点的物理访问,至少要保护汇聚节点和控制节点不被攻击者物理访问。合适的安全协议能够防止攻击者操纵通信数据或者俘获节点,但是应用层安全对实现网络的访问控制目标非常重要。如果应用层对非授权用户开放,则低级安全协议将不再有效。

2. 传感器网络典型的安全技术

(1)拓扑控制技术

拓扑控制技术是无线传感器网络中最重要的技术之一。在由无线传感器网络生成的网络拓扑中,可以直接通信的两个节点之间存在一条拓扑边。如果没有拓扑控制,所有节点都会以最大无线传输功率工作。在这种情况下,一方面,节点有限的能量将被通信部件快速消耗,降低了网络的生命周期,同时,网络中每个节点的无线信号将覆盖大量其他节点,造成无线信号冲突频繁,影响节点的无线通信质量,降低网络的吞吐率。另一方面,在生成的网络拓扑中将存在大量的边,从而导致网络拓扑信息量大,路由计算复杂,浪费了宝贵的计算资源。因此,需要研究无线传感器网络中的拓扑控制问题,在维持拓扑的某些全局性质的前提下,通过调整节点的发送功率来延长网络生命周期,提高网络吞吐量,降低网络干扰,节约节点资源。目前对拓扑控制的研究可以分为两大类:一类是计算集合方法,以某些几何结构为基础来构建网络的拓扑,以满足某些性质;另一类是概率分析方法,在节点按照某种概率密度分布的情况下,计算当拓扑以大概率满足某些性质时节点所需的最小传输功率和最小邻居个数。

(2)MAC 协议

传统的蜂窝网络中存在中心控制的基站,由基站保持全网同步,调度节点接入信道。而无线传感器网络是一种多跳无线网络,很难保持全网同步,这与单跳的蜂窝网络有着本质的区别。因此,传统的基于同步的、单跳的、静态的 MAC 协议并不能直接搬到无线传感器网络中来,这些都使得无线传感器网络中 MAC 协议的设计面临新的挑战。与所有共享介质的网络一样,媒体访问控制是使得无线传感器网络(WSN)能够正常运作的重要技术。MAC 协议最主要的一个任务就是避免冲突,使两个节点不会同时发送消息。在设计一个出色的无线传感器网络 MAC 协议时,还应该考虑以下几点。首先,能量有限。就像前面所说,网络中的传感器节点是由电池来提供能量的,并且很难为这些节点更换电池,事实上,我们也希望这些传感器节点更加便宜,可以在用完之后随时丢弃,而不是重复使用。因此,怎样通过节点延长网络的使用周期是设计 MAC 协议的一个关键问题。另一个重要因素就是MAC 协议对网络规模、节点密度和拓扑结构的适应性。在无线传感器网络中,节点随时可能因电池耗尽而死亡,也有一些节点会加入网络,还有一些节点会移动到其他的区域。网络的拓扑结构因为各种原因在不断地变化。一个好的 MAC 协议应该可以轻松地适应这些变化。另外,绝大多数 MAC 协议通常认为低层的通信信道是双向的。但是在 WSN 中,由于发射功率或地理位置等因素,可能存在单向信道,这将对 MAC 协议的性能带来严重的影响。除此之外,网络的公平性、延迟、吞吐量,以及有限的带宽都是设计 MAC 协议时要考虑的问题。

（3）路由协议

无线传感器网络自身的特点使得它的通信与当前一般网络的通信和无线 Ad Hoc 网络有着很大的区别,也使 WSN 路由协议的设计面临很大的挑战。首先,由于传感器网络节点数众多,不太可能对其建立一种全局的地址机制,因此传统的基于 IP 地址的协议不能应用于传感器网络。其次,与典型的通信网络不同,几乎所有传感器网络的应用都要求所有的传感数据送到某一个或几个汇聚节点,由它们将数据进行处理,再传送到远程的控制中心。然后,由于传感器节点的监测区域可能重叠,产生的数据会有大量的冗余,这就要求路由协议能够发现并消除冗余,有效地利用能量和带宽。最后,传感器受到传送功率、能量、处理能力和存储能力的严格限制,需要对能量进行有效管理。因此,在对 WSN 路由协议,甚至对整个网络的系统结构进行设计时,需要对网络的动态性、网络节点的放置、能量、数据传送方式、节点能力以及数据聚集和融合等方面进行详细的分析。总之,无线传感器网络路由协议设计的基本特点可以概括为:能量低、规模大、拓扑易变化、使用数据融合技术。因此,无线传感器网络路由协议面临的问题和挑战有以下几方面。

① 传感器网络的低能量特点使节能成为路由协议最重要的优化目标。低能量包括两方面的含义,第一是指节点能量储备低,第二是指能源一般不能补充。MANET(无线自组织网络)的节点无论是车载还是手持,电源一般都是可维护的,而传感器网络节点通常是一次部署、独立工作,所以可维护性很低。相对于传感器节点的储能,无线通信部件的功耗很高,通信功耗占了节点总功耗的绝大部分。因此,研究低功耗的通信协议特别是路由协议极为迫切。

② 传感器网络的大规模,要求其路由协议必须具有较高的可扩展性。通常认为MANET 支持的网络规模是数百个节点,而传感器网络则应能支持上千个节点。网络规模更大意味着路由协议收敛时间更长。网络规模越大,主动(Proactive)路由协议的路由收敛时间和按需(On-demand)路由协议的路由发现时间就越长,而网络拓扑保持不变的时间间隔则越短。在 MANET 中工作很好的路由协议,在传感器网络中性能却可能显著下降,甚至根本无法使用。

③ 传感器网络拓扑变化性强,通常 Hitemet 路由协议不能适应这种快速的拓扑变化,而这种变化又不像 MANET 那样是由节点移动造成的,因此,为 MANET 设计的路由协议也不适用于传感器网络。这就需要为传感器网络设计专门的路由协议,既能适应高度的拓扑时变,又不引入过多的协议开销或过长的路由发现延迟。

④ 使用数据融合技术是传感器网络的一大特点,这使得传感器网络的路由不同于一般

网络路由。在一般的数据传输网络(如 Internet 或 ANET)中,网络层协议提供点到点的报文转发,以支持传输层实现端到端的分组传输。而在传感器网络中,感知节点没有必要将数据以端到端的形式传送给中心处理节点(Sink)或网关节点,只要有效数据最终汇集到 Sink 就达到了目的。因此,为了减少流量和能耗,传输过程中的转发节点经常将不同的入口报文融合成数目更少的出口报文转发给下一跳,这就是数据融合的基本含义。采用数据融合技术意味着路由协议需要做出相应的调整。

数据融合是关于协同利用多传感器信息进行多级别、多方面、多层次的信息检测、相关、估计和综合,以获得目标的状态和特征估计以及态势和威胁评价的一种多级自动信息处理过程,它利用计算机技术对按时序获得的多传感器的观测信息在一定的准则下加以自动分析和综合,从而产生新的有意义的信息,而这种信息是任何单一传感器所无法获得的。

数据融合研究中存在的问题主要有以下几个。

1) 未形成基本的理论框架和有效的广义模型及算法

虽然数据融合的应用研究相当广泛,但是,数据融合问题本身至今未形成基本的理论框架和有效的广义融合模型及算法。目前对数据融合问题的研究都是根据问题的种类,各自建立直观认识原理(融合准则),并在此基础上形成所谓的最佳融合方案,如典型的分布式监测融合,已从理论上解决了最优融合准则、最优局部决策准则和局部决策门限的最优协调方法,并给出了相应的算法。但是这些研究反映的只是数据融合所固有的面向对象的特点,难以构成数据融合这一独立学科所必需的完整理论体系,使得融合系统的设计具有一定的盲目性。

2) 关联的二义性是数据融合中的主要障碍

在进行融合处理前,必须对信息进行关联,以保证所融合的数据来自同一目标和事件,即保证数据融合信息的一致性。如果对不同目标或事件的信息进行融合,将难以使系统得出正确的结论,这一问题被称为关联的二义性,是数据融合中要克服的主要障碍。由于在多传感器信息系统中引起关联二义性的原因很多,例如传感器测量不精确、干扰等,因此,怎样建立信息可融合性的判断准则,如何进一步降低关联的二义性已经成为数据融合研究领域中迫切需要解决的问题。

3) 融合系统的容错性或稳健性没有得到很好的解决

冲突(矛盾)信息或传感器故障所产生的错误信息等的有效处理,即系统的容错性或稳健性也是数据融合理论研究中必须要考虑的问题。

3. 传感器网络安全防护手段

(1) 链路层加密与验证

通过链路层加密和使用全局共享密钥验证可以防止对大多数路由协议的外部攻击,攻击者很难加入到网络拓扑中,所以 Sybil 攻击、选择性转发、Sinkhole 攻击很难达到攻击目的。但是,Wormhole 攻击和 Hello 泛洪攻击不受链路层加密和验证机制的限制。在内部攻击或"叛变"节点存在的情况下,使用全局共享密钥的链路层安全机制将完全无效。

(2) 身份验证

Sybil 攻击使攻击者利用"叛变"节点的身份加入网络,并且可利用全局共享密钥将其伪装成任何节点(这些节点可能不存在)。因此,必须对节点身份进行验证。按照传统方法,可以使用公共密钥加密来实现,但数字签名的产生和验证将超出传感器节点的能力范围。

一种解决方案是使用可信任的基站使每个节点共享唯一的对称密钥,两个节点之间可使用像 Needham-Schroeder 这样的协议来相互验证身份,并建立一个共享密钥。为了防止内部攻击在固定网络周围漫游,并与网络中的每个节点建立共享密钥,基站可合理限制其邻近节点的数量,当数量超过限制数量时则发送错误消息告警,并采取一定的防御措施。

（3）链路双向验证

最简单的防御 Hello 泛洪攻击的方法是在对接收消息采取动作之前,对链路进行双向验证。这种协议不仅能够对两个节点之间的链路进行双向验证,而且即使对于接收机高度敏感或在网络多个位置有 Wormhole 的攻击者,当少量节点"叛变"时,可信任的基站仍可以通过限制节点验证邻近节点的数目来防止 Hello 泛洪攻击。

（4）多径路由

如果"叛变"节点位于基站附近,即使协议能防止 Sinkhole、Wormhole 和 Sybil 攻击,"叛变"节点也很可能对其数据流发起选择性转发攻击。可使用多径路由对抗选择性转发攻击。该方法可以完全防止最多 n 个"叛变"节点和节点完全不相交（Disjoint）的 n 条路径上路由的消息被选择转发攻击,而且在 n 个节点完全"叛变"时这种方法也能提供一些防护。但是,很难得到 n 条完全不相交的路径。在网状路径上有共用节点,但没有共用链路（即没有两个连续的共用节点）。使用多个网状路径可以为选择性转发提供可能的防护,而且只需要局部的信息。如果允许节点从一组可能的"跳"中动态地随机选择包的下一跳,则可以进一步减少攻击者对数据流完全控制的机会。

（5）Wormhole 和 Sinkhole 的对抗策略

Wormhole 和 Sinkhole 攻击是安全路由协议设计面临的最大挑战。目前存在的路由协议中,防御这些攻击的有效措施很少。预防这些攻击是相当困难的,最好的办法是设计使 Wormhole 和 Sinkhole 攻击无效的路由协议。例如,基于地理位置的路由协议就是一种阻止这些攻击的协议。基于地理位置的路由协议只需要使用局部交互信息,而不需要基站的初始化信息就可以构建路由拓扑。使用基于地理位置的路由协议很容易探测 Wormhole 和虚假链路,因为"邻居"节点将会注意到它们之间的距离超过了正常的无线通信距离。

（6）全局消息平衡机制

网络固有的自组织和分布性是大型传感器网络安全面临的重大挑战。当网络规模有限、拓扑结构良好或可控时,可使用全局消息平衡机制。以一个具有较小规模的网络为例,如果该网络在部署时没有"叛变"节点,则可以构成一个初始路由拓扑,每个节点能够将邻近节点信息和节点本身的地理位置信息发回基站。基站可以使用这种信息来绘制整个网络的拓扑。

考虑到由于无线干扰或节点失效引起的拓扑变化,网络应该定期进行拓扑更新。拓扑的急剧或可疑变化可能表示有节点"叛变",由此可以采取一些相应的防护措施。

习　题

一、选择题

1. RFID 是一种非接触式的自动识别技术,下列对 RFID 的说法不正确的是（　　）。

A. 它可以识别单个且非常具体的事物,而条形码只能识别一类物体

B. 它采用无线电射频,可以透过外部材料读取数据,条形码只能用激光读取数据

C. 它可以对多个物品进行识读,条形码只能一个一个地读

D. 它是有源电子标签,而条形码不需要电源

2. RFID 中间件的主要功能有(　　)。

A. 数据实时采集　　　　　　　　　　B. 协调工作频率

C. 安全服务　　　　　　　　　　　　D. 解释命令

3. (多选)按照传感器的工作机理,可将传感器分为(　　)几类。

A. 物理型　　　　　B. 化学型　　　　C. 生物型　　　　D. 数学型

4. (多选)以下属于电阻式传感器的是(　　)。

A. 自感式传感器　　B. 应变式传感器　　C. 压阻式传感器

5. (多选)光纤传感器中常用的光探测器有(　　)。

A. 光敏二极管　　　　　　　　　　　B. 光电倍增管

C. 光敏晶体管　　　　　　　　　　　D. 固体激光器

6. (多选)霍尔式传感器可以用于测量(　　)。

A. 加速度　　　　　B. 微位移　　　　C. 压力　　　　　D. 转速

7. (多选)传感器的静态特性有(　　)。

A. 线性度　　　　　B. 灵敏度　　　　C. 可靠性　　　　D. 漂移

二、填空题

1. 一套典型的 RFID 系统由＿＿＿＿＿＿、＿＿＿＿＿＿、中间件和应用系统构成。

2. 电子标签依据频率的不同可分为＿＿＿＿＿＿、＿＿＿＿＿＿、＿＿＿＿＿＿和＿＿＿＿＿＿ 4 类。

3. 传感器的静态特性有＿＿＿＿＿＿、＿＿＿＿＿＿、＿＿＿＿＿＿、＿＿＿＿＿＿。

4. 在光照射下,电子逸出物体表面向外发射的现象被称为＿＿＿＿＿＿;入射光强改变物质导电率的物理现象被称为＿＿＿＿＿＿。

5. 传感器按输出量是模拟量还是数字量可分为＿＿＿＿＿＿和＿＿＿＿＿＿。

6. 传感器种类繁多,根据传感器感知外界信息的基本效应,可将传感器分为＿＿＿＿＿＿、＿＿＿＿＿＿、＿＿＿＿＿＿ 3 大类。

7. 线性度和灵敏度是传感器的＿＿＿＿＿＿指标,而频率响应特性是传感器的＿＿＿＿＿＿指标。

8. PUF 的属性包括＿＿＿＿＿＿＿＿＿＿＿＿＿＿＿＿。

三、简答题

1. 简述 RFID 系统基本组成。

2. 试述 RFID 技术的工作原理。

3. 描述 RFID 破解 IC 卡的过程。

4. 简述感知层传感器的组成,以及每部分的功能。

5. 什么是物联网的感知层?

6. 简述传感器中常见的网络攻击。

7. 简述 PUF 的属性。

参 考 文 献

[1] 张紫楠. 物理不可克隆函数的研究与应用[D]. 解放军信息工程大学,2013.

[2] Maes R. Physically Unclonable Functions. Constructions,Properties and Applications [M]. Springer Science & Business Media,2013.

[3] Tuyls P,Schrijen G J,Škorić B,et al. Read-Proof Hardware from Protective Coatings [C]. International Workshop on Cryptographic Hardware and Embedded Systems, 2006:369-383.

[4] Guajardo J,Kumar S S,Schrijen G J, et al. Physical Unclonable Functions and Public-Key Crypto for FPGA IP Protection [C]. International Conference on Field Programmable Logic & Applications,2007:189-195.

[5] Pappu R S. Physical One-way Functions[D]. Boston:Massachusetts Institute of Technology,2001.

[6] Bulens P,Standaert F X,Quisquater J J. How to Strongly Link Data and its Medium:the Paper Case[J]. IET Information Security,2010,4(3):125-136.

[7] Hammouri G,Dana A,Sunar B. CDs Have Fingerprints Too[C]// Proceedings of the 11th International Workshop on Cryptographic Hardware and Embdded Systems. Berlin:Springer,2009:348-362.

[8] Guajardo J,Koric B,Tuyls P,et al. Anti-counterfeiting,Key Distribution,and Key Storage in an Ambient World via Physical Un-clonable Function[J]. Information Systems Frontiers,2009,11(1):19-41.

[9] Lofstrom K,Daasch W R,Taylor D. IC Identification Circuit Using Device Mismatch [C]// Proceedings of Solid-State Circuits Conference. Washington DC: IEEE Computer Society,2000:372-373.

[10] Helinski R, Acharyya D,Plusquellic J. A Physical Unclonable Function Defined Using Power Distribution System Equivalent Resistance Variation [C]// Proceedings of the 46th Annual Design Automation Conference. New York:ACM, 2009:676-681.

[11] 张紫楠,郭渊博. 物理不可克隆函数综述[J]. 计算机应用,2012,32(11):3115-3120.

[12] Gassend B,Clarke D,Vandijk M,et al. Silicon Physical Random Functions[A]. In: ACM Conference on Computer and Communications Security[C]. New York USA: ACM,2002:148-160.

[13] Gassend B. Physical Random Functions[D]. Massachusetts:Massachusetts Institute of Technology,2003.

[14] Lim D. Extracting Secret Keys from Integrated Circuits [D]. Boston: Massachusetts Institute of Technology,2004.

[15] Lee J W,Lim D,Gassend B,et al. A Technique to Build a Secret Key in Integrated

Circuits for Identification and Authentication Application[A]. In:Proceedings of the Symposium on VLSI Circuits[C]. Honolulu USA:Digest of Technical Papers, 2004:176-179.

[16] Ozturk E,Hammouri G,Sunar B. Physical Unclonable Function with Tristate Buffers [A]. In:IEEE Symposium on Circuits and Systems[C],2008:3194-3197.

[17] Lin L,Holcomb D,Krishnappa D K,et al. Low-power Sub-threshold Desigh of Secure Physical Unclonable Functions [A]. In:ACM IEEE International Symposium on Low Power Electronics and Design[C]. 2010:43-48.

[18] Majzoobi M,Koushanfar F,Potkonjak M. Techniques for Design and Implementation of Secure Reconfigurable PUFs [J]. ACM Transaction on Reconfigurable Technology System,2009,2(1):1-33.

[19] Ruhrmair U,Sehnke F,Solter J,et al. Modeling Attacks on Physical Unclonable Functions[A]. In:ACM Conference on Computer and Communications Security [C],2010:237-249.

[20] Guajardo J,Kumar S S,Schrijen G J,et al. FPGA Intrinsic PUFs and Their Use for IP Protection[A]. In:Cryptographic Hardware and Embedded Systems Workshop. Vienna Austria:Springer,2007,63-80.

[21] Holcomb DE,Burleson WP,Fu K. Initial SRAM State as a Fingerprint and Source of True Random Numbers for RFID Tags[A]. In:Proceedings of the Conference on RFID Security[C]. Malaga Spain:RFID Publications,2007:11-13.

[22] Maes R,Tuyls P,Verbauwhede I. Intrinsic PUFs from Flip-Flops on Reconfigurable Devices[C]//3rd Benelux Workshop on Information and System Security(WISSec 2008). 2008, 17:2008.

[23] V van der Leest,Schrijen G J,Handschuh H,et al. Hardware Intrinsic Security from D Flip-flops[A]. In:ACM Workshop on Scalable Trusted Computing[C], 2010:53-62.

[24] Su Y,Holleman J,Otis B. A 1. 6pJ/bit 96% Stable Chip-ID Generating Circuit Using Process Variations [A]. In IEEE International Solid-State Circuits Conference[C]. Washington DC,IEEE Computer Society,2007:406-611.

[25] Maes R,Tuyls P,Verbauwhede T. Statistical Analysis of Silicon PUF Responses for Device Identification [EB/OL]. [2012-03-15]. http://www. cosic. esat. kuleuven. be/publications/article-1112. pdf

[26] Bolotnyy L,Robins G. Physically Unclonable Function-based Security and Privacy in RFID System[C]//IEEE International Conference on Pervasive Computing and Communications. Washington DC:IEEE Computer Society,2007:211-220.

[27] Tuyls P, Batina L. RFID-tags for Anti-conterferting[C]// Topics in Cryptology,2006, LNCS 3860. Berlin:Springer,2006:13-17.

[28] Batina L. Guajardo J. Kerins T,et al. Public-key Cryptography for RFID-tags [C]// Pervasive Computing and Communications Workshops. New York:ACM, 2007:217-222.

第**4**章 感知层MAC协议安全

4.1 无线传感器网络 IEEE 802.15.4 协议

IEEE 802.15.4 协议(简称 802.15.4 协议)是针对低速率无线局域网络、无线传感器网络而制定的,该标准中所规定的物理层和 MAC 层由于极大地满足了无线传感器网络的要求而被认为是目前最适合无线传感器网络的通信协议。在物理层,该协议规定了信号的成型方式、调制方式、扩频方式等,主要实现信道能量检测、信号质量提示、信道切换、收发数据帧等功能;在 MAC 层,该协议规定了信号的帧结构、接入方式、碰撞避免方式等,能够提升数据传输速率,减少数据包的丢失。

IEEE 802.15.4 协议支持信标不使能网络和信标使能网络两种 MAC 层运行模式。信标不使能网络指设备通过无时隙的载波监听碰撞避免(CSMA/CA)机制发送数据。信标使能网络引入超帧的概念,由协调器周期性地产生信标,实现协调器和设备的时间同步,确认个人区域网络(PAN)及设备间的通信连接,PAN 通过定义信标帧的内容来实现对超帧的控制,并周期广播。网络采用严格的时间同步,分时隙进行通信,可以在竞争访问时段(CAP)采用 CSMA/CA 机制通信,在非竞争访问时段(CFP)采用保障时隙(GTS)机制通信。下面具体介绍 IEEE 802.15.4 协议中,选用超帧结构为周期组织无线传感器网络内设备的通信。

无线传感器网络允许可选择性地使用超帧(superframe)结构。超帧的格式由协调器决定,在使用超帧结构的模式下,协调器会根据环境条件周期性地发送信标帧(beacon),信标帧可以用来识别个域网、同步个域网中的设备和描述超帧结构等。超帧由两个信标帧界定,包含在一个超帧长度(BI)里,分为一个活跃期(active)和一个非活跃期(inactive)。如图 4.1 所示,活跃期与超帧活跃长度(SD)相对应,分为 16 个时间段,由 CAP 和 CFP 组成,在非活跃期,协调器将进入低功耗模式,以节省电力资源。超帧的工作周期(DC)定义为 DC=SD/BI。超帧的结构由两个属性指定,即信标参数(BO)和超帧参数(SO),BO 指定协调器可以通信信标帧的时间周期,SO 指定活动部分加上信标帧的持续时间。BO 和 SO 满足 $0 \leqslant SO \leqslant BO \leqslant 14$。BI 和 SD 由以下公式确定:

$$BI=aBaseSuperframeDuration\times2^{BO}$$
$$SD=aBaseSuperframeDuration\times2^{SO}$$

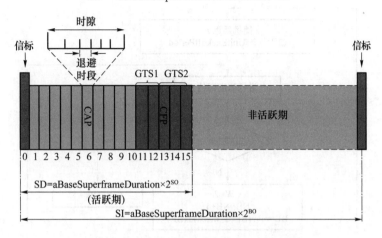

图 4.1 IEEE 802.15.4 协议的超帧结构

在 CAP 期间,节点利用时隙 CSMA/CA 机制来竞争媒体访问。时隙 CSMA/CA 采用二进制指数回退(BEB)算法作为一种降低无线信道碰撞概率的方法,算法流程如图 4.2 所示。BEB 算法的操作如下。在进行任何传输尝试之前,需要初始化 3 个参数,即回退阶段数(NB)、竞争窗口(CW)和回退指数(BE),这些参数分别用 0、2 和 macMinBE(macMinBE 是 802.15.4 协议中定义的一个 MAC 属性,默认值为 3)初始化。之后,节点从 $[0,2^{BE}-1]$ 范围内选择一个随机的持续时间后退,一旦退出期限到期,节点将进行两个明确的信道评估(CCA1 和 CCA2)。CCA 的数量由参数 CW 控制,只要 CW 不为零,CCA 就会进行。如果任一 CCA 显示信道繁忙,CW 被重置为 2。在开始传输之前,CCA 需要检查无线媒体是否没有任何活动,只有当发现在两个 CCA 期间信道是空闲的(假定当前 CAP 的剩余时隙足够传输包及其 ACK),包才开始传输,否则,节点必须延迟包传输到下一个超帧。但是,如果任意一个 CCA 显示信道繁忙,则 BE 的值将增加 1,直到 macMaxBE(macMaxBE 是在 802.15.4 协议中定义的一个 MAC 属性,默认值为 5)达到最大值,然后节点再次后退。也就是说,NB 增加 1,可以达到 macMaxCSMABackoffs(macMaxCSMABackoffs 是一个定义在 802.15.4 协议中的 MAC 属性,默认值为 4)的最大值。如果达到最大值,则除非数据包传输成功/失败或数据包重传开始,否则不能更改。在这种情况下,BE 被重置为 macMinBE。如果超过 macMaxCSMABackoffs,数据包将被丢弃,BEB 进程将重新开始。一旦数据包成功传输,接收节点就会发送回一个 ACK 数据包。如果没有收到 ACK 报文,节点将尝试重传该报文。每次重试,都将重新应用完整的 BEB 过程。如果超过 macMaxFrameRetries(macMaxFrameRetries 是一个定义在 802.15.4 协议中的 MAC 属性,默认值为 3),数据包将被丢弃。CSMA/CA 使用的基本时间单位是 aUnitBackoffPeriod。

CFP 用于支持 QoS 要求(低延迟、特定数据带宽等)。CFP 由许多保障时隙组成,需要专用带宽或低延迟传输的设备可以由 PAN 协调器在 CFP 中分配一个保障时隙。GTS 在超帧的活动部分中紧随 CAP 开始。当设备希望使用 GTS 传输帧时,它首先检查信标帧上的列表,以查看是否为它分配了一个有效的 GTS。如果找到一个有效的 GTS,设备在 GTS 启动之前的某个时间启用其接收器,并在 GTS 期间传输数据。一个协调器最多可以分配 7

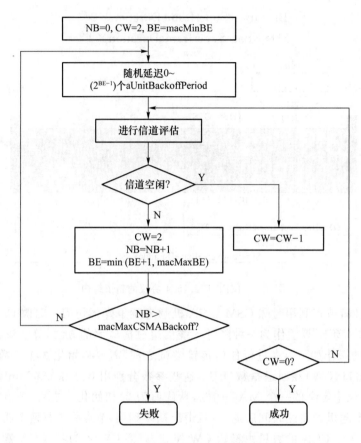

图 4.2 时隙 CSMA/CA 机制

个 GTS。具有指定 GTS 的节点在其 GTS 期间可以完全占用该信道。节点在其 GTS 期间的活动应该在下一个 GTS 开始之前或 CFP 结束之前完成。

802.15.4 协议有几个对无线传感器网络有利的特点。特别地,后退机制是一种巧妙的方法,可以节省传感器节点的电力资源,同时减少通信介质上碰撞的可能性。节点在等待竞争介质的机会时保持睡眠模式,这样也可以节省电力。同时,让一些节点处于睡眠状态可以减少将要进行 CCA 的节点数量,从而减少数据包冲突的概率。此外,两个 CCA 周期的合并被用作保护 ACK 包不受碰撞的一种手段。换句话说,如果一个节点在另一个节点完成包传输的同时执行 CCA1,第一个节点将感觉到信道是空闲的。因此,为了给第二个节点一个机会来接收它的 ACK 包,第一个节点需要执行另一个 CCA,这样,802.15.4 协议就隐含地采用了一种基于优先级的方法,在这种方法中,ACK 包比其他数据包更受青睐。此外,增加 BE 背后的思想是找到合适的值,以便更好地适应信道上的回退时间。通过这种方式,节点逐渐调整它们的占空比,以减少遭受碰撞的可能性。从长期来看,节点会发现自己在获得信道(长期公平性)的机会方面受到了平等的对待。

然而,我们可以发现 802.15.4 协议具有几个弱点,这些弱点会导致协议的性能下降。BEB 算法对业务实体的选择是随机的,没有考虑网络中可用节点的数量、介质上的通信活动水平(在选择业务实体时)以及分组冲突的可能性。有数据包要发送的节点总是以相同的方式逐渐增加 BE。无论节点尝试访问介质多长时间,介质上当前可用的流量强度如何,或者节点流量有多紧急,都要这样做。此外,在成功传输、丢弃数据包或用尽最大传输重试次数后,BE 会重置为最小值。这种重置是盲目进行的,没有考虑传输失败(或尝试失败)的原因。换句话说,所使用的 BEB 是无记忆的,因为它不保存关于网络状态或条件的信息。此外,我们可能会遇到节点睡眠过多的情况(因为对 BE 的选择是随机的),这可能会导致媒体在不必要的长时间内空闲。这对系统的吞吐量有直接影响。

此外,BEB 的功能主要是确定性的,对网络中的变化(就网络规模、流量负载强度等而言)响应缓慢。该算法缺乏动态自适应能力,无法优化传感器节点的占空比,从而实现最小的功耗。而且,在当前 CAP 期间不能完成其事务的节点需要将其传输推迟到下一个 CAP 的开始。这种方法的问题是,在下一个超帧开始时,可能会有多个同时传输的数据,它们将争夺介质。这种情况会导致高概率的冲突,从而降低整个网络的吞吐量。802.15.4 协议在饱和条件下(即当节点总是有数据包要发送时),短期内也可能表现不公平。这可以从未能访问介质的节点倾向于退避更长的时间(因为如上所述,BE 不断增加),减少了其发送分组的机会来看出。然而,刚刚完成成功传输的节点会将其 BE 重置为最小值,这将导致更短的回退周期,从而提高访问介质的机会。也就是说,在许多情况下,最后一个成功的节点可能会因为其他节点而受到青睐。显然,在饱和条件下,我们将面临高速率的数据包冲突,这将导致过度功耗和吞吐量下降。

802.15.4 协议也缺乏区分流量或节点优先级的措施。该标准考虑的唯一隐含的优先级与确认分组相关联,该确认分组被赋予比其他分组更高的优先级,没有使用特殊的规则来根据流量的紧急程度对其进行分类,也没有使用特殊的规则来根据节点访问介质的持久性对其进行分类。这种行为会加重节点的电力资源负担,因为某些节点在尝试访问时可能会持续不断,可能会以比其他节点更快的速度耗尽其电量。当谈到 802.15.4 协议对时间敏感型无线传感器网络的支持时,我们可以看到上面描述的 GTS 的重要特征。但是,该功能的设计有几个限制。GTS 的资源非常有限,每个超帧中最多有 7 个全球定位系统可用,这对密集的无线传感器网络提出了一个主要的可扩展性问题。而且,具有低到达率的节点可以获取 GTS(可以跨越 15 个时隙)。这意味着节点将无法充分利用 GTS,重要的网络资源将被浪费。此外,全球地面运输系统是根据先到先得的原则授予的,因此,数据速率要求高的节点不会比数据速率要求低的其他节点更受青睐。

几项研究中强调的另一个缺点是 802.15.4 协议没有解决隐藏终端问题,即正在与目标节点通信的节点可能不知道另一个节点已经在向同一目标节点传输分组,而该节点由于超出其传输半径听不到。因此,会发生数据包冲突,并启动重传过程。这些程序会导致功耗增加。此外,隐藏终端问题会影响几个服务质量指标,如吞吐量、可靠性和传输延迟。802.15.4 协议中的这些功能问题在无线传感器网络中是远远不能被接受的。因此,需要新的策略和算法来减少这些陷阱,从而实现更高效的性能。在实际部署基于 802.15.4 协议的无线传感器网络时,一个需要仔细关注的方面是该网络与其他无线网络的共存。共存问题会严重影响 802.15.4 协议的设计。

在实际部署中,基于 IEEE 802.15.4 协议的无线传感器网络在基于不同协议的其他无线网络附近运行。这种部署面临着干扰通信的挑战,因为这些协议类似于 802.15.4 协议,在 2.4 GHz 的工业、科学和医学(ISM)频带中运行,这些协议包括 802.11 协议(应用于无线局域网)和 802.15.1 协议(应用于蓝牙)。当 2.4 GHz 无线设备的操作在频率、空间或时间上重叠时,就会发生干扰。这种干扰会严重影响共存网络的性能。因此,需要减轻802.15.4协议在通信过程中受到的干扰和影响。从802.15.4协议的角度来看,有一些重要的方案被提出。例如,一个紫蜂网络与几个无线局域网网络并置,如何使前者找到一个无干扰的信道来开始其通信。调解方案由两部分组成,即信道状态观察部分和干扰调解部分。通过信道状态观察部分的即时消息检查通信信道,以评估网络遭到干扰的严重程度。如果严重性超过预定义的阈值,干扰调解部件将被激活。后者扫描可用信道,试图找到不重叠的信道,然后将它们分配给主要受干扰影响的网络。如果没有找到这样的信道,干扰调解部分会使用一种新的基于时分多址的干扰调解方案,该方案可以在处理可用网络(尤其是那些受到干扰严重影响的网络)时保持公平性。基本上,基于时分多址的方案允许在无线局域网PCF期间传输紫蜂数据,而无线局域网数据在紫蜂的非活动期间传输。也就是说,新的基于时分多址的方案利用新的超帧结构来解决干扰,其定义了一些方案来选择在新的超帧中无线局域网和紫蜂网络的时间占用率。这些方案根据可用网络是否需要在时间、吞吐量或数据传输方面得到公平对待来选择比率。结果表明,新的干扰调解方案能有效降低并置网络间的干扰效应。协调器节点承担着解决干扰问题的额外任务。此外,还应研究新方案的可扩展性。换句话说,无线传感器网络/无线局域网被拒绝进入受干扰影响区域的比率是多少?新方案如何降低这一比率?而且,不清楚即时消息是具有有限电源的传感器节点,还是具有丰富电源的节点。如果它是常规的传感器节点,那么它如何利用自己的电池就有一个严重的问题,因为它应该在没有睡眠周期的情况下管理无线局域网和紫蜂节点。另外,如果这是一个资源丰富的节点,其电力需求没有限制,则会出现严重的可扩展性问题。一种减轻802.15.4协议通信节点面临干扰的分散的方法被提出。这种方法基于在高干扰水平下对CCA阈值的自适应和分布式调整,考虑了3种共存场景:①802.15.4协议通信节点和802.11 b/g协议通信节点可以互相感知;②只有802.15.4协议通信节点可以感知802.11 b/g协议通信节点;③两个网络都不能感知对方的存在,但是当存在非常弱的802.15.4协议的通信链路时,802.15.4协议通信节点仍然可能遭受802.11 b/g协议的干扰。对于场景①,如果发生严重的802.11 b/g协议干扰,802.15.4节点将遭遇高信道接入故障和低冲突事件。在场景②中,802.11 b/g协议会导致通道访问失败和冲突。最后,场景③只能导致数据包冲突。过多信道接入失败的问题是节点被迫进行重复的CCA来发送单个分组,这导致功耗增加。因此,在802.11 b/g协议网络共存的情况下,目标是通过降低导致信道接入失败的干扰的影响来改善802.15.4协议网络的性能。这可以通过控制能量检测(ED)阈值来实现,CCA通过阈值来检查通信信道上的能量水平。在严重干扰的情况下,802.15.4协议通信节点将增加它们的ED阈值,这反过来减少了信道接入失败的数量。另外,随着干扰的减小,节点将把它们的ED阈值降低回初始值,以平衡所有节点之间的信道接入特权。但是,ED阈值的调整没有考虑802.11b/g协议通信节点的占空比,这可能会导致共存网络的数据包之间过度冲突。此外,随着ED阈值的增加,在传递数据包时会遇到一些延迟。

虽然共存问题是阻碍802.15.4协议发挥正常性能的主要因素之一,但该协议还存在其他弱点,可能会降低自身的性能。以下几类方法可以改进MAC层性能。

(1)基于参数调整的方法

基于参数调整的方法有利于最大限度地减少对标准的修改,以便在支持无线传感器网络的显著特征方面受益于其优势。因此,可以认为,只要参数调整得当,该标准可以实现卓越的性能。这些方法的好处是,它们试图避免引入新的开销,因为这些开销可能会给传感器节点平台带来额外的功耗。这些方法的缺点是它们往往是特定于应用的,并且可能需要传感器节点来解决优化问题,以便找到其参数的最佳调整方式,这可能导致额外的功耗。一些具体的实例如下。

第一,基于可靠性的角度对 802.15.4 协议的性能进行了综合分析。由于存在不可靠性这个问题,MAC 层在成功到达目的地的数据包比例方面表现不佳。这种性能下降归咎于 802.15.4 协议媒体访问控制为节省传感器节点的功率资源而应用的功率管理机制(通过在超帧中使用 CAP 和 CFP 来实现)。这一点通过模拟研究启用或禁用电源管理时的数据包传递率得到了证实。为了克服这一缺陷,进行了额外的模拟,以了解 802.15.4 协议的默认属性(即 macMinBE、macMaxBE、macMaxCSMABACKoffs 和 macMaxFrameRetries)对观察到的性能下降的影响。特别地,模拟中定义了 3 组 CSMA-CA 参数,即默认参数集(DPS)、标准参数集(SPS)和非标准参数集(NPS)。DPS 采用 802.15.4 协议定义的默认参数值。SPS 使用标准允许的最大值。NPS 取决于超出标准允许最大值的值。所进行的模拟表明,在交付率和每包能耗方面,网络处理器实现了卓越的性能,尽管这些都是以增加延迟为代价的。所以,通过适当地调整标准媒体访问控制的参数,可以提高标准媒体访问控制的性能,这需要一组新的允许值。这一提议的好处是,避免了对 802.15.4 标准核心的任何修改,并提出了增强其整体性能的建议。

第二,提出了一种自适应 MAC 子层,以最小化功耗,同时实现可靠和及时的通信,其目标函数的作用是使总功耗最小化,并受到可靠性和数据包传递延迟的限制。决策变量被选择为媒体访问控制参数,即 macMinBE、macMaxCSMABACKoffs 和 macMaxFrameRetries。通过适当地调整决策变量可以延长网络寿命。

第三,提出了功率高效的 MAC(PeMAC)协议和带宽高效的 MAC(BeMAC)协议,以优化 802.15.4 协议的性能。每个节点运行这些协议,以根据网络中的节点数量调整其本地争用参数。PeMAC 和 BeMAC 的目标分别是提高功率效率和带宽效率。然而,网络的大小不是一个直接控制的变量,因此,节点应该估计这个大小。这意味着需要使用自适应技术来调整争用参数,从而实现其最佳性能。于是在每个节点上实现一个查找表,以基于网络的估计大小来计算其争用参数,从而实现目标最佳性能。

第四,提出了指定 802.15.4 协议/紫蜂 WSN 内集群的超帧持续时间的策略。假设时分策略指定邻居协调器的活动部分在时间上如何不重叠,这意味着所有超帧都应该适当地偏移一定的偏移时间。本策略不要求对 802.15.4 协议的规范进行任何更改。假设最坏的情况是所有的协调器都有重叠的传输范围,所以,协调器不应在任何其他协调器的超帧期间发送其信标。这导致不同的超帧不能在时间上重叠,因此,当一个集群活动时,其余集群必须处于非活动模式。BI 与数据包从一个集群传输到另一个集群时经历的延迟直接相关,因此,BI 有一个上限。基于这些配置,设计了不同的策略来定义通用分层集群树网络中的可持续发展值。这些策略包括一个对所有协调器使用相同服务对象的策略,一个认为协调器的服务对象是其相关传感器服务对象的两倍的策略,以及一个使协调器服务对象与集群中产生的流量成比例的策略。在每种策略下研究网络的性能,研究发现,第 3 种策略能够实现网络中最高水平的吞吐量。

第五,提出了信标顺序自适应算法(BOAA),用于根据通信频率控制业务对象的值。

BOAA 是为星型拓扑的无线传感器网络设计的,由星型协调器运行。协调器监控周围传感器节点的通信行为,并自适应地调整业务对象。这样,协调器将能够通过适当调整其占空比来延长网络寿命。一旦协调器调用了 BOAA,超帧就以低占空比进行调谐,以避免错过传感器消息。也就是说,在协调器开始启动时,业务对象被设置为零。协调器维护一个缓冲矩阵,以记录其星型网络中每个传感器的通信频率信息。矩阵中的每一行对应一个超帧步骤,而每一列指的是星型网络中的一个传感器节点。与每个节点相关联的行(即超帧步骤)是由协调器跟踪以了解每个节点通信活动的行。BOAA 以周期工作,周期数等于超帧步数。显然,由于商业智能,每个步骤都遵循占空比模式。因此,两个连续步骤之间的时间取决于业务对象。这样,协调器调整业务对象,并将其发送到所有相应的传感器节点。对 BOAA 进行数学建模和模拟,以检验其性能,结果显示,BOAA 实现了功率节省,并根据分组传递延迟进行了权衡。

(2)基于跨层的方法

基于跨层的方法倡导协议栈不同层之间的协作和信息交换,从而实现对 MAC 层参数的更好调整。虽然这些方法不一定会改变标准本身,但它们基于其他层提供的信息来配置其参数,因此可能会导致过度的延迟。除此之外,还要改变协议栈的体系结构,以便使用新的控制信道或层将配置数据从一层传送到另一层。这些方法的好处是它们致力于拥有一个优化传感器节点性能的综合解决方案。一些具体实例如下。

第一,提出了自适应接入参数调整(ADAPT)算法,这是一种用于无线传感器网络的跨层分布式框架,实现了 802.15.4 协议。ADAPT 算法的目标是在无线传感器网络中实现可靠和节能的数据通信。另外,能耗完全取决于网络的运行条件,网络的运行条件本质上是非常动态的。因此,节约节点能量需要一个能够调整其参数的系统,从而延长网络的寿命。适配器采用适配模块,直接与紫蜂堆栈的所有层交互。为了便于交互,该模块被实现为垂直组件,可以直接访问协议栈的每一层。这种架构使适配模块能够从每一层收集信息,并优化节点的整体功能,因此,当应用层指定目标可靠性时,适配模块与 MAC 层交互,以使期望的可靠性成为可能的方式来调整其参数,即 macMinBE、macMaxCSMABackoffs 和 macMaxFrameRetries。作者还提出了影响可靠性水平的主要因素,即争用和信道错误,并在 ADAPT 中引入了两种控制方案来减轻它们的影响。两种控制方案都调整媒体访问控制参数,使得可靠性被限制在特定的预定义范围内。ADAPT 是针对单跳和多跳网络进行数学建模和仿真的。仿真结果表明,在每条消息的传递率和能耗方面,ADAPT 的性能优于原 802.15.4 协议。

第二,提出了用于工业环境中的基于 WSN 控制应用的及时、可靠、节能和动态(趋势)跨层协议。集中跨层方法在捕获和利用不同协议层之间的复杂交互方面更有效,实现了更好的功能。TRade 支持路由算法、MAC 层和功率控制之间的协作,从而实现所需的可靠性和延迟。这是通过以最小化能耗为目标的优化过程来实现的。在 TRade 中,路由机制分为处理集群间通信的静态路由和处理节点间通信的动态路由。静态路由由遵循混合时分多址/CSMA 方法的新型媒体访问控制协议支持。根据这种 MAC 协议,节点仅在与其簇相关联的时分多址时隙期间醒来发送/接收,这节省了更多的能量。时分多址周期的组织方式应考虑不同集群位置的不同流量模式。数据包在集群之间交换。在传输集群中,要发送数据包的节点进入监听状态。在接收集群中,每个节点向发送集群中的所有节点多播一个信标消息。接收信标的节点感知信道,一旦发现信道畅通,就将其分组单播给信标发送者。如果没有接收到信标,则发送集群中的节点要么继续监听下一个 CSMA 时隙,要么进入睡眠模式。汇聚节点负责根据可用流量和集群拓扑设置最佳操作参数(即唤醒概率、接入概率和时分多址时隙持续时间),并将这些参数传递给网络中的节点。仿真表明,TRade 在可靠性、延迟、负载循环和负载平衡方面表现良好。

(3)基于 IEEE 802.11 协议的方法

基于 IEEE 802.11 协议的方法利用了 BEB 最初部署在 IEEE 802.11 协议中的事实。因此,迁移了一些为 IEEE 802.11 协议提出的解决方案,以便在 802.15.4 协议的环境中部署。这些方法预期在 IEEE 802.11 协议中被证明有效的解决方案应该在 802.15.4 协议网络中正常工作。这些方法的主要缺点是基于 IEEE 802.11 协议的算法没有考虑到以功率守恒作为主要要求。后者是基于 802.15.4 的无线传感器网络的关键要求。针对以上缺点,提出了对 IEEE 802.11 协议的背景下 BEB 的改进方式,称之为非重叠 BEB(NO-BEB)。NO-BEB 修改了 BEB 在访问失败后选择竞争窗口长度的方式。为了降低介质上的竞争水平,竞争窗口(W)是从范围[W_{i-1}, W_i]而不是[$0, W_i$]中随机选择的,其中 W_i 是第 i 回退阶段的竞争窗口。这种变化保证了不会出现与前一个范围(即[$0, W_i$])重叠的情况。因此,经历不同数量的媒体访问失败的节点有更好的机会从非重叠区域获取不同的竞争窗口。NO-BEB 在仿真中使用马尔可夫链建模,在吞吐量、冲突概率和平均访问延迟方面的表现优于 BEB。

(4)基于优先级的方法

基于优先级的方法通过识别节点访问介质的优先级来改进 802.15.4 协议。这些方法强调了这样一个事实,即该标准没有基于其流量的紧迫性对节点进行分类的特殊措施,节点被平等和公平地对待。一些具体实例如下。

第一,观察到 802.15.4 协议提供了一个与优先级无关的功能(这是由节点使用相同的争用访问参数造成的),开发了一个基于马尔可夫的 CAP 分析模型,其中允许不同优先级的节点使用不同的访问参数集。识别两种优先级:高优先级(1 类)和低优先级(2 类)。除了针对信道状态的马尔可夫链,还针对每个优先级开发了节点状态马尔可夫链。优先级或服务区分基于为 1 类节点分配竞争窗口 1,为 2 类节点分配竞争窗口 2。使用竞争窗口的这些设置,同时将其他退避参数保持在它们的标准定义的默认值,给高优先级节点更大的机会来访问介质。这是因为它们的小竞争窗口减少了它们的空闲信道感测的持续时间。

第二,提出区分 CAP 内的流量类别,以便为时间关键型消息提供区分服务。此方法基于对 802.15.4 协议参数 macMinBE、macMaxBE 和 Winit(竞争窗口的初始大小)的适当调整。调整取决于帧是否被识别为高优先级。数据帧被视为低优先级,而命令帧(如报警报告和 GTS 请求)被视为高优先级。因此,节点根据其流量类型使用不同的参数设置。选择设置,以使高优先级帧的退避周期比低优先级帧的退避周期短。此外,当不同帧的队列建立时,使用优先级队列,以便首先选择较高优先级的帧进行传输。

第三,提出了 GTS-TDMA 算法,该算法旨在改进 GTS 调度,以识别不同优先级的节点。在 GTS-TDMA 中,节点不请求 GTS,而是使用 GTS 分配方案将 GTS 分配给它们。网络被视为一个多级树,并为网络构建时分多址调度,该调度被构造成使得网络中的每个节点都达到最大数据速率。换句话说,GTS-TDMA 算法寻求 GTS 的最佳分配,使每个节点提供所需的最大数据速率。

第四,解决了在非饱和条件下运行的基于 802.15.4 协议的无线传感器网络的服务差异问题,提出了两种机制,即竞争窗口区分(CWD)机制和退避指数区分(BED)机制,目的是支持基于优先级的无线传感器网络服务区分方案。在这些机制下,节点被分成不同的优先级。优先级根据要传输的数据包的重要性来识别。例如,需要高带宽并生成紧急数据的节点必须比其他节点具有更高的优先级。服务差异是通过竞争窗口的大小(使用 CWD)和二进制指数(使用 BED)的变化来实现的。对于 CWD,具有不同优先级的节点被分配不同的竞争窗口,使得高优先级节点经历较短的竞争窗口,反之亦然。以同样的方式,BED 为不同的节点优先级分配不同的二进制指数。BED 和 CWD 都采用一种被称为退避计数器选择(BCS)的方案,该方案在任何 CCA 期间发现介质繁忙后,从缩短的范围(小于 802.15.4 协议中使用的范围)中选择下一个退避周期。缩短的范围使不同的节点有更好的机会选择不同的退避周期。

(5) 基于占空比的方法

基于占空比的方法在超帧的活动和非活动期间管理节点对介质的访问,使得它变得更加节能。这些方法的优势在于,揭示了在不影响其他重要性能指标的情况下在 WSN 节省更多电力的额外机会。一些具体实例如下。

第一,提出了占空比学习算法(DCLA),以定义如何配置节点,从而在不同的流量条件下实现最佳的网络性能。DCLA 减轻了对人工干预的需求,并以最小化功耗的方式调整了节点占空比,同时在成功的数据传输方面实现了卓越的性能。通过在协调器节点上运行,DCLA 首先从不同的节点收集统计数据来估计传入的流量负载。基于收集的信息,强化学习(RL)框架用于决定要使用的占空比。基本上,反向链路依赖于与节点的重复交互,通过这种交互,选定的占空比被迭代更新,直到达到目标最佳性能的最佳占空比被命中。这样,DCLA 可以实现一个完全自适应的系统,该系统可以根据介质状况自动校正其参数,而不需要任何符合不同应用特定要求的手动配置,使得 DCLA 可以减少安装、运行和管理的时间和成本。DCLA 在协调器节点上作为软件运行,需要较小的内存和处理能力。仿真表明,与其他占空比适配方案相比,DCLA 能够在能效、端到端延迟和成功概率方面实现更高的性能。

第二,提出了一种自适应 CSMA/TDMA 混合媒体访问控制协议,以提高 802.15.4 协议的吞吐量和能耗。观察到 CSMA-CA 在高交通负荷下表现不佳,因此,建议在超帧的 CAP 中加入时分多址(TDMA)的概念。换句话说,一个动态的 TDMA 周期被纳入 CAP。协调器节点被分配任务自适应地将 CAP 划分为 CSMA-CA 时隙和 TDMA 时隙。划分基于节点队列的状态和无线介质上的冲突级别。数据队列的状态可以通过传输帧中的保留位得知。让协调器分配时分多址时隙解决了后者具有挑战性的同步问题,周期性发送的信标帧有助于解决这个问题。此外,由于目标场景是在高流量负载下运行的无线传感器网络,因此使用贪婪算法来分配时分多址时隙可以解决时分多址网络的已知问题,即通信信道的未充分利用。在 CAP 中包含时分多址时隙的主要优点是参与竞争的节点数量受到限制,因此,预计冲突会减少,这反映了吞吐量的提高。此外,由于节点遵循时分多址概念,它们不会争夺介质,因此它们的射频发射机会关闭,这有利于减少这些节点的能量消耗。然而,与 802.15.4 协议相比,除非超帧持续时间被仔细设置,否则 CSMA/TDMA 混合协议将导致端到端延迟增加。换句话说,当使用长超帧时,时分多址节点必须等待更长时间才能发送数据包,这将导致延迟增加。

(6)基于退避的方法

基于退避的方法通过设计新的退避算法,以更有效的方式控制节点的媒体访问,从而提高 802.15.4 协议的性能。这些方法中的许多设法使退避过程更加灵活和动态。一些具体实例如下。

第一,提出了一种分布式退避机制,以提高基于簇的无线传感器网络中 802.15.4 MAC 的传输性能。这一机制强调了信道接入拥塞的问题,该问题出现在在上一次 CAP 期间没有足够时间发送分组的节点中。这些节点将在下一个 CAP 开始的同时开始它们的分组传输,这将导致更高的冲突事件,因此会降低传输性能。为了减轻这种后果,在下一个 CAP 开始时,要求节点在 CAP 范围内的不同时刻开始它们的退避时段。节点应该使用常量 BE,设置为默认的 macMinBE。退避的不同起始点由每个节点从分布窗口(DW)中随机选择。DW 的长度可以是恒定的(CDW)或自适应的(ADW)。根据集群中经历的流量负载来调整 ADW。也就是说,DW 随着轻流量负载而缩小,反之则扩展。集群的协调器负责通知节点流量负载的繁重程度。通过仿真来检验这种新的退避机制在吞吐量和传输延迟方面的性能,结果表明,新机制的吞吐量直接受数据仓库长度的影响。DW 的正确设置可以保证与传统 802.15.4 协议相当的吞吐量。新机制的有效性表现在它在大流量负载下减轻传输延迟方面优于 802.15.4 协议的能力。同样,DW 的设置对后者的性能影响很大。

第二,提出了线性增加退避(LIB)方法,一种改进的 CSMA/CA 机制,以更好地服务于时间关键的应用。LIB 的目标是在不影响能效和吞吐量的情况下提高数据包延迟方面的性能。引入 LIB 后的主要变化是,当两个 CCA 中的任何一个显示信道繁忙时,退避计数器呈线性增加,而不是指数增加。这种变化的动机是退避计数器的指数级增加可能迫使某些节点在能够开始其 CCA 之前等待一段延长的时间。这允许具有相对较短退避周期的其他节点更频繁地捕获介质。然而,退避计数器的线性增加可以保证退避周期保持在合理的长度,允许节点获得对介质的公平访问。LIB 还要求对标准 CSMA/CA 算法进行其他更改。它规定,如果一个包不能在一个超帧内发送,它应该被丢弃,而不是被推迟到下一个超帧。在退避状态期间、成功传输结束时、超过重试限制时以及超过最大退避阶段数时,节点应该处于睡眠模式,而不是接收空闲模式。此外,LIB 假设部署的传感器节点中的冗余可以消除使用确认分组的需要。一个综合的基于马尔可夫链的模型被开发出来用于分析 LIB 的特性。仿真结果表明,LIB 能有效地降低延迟。此外,对于大规模网络和高流量密度,LIB 在提高吞吐量和降低能耗方面显示出良好的效果。

(7)基于服务质量的方法

基于服务质量的方法旨在增强 802.15.4 协议的 GTS 特性。这些方法致力于设计更有效的 GTS 分配方案,能够以优化的方式分配全球贸易点,其目标是更好地利用请求节点专用的带宽。一些具体实例如下。

第一,提出了隐式 GTS 分配机制(i-GAME),以克服信标使能的 802.15.4 协议中与 GTS 分配机制相关的限制。在 i-GAME 中,多个节点将共享同一个 GTS,而不是将单个 GTS 分配给一个请求节点,前提是 PAN 协调器可以形成一个符合共享节点要求的时间表。这意味着,与标准相反,不同的节点将以动态方式受益于每个超帧中共享 GTS 的时隙。

i-GAME 操作取决于请求节点的流量规格和延迟要求以及可用的 GTS 资源。节点将不再请求固定数量的时隙。相反,它们将自己的流量规格和延迟要求发送给协调器。协调器使用该信息来运行准入控制算法,该算法评估可用的 GTS 资源并根据评估结果做出响应。如果协调器可以创建一个满足其要求的时间表,请求将被接受;否则,请求将被拒绝。

第二,提出了一种 GTS 分配方案,旨在提高无线体域传感器网络的可靠性和带宽利用率。该方案基于以最小化带宽需求为目标的优化问题,定义了一个依赖于节点包生成速率的优先级度量,节点需要检查它们的缓冲区,以查看它们是否有大于定义的阈值的数据包数量。这一步帮助节点设置它们的优先级。它们向协调器提出的 GTS 分配请求中包括后一种信息。协调器在 CAP 期间收集这些请求,然后解决分数背包优化问题,以根据节点优先级更好地分配 GTS。

(8) 基于隐藏终端分辨率的方法

基于隐藏终端分辨率的方法增强了 802.15.4 协议的识别能力,使其更清楚隐藏终端的存在。一些具体实例如下。

第一,提出了跨层检测和分配(CL-DNA)方案,以解决基于 802.15.4 协议的无线传感器网络中的隐藏终端问题。CL-DNA 不会在数据传输中引入任何额外的控制开销。CL-DNA 依赖于 PHY 层和 MAC 子层的操作。一旦发生数据包冲突,PHY 层会从冲突信号中检测出相关节点的地址。节点地址的检测是根据 802.15.4 协议的能量检测(ED)功能来完成的。这样,可以识别隐藏的节点,然后,MAC 层利用地址验证过程对隐藏终端的地址进行另一次检查,并将确认的地址添加到隐藏设备地址列表(HDAL)。HDAL 在为隐藏终端准备不重叠的时间表时非常有用,这样冲突的可能性就大大降低了。

第二,提出了 H-NAMe 策略,这是一种用于集群无线传感器网络的隐藏终端避免机制。H-NAMe 采用分组策略,将节点分开,以避免传输区域重叠。在集群内级别,定义了一个分组策略,将节点分成组,这些组在 CAP 期间有不同的通信时间窗口。这种分组保证了属于不同组的节点可以传输而不会面临隐藏的终端冲突。然而,这种策略不能保证相邻簇中的节点不会引起隐藏终端问题。因此,为了避免集群间隐藏终端的情况,我们需要一个集群间分组策略。后者指的是定义不同的集群组,允许这些集群的节点在同一时间窗口内进行通信。通过一个实验测试平台对其性能进行了评估,结果表明,在吞吐量、能耗和成功概率方面,H-NAMe 可以有效地优于 802.15.4 协议。

4.2　IEEE 802.15.4 协议安全分析

1. 协议安全架构概述

链路层安全协议提供 4 种基本的安全服务:访问控制、消息完整性、消息保密性和重放保护。首先,访问控制意味着链路层协议应该阻止未授权的一方参与网络。合法节点应该能够检测到来自未授权节点的消息并拒绝它们。其次,安全的网络应该提供消息完整性保护:如果攻击者在消息传输过程中修改了来自授权发送方的消息,那么接收方应该能够检测到这种篡改。在每个数据包中包含一个消息验证码(MAC),以提供消息验证和完整性。MAC 可以看作消息的加密安全校验和,计算它需要授权的发送方和接收方共享一个秘密的加密密钥,而这个密钥是计算输入的一部分。发送方用密钥计算数据包上的 MAC,并将 MAC 包含在数据包中。共享相同密钥的接收方重新计算 MAC,并与报文中的 MAC 进行比较。如果数据包相等,则接收方接收,否则拒绝接收。没有密钥,消息验证码便很难伪造。因此,如果对手更改了有效消息或注入了伪造消息,授权接收方将无法计算相应的 MAC,授权接收方将拒绝这些伪造消息。此外,保密性是指对未经授权的一方保密信息,它通常是通过加密来实现的。优选的加密方案不仅应防止消息解密,还应防止攻击方部分地了解已加密消息的信息。这个更强的属性被称为语义安全。语义安全的一个含义是,对同一明文进行两次加密应该得到两个不同的密文。如果对同一消息两次调用的加密过程是相同的,那么显然违反了语义安全性:产生的密文是相同的。实现语义安全的一种常见技术是对加密算法的每次调用使用唯一的随机数。随机数可以被认为是加密算法的一个输入侧。使用随机数的主要目的是,当消息集合中几乎没有变化时,向加密过程添加变化。由于接收方必须使用随机数来解密消息,所以大多数加密方案的安全性不依赖于随机数的保密性。随机数通常以明文发送,并与加密数据包含在同一个数据包中。窃听在两个授权节点之间发送的合法消息,并在稍后的某个时间重放该消息的攻击方就参与了重放攻击。由于消息来自授权的发送方,所以它将有一个有效的 MAC,因此接收方将再次接收它。重放保护可以防止这些类型的攻击。发送方通常为每个数据包分配一个单调递增的序列号,而接收方拒绝序列号小于它已经看到的序列号的数据包。

在 802.15.4 协议网络安全架构中,有两种重要的包类型与 802.15.4 协议的安全性有关:数据包和确认数据包。如图 4.3(a)所示,数据包具有可变长度,节点使用它向单个节点发送消息或向多个节点广播消息。每个数据包都有一个 Flags 字段,它指示数据包类型、是否启用安全性、使用的寻址模式以及发送方是否请求确认。一个 1 字节的序列号用于识别确认的包号。包可选择性地包括源地址和目的地址。每个字段的大小在 0~10 字节之间变化,数据有效负载字段位于寻址字段之后,它小于 102 字节。最后是一个 2 字节的 CRC 校验和字段保护包,以防止传输错误。如图 4.3(b)所示,只有当相应的数据包没有发送到广播地址且发送方请求确认时,接收方才发送确认包。它的格式很简单,包括一个与数据包中相似的 2 字节标志字段,它所确认的数据包的 1 字节序列号,以及一个 2 字节的 CRC。确认包中没有寻址信息。

1字节	2字节	1字节	0/2/4/10字节	0/2/4/10字节	可变长度	2字节
Len.	Flags	Seq. No	Dest. Address	Source Address	Data payload	CRC

(a) 数据包格式

1字节	2字节	1字节	2字节
Len.	Flags	Seq. No	CRC

(b) 确认数据包格式

图 4.3 数据包和确认数据包格式

802.15.4 安全套件在应用程序控制之下的 MAC 层中进行处理。应用程序通过在无线电堆栈中设置适当的控制参数来指定其安全要求。如果应用程序没有设置任何参数,则默认情况下不会启用安全性。除去这种情况,应用程序必须显式地启用安全性。安全要求为媒体访问控制层定义了4种数据包类型:信标数据包、数据包、确认数据包和控制数据包。该安全要求不支持确认数据包的安全性;其他分组类型可以可选地支持分组数据字段的完整性保护和机密性保护。

应用程序可以选择不同类型的安全套件为传输数据提供安全保护。每个安全套件都提供一组不同的安全属性和保证,并最终提供不同的数据包格式。802.15.4协议定义了8种不同的安全套件,见表4.1。我们可以根据套件提供的属性对其进行大致分类:无安全性、仅加密(AES-CTR)、仅身份验证(AES-CBC-MAC)以及加密和身份验证(AES-CCM)。根据MAC长度的大小,支持身份验证的每个类别有3种变体。每个变体都被视为不同的安全套件,并有自己的名称。MAC可以是4、8或16字节长。MAC越长,对手通过猜测合适的代码来伪造的概率就越低。例如,对于8字节的MAC,对手有2^{-64}的概率伪造MAC。以更大的数据包大小为代价来增强对真实性攻击的保护。此外,对于每个提供加密的套件,接收者可以选择启用重放保护。无线电设计师不必实现所有套件,802.15.4协议仅要求无线电芯片支持空套件和AES-CCM-64套件,而其他套件是可选的。

表 4.1　802.15.4 协议支持的安全套件

名　　字	描　　述
空套件	无安全保护
AES-CTR	仅加密,CTR 模式
AES-CBC-MAC-128	128 位 MAC
AES-CBC-MAC-64	64 位 MAC
AES-CBC-MAC-32	32 位 MAC
AES-CCM-128	加密,128 位 MAC
AES-CCM-64	加密,64 位 MAC
AES-CCM-32	加密,32 位 MAC

应用程序根据源地址和目的地址指示其对安全套件的选择。802.15.4协议中的无线电芯片有一个访问控制列表(ACL),控制使用什么安全套件和密钥信息。兼容设备最多可支持255个ACL条目。每个条目包含一个802.15.4地址、一个安全套件标识符、密钥、IV标识和重放计数器,如图4.4所示。安全材料是执行安全套件所必需的持久状态,它由加密密钥组成,对于提供加密的套件,还包括在不同的数据包加密调用中必须保留的随机数状态。当调用重放保护时,安全材料还包括最近接收到的分组标识符的高水位线标记。

地址	安全套件	密钥	IV标识	重放计数器

图 4.4　ACL 条目

传出数据包的目的地址与ACL条目中的地址字段相匹配。然后,使用ACL条目中列出的密钥、IV标识和指示的安全套件来处理数据包。对于传入的数据包,源地址与ACL条目中的地址字段相匹配。加密操作使用ACL条目中的密钥。如果启用了重放检测,重放计数器字段将作为高水位线。

作为发送数据包接口的一部分,应用程序必须指定一个布尔值来指示是否启用了安全性。如果没有启用安全性，数据包将按原样发送出去。如果启用了安全性，媒体访问控制层会在其 ACL 表中查找目标地址。如果存在匹配的 ACL 条目，则使用该 ACL 条目中指定的安全套件、密钥和随机数来加密和/或验证传出数据包，并相应地设置传出数据包的标志字段。如果目的地址没有列在 ACL 表中，则使用默认的 ACL 条目；默认的 ACL 条目与其他 ACL 条目相似，只是它匹配所有目的地址。如果默认 ACL 条目为空，并且应用程序已启用安全性，则媒体访问控制层会返回错误代码。

在分组接收时，媒体访问控制层查阅分组中的标志字段，以确定是否已经对该分组应用了任何安全套件。如果没有使用安全措施，数据包将按原样传递给应用程序，否则，媒体访问控制层将使用类似的过程来查找适当的 ACL 条目（这次是基于发送者的地址），然后，它对传入的数据包应用适当的安全套件、密钥和重放计数器。如果找不到适当的 ACL 条目，则向应用程序显示错误消息。

当使用提供机密性保护的安全套件时，接收者可以选择启用重放保护，这包括 AES-CTR 和所有 AES-CCM 变体。接收方用帧和密钥计数器作为一个 5 字节值，即重放计数器，密钥计数器占据该值的最高有效字节。接收方将传入数据包的重放计数器与存储在 ACL 条目中的最高值进行比较。如果传入的数据包的重放计数器比存储的最高值还大，则接收该数据包并保存新的重放计数器。但是，如果传入的数据包具有较小的值，则该数据包会被拒绝，并且应用程序会收到拒绝通知。尽管重放计数器与随机数是同一个计数器，但它的逻辑用途与随机数不同，后者用于保密。重放计数器不向要使用的应用程序公开。

下面具体介绍一下安全套件的相关类别。

① 空套件：最简单的安全套件。该套件必须包含在所有的无线电芯片中，它没有任何安全材料，仅有验证身份功能。它不提供任何安全保证。

② AES-CTR：该套件使用带计数器模式的 AES 分组密码提供机密性保护。为了在计数器模式下加密数据，发送者将明文分组分成 16 字节的块 $p_1, \cdots, p_n$，并计算 $c_i = p_i \oplus E_k(x_i)$。每个 16 字节的块使用自己的可变计数器，我们称之为 x_i。接收者通过计算 $p_i = c_i \oplus E_k(x_i)$ 来恢复原始明文。显然，接收者需要计数器值 x_i 来重建 p_i。x_i 计数器，也被称为随机数或 IV，由一个静态标志字段、发送方地址和 3 个独立的计数器（包括一个识别数据包的 4 字节帧计数器、一个 1 字节密钥计数器和一个对数据包中的 16 字节块进行编号的 2 字节块计数器）组成，如图 4.5 所示。帧计数器由硬件无线电维护，发送方在加密每个数据包后将其递增，当它达到最大值时，无线电返回一个错误代码，并且不可能进一步加密。密钥计数器是受应用程序控制的一个字节计数器，如果帧计数器达到其最大值，它可以递增。随机数不能在任何单个密钥的生命周期内重复，而帧和密钥计数器的作用便是防止随机数的重复使用。2 字节块计数器确保每个块将使用不同的随机值；发送者不需要将它包括在分组中，因为接收者可以推断出它对于每个块的值。总之，发送方将帧计数器、密钥计数器和加密的有效载荷包含在数据包的数据有效载荷字段中，如图 4.6(a) 所示。

③ AES-CBC-MAC：该套件使用 CBC-MAC 提供完整性保护。发送方可以使用 CBC-MAC 算法计算 4、8 或 16 字节的 MAC，从而产生 3 种不同的 AES-CBC-MAC 变体。MAC 只能由使用对称密钥的一方来计算。媒体访问控制保护数据包报头和数据有效载荷。发送方将明文数据附加到媒体访问控制上，如图 4.6(b) 所示，接收方通过计算媒体访问控制，并将其与数据包中包含的值进行比较来验证媒体访问控制。

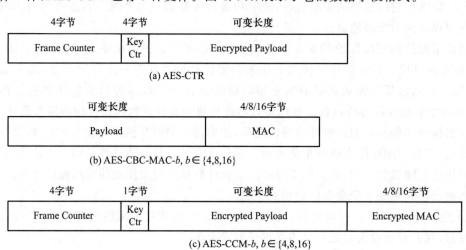

图 4.5 x_i 计数器的格式

④ AES-CCM：该安全套件使用 CCM 模式进行加密和身份验证。广义地说，它首先使用 CBC-MAC 对报头和数据有效载荷进行完整性保护，然后使用 AES-CTR 模式加密数据有效载荷和 MAC。因此，AES-CCM 包括来自认证和加密操作的字段：一个 MAC、帧和密钥计数器。这些字段具有与上述相同的功能。就像 AES-CBC-MAC 根据 MAC 的大小有 3 种变体一样，AES-CCM 也有 3 种变体。图 4.6(c)展示了它的数据字段格式。

(a) AES-CTR

(b) AES-CBC-MAC-b, $b \in \{4,8,16\}$

(c) AES-CCM-b, $b \in \{4,8,16\}$

图 4.6 3 个主要安全套件的数据字段格式

2. 协议中存在的安全问题

802.15.4 协议同样存在一些漏洞和安全问题，主要分为 3 类：IV 管理、密钥管理和完整性保护。

（1）IV 管理

第一，多个 ACL 条目中可能包含相同的密钥。如上所述，最多有 255 个 ACL 条目用于存储不同的密钥及其关联的随机数。发送方根据目的地址选择合适的 ACL 条目。但是，如果在两个不同的 ACL 条目中使用相同的密钥，则会存在漏洞。在这种情况下，发送方很可能会意外地重复使用随机数。例如，假设发送方使用 AES-CCM-64 安全套件，对接收方 r_1 和接收方 r_2 使用相同的密钥 k，并将两个接收方的帧和密钥计数器初始化为 0x0。如果发送方将数据为 0xAA00 的消息 m_1 传输到 r_1，然后将数据为 0x00BB 的消息 m_2 传输到 r_2，则发送方最终将重复使用相同的随机数（帧计数器为 0x0，密钥计数器为 0x0）。这是因为每个收件人都有自己带有独立随机数状态的 ACL 条目。因为 AES-CCM 使用类似于流密码的 CTR 模式，所以对手可以通过计算两个密文的异或来轻松恢复明文的异或，在这种情况下 0xAABB 完全破坏了机密性。有一些方式可能会使两个不同的收件人在两个不同的 ACL 条目中使用相同的密钥：粗粒度 ACL 控制，组密钥没有得到很好的支持，应用程序设计人员可能会尝试通过创建共享同一密钥的两个独立的 ACL

条目来实现组密钥。这看似可行，但并不安全。路由改变协议下的竞争，假设一个节点使用密钥 k_1 来保护与路由树中任何父节点的通信，使用密钥 k_2 来保护所有其他通信，密钥 k_2 将被列为默认的 ACL 条目，一个单独的 ACL 条目指定地址 p 和密钥 k_1，如果在删除 p 的条目之前，应用程序决定通过过 p_0 添加一个 ACL 条目来将父项从 p 切换到 p_0，则存在一个竞争条件，在该条件下，同一密钥同时在 ACL 列表中处于活动状态。我们认为，如果一个应用程序在两个不同的 ACL 条目中设置了相同的密钥，随机数重用可能会发生。在这种情况下，虽然完整性不受影响，但保密性将受到侵犯。问题是，如果应用程序的程序员不警惕，这个错误很容易发生。我们应该指出，发送者可以使用相同的密钥安全地向两个不同的接收者发送两条消息，只要它小心地管理随机数状态。最简单的方法是使用单个 ACL 条目，发送者可以发送第一条消息，更改 ACL 条目中的目的地，然后发送第二条消息。防止随机数重用的一般原则是随机数状态永远不应该与密钥分开。

第二，电源中断等原因会导致 ACL 状态丢失。考虑当节点遇到电源故障时，如果 ACL 状态丢失会发生什么。如果没有采取特殊的预防措施，当电源恢复时，该节点将出现一个清除的 ACL 表。据推测，节点的软件可以用适当的密钥重新填充 ACL 表。然而，现在还不清楚该如何处理这些临时状态。如果所有随机数都重置为已知值，如 0，则随机数将被重用，从而危及安全性。如果应用程序的设计人员能够检测到电源中断，那么可以通过多种方式避免临时重用。首先，节点可以在电源中断后建立新的密钥，这样它们就不会用同一个密钥重复使用同一个随机数两次。或者，可以始终将密钥计数器存储在不可擦除的闪存中，在发送每个数据包后递增。然而，由于在闪存中存储速度慢且能源效率低，应用程序的设计人员可以通过"租赁"一个计数器值块并将其存储在闪存中来分摊写入闪存的成本。当计数器值用完时，节点可以获取一个新的计数器值块，并将租用信息存储在闪存中。重新启动后，节点可以使当前闪存中的所有计数器值无效，并获取下一个值块。与电源故障相关的一个问题是，如果节点进入低功耗操作，如何保持当前状态。为了延长电池的使用寿命，这些设备必须进行某种工作循环，从而使设备的某些部分只在一小部分时间内处于开启状态。由于 802.15.4 协议中的无线电芯片可以在 1.8 V、19.7 mA 下接收输入数据包，将无线电芯片保持在较低功率模式可以大大地提高设备的功耗效率。如果无线电芯片出现低功耗状态，并清除了 ACL，将再次重用随机数值并破坏机密性。在低功率条件下保持随机数是比较容易解决的，因为无线电芯片知道它何时将进入和离开低功率模式；由于这种情况经常发生，无线电芯片必须使用有效的机制。不幸的是，820.15.4 协议没有解决无线电芯片在低功耗状态下如何工作的问题。在软件中保存和恢复随机数状态是一个合理的解决方案。然而，这种解决方案并不便宜：每个 ACL 条目至少有 10 个字节的状态需要存储（5 个字节用于入站重放计数器，5 个字节用于出站随机数，用于该密钥），有 255 个 ACL 条目，这超过了 2 000 字节的状态，带来了大量的内存和计算开销。另一种选择是，保持访问控制列表内存的电源，以便访问控制列表的内容不会在低功耗操作期间丢失，这是可行的，缺点是在低功率操作中功耗增加。

（2）密钥管理

第一，对于组密钥支持不足。支持 802.15.4 协议的组密钥是笨拙的。例如，假设节点 $n_1,\cdots,n_s$ 希望使用密钥 k_1 在它们之间进行通信，而节点 $n_6,\cdots,n_9$ 使用密钥 k_2。因为每个 ACL 条目只能与一个目的地址相关联，所以没有好的方法来支持这种假设的模型。简而言之,在 802.15.4 协议网络中,似乎没有简单的方法可以安全地使用组密钥。许多在 802.15.4 协议中使用组密钥的尝试最终会得到看似正常但实际上危及安全性的配置。

第二,网络共享密钥与重放保护不兼容。当使用单个网络范围的共享密钥时,没有办法防止重放攻击。要使用网络共享密钥模型,应用程序必须使用默认的 ACL 条目。现在,假设网络共享密钥被加载到默认 ACL 中,节点 s_1 使用重播计数器 $0,\cdots,99$ 发送 100 条消息。接收方获得这些数据包,并希望执行重放保护。它必须保持迄今为止最大的重播计数器的高水位。根据规范,当每个数据包到达时,接收器会更新与默认 ACL 相关联的重播计数器。现在,如果发件人 s_2 以其重播计数器从 0 开始发送消息,收件人将拒绝该消息,因为它只接收重播计数器大于 99 的消息。因此,对于使用共享密钥模型的重放保护的接收者,发送者必须协调对重放计数器空间的使用。当一个组中有多个成员时,这是不可行的,无法使用共享网络密钥的重放保护。

第三,不充分支持成对密钥。我们还注意到,802.15.4 协议可以包括对成对通信的更强支持。该规范允许 802.15.4 中的无线电芯片最多有 255 个 ACL 条目,但没有指定所需的最小 ACL 条目数。特别地,兼容的无线电芯片不需要有一个或两个以上的 ACL 条目。一个 ACL 条目不能在一组多个节点之间安全共享,这意味着在成对密钥模型中,支持 n 个 ACL 条目的无线电芯片仅支持最多包含 n 个节点的网络,这对可扩展性造成了很大的限制,意味着成对密钥只能在支持大量 ACL 条目的无线电芯片上可行。为了支持成对键控,我们认为修改协议以规定合理的最小 ACL 条目数可能是有意义的。

(3) 完整性保护

第一,存在未经验证的加密模式。AES-CTR 套件使用不带 MAC 的计数器模式,820.15.4 协议没有要求无线电设计人员支持 CTR 模式套件,只有 AES-CCM-64 是强制性的。然而,我们认为 AES-CTR 非常危险,因此永远不应该启用或实施。未经身份验证的加密会带来巨大的协议安全漏洞。研究人员发现了一些协议中的漏洞,这些协议使用仅由循环冗余校验保护的加密,而不是加密的强消息认证码。所有的攻击都集中在修改密文的过程中,对手可以对循环冗余校验进行适当的修改,以便接收方接收数据包。研究人员在 IPSec、802.11 和 SSH(版本 1)中发现了未经身份验证的加密漏洞,这些漏洞不仅危及所传信息的完整性,还危及其保密性。任何使用 AES-CTR 安全套件的应用程序都容易受到类似的攻击。

第二,对于 AES-CTR 的拒绝服务攻击。接下来,详细描述一个简单的单数据包拒绝服务攻击,该攻击适用于 802.15.4 协议网络使用启用了重放保护的 AES-CTR 套件的情况。假设发送者和接收者使用密钥 k 与 AES-CTR 套件通信,并且接收者启用了重放保护。回想一下,接收者保持由密钥和帧计数器组成的高水位线,拒绝计数器小于高水位线的数据包。考虑当对手发送带有源地址 s、密钥计数器 0xFF、帧计数器 0xFFFFFFFF 和任何有效载荷(不一定是密钥 k 下的有效密文)的伪造数据包时会发生什么。接收者将在密钥 k 下解密数据包,导致随机垃圾产生。由于没有访问控制或消息验证,即使数据包包含垃圾信息,接收者也将接受该数据包。但是,在将乱码的有效负载传递给应用程序之前,媒体访问控制层会将高水位线更新为 0xFFFFFFFFFF。下一次真正的发送者试图发送一个合法的数据包时,无论接收者做什么,接收者都无法收到数据包,因为高水位线已经达到最大值,任何后续的数据包都将被重放。类似的攻击也可以用来阻止在某个链路上发送 n 个数据包,其中

n 可以由攻击者选取。这表明,如果 802.15.4 链接使用启用了重放保护的 AES-CTR,攻击者可以永久中断该链接。攻击很容易发动,因为攻击者不需要特殊的通道或设备,只需要发送一个伪造的数据包即可。

第三,确认数据包不完整。802.15.4 协议不包括对确认数据包的任何完整性或机密性保护。发送数据包时,发送者可以通过在标志字段中设置一个位来请求接收者确认。如果设置了确认请求标志,接收者将返回一个包含数据包序列号的确认数据包。如果没有及时收到确认,发送者的媒体访问控制层会将数据包重新发送有限的次数。当确认数据包到达时,发送应用被通知。然而,由于缺少覆盖确认的媒体访问控制,对手可以伪造任何数据包的确认。这个弱点可以与有针对性的干扰相结合,以防止选定的数据包的传递。假设攻击者识别出一个希望确保不会被预期接收者接收到的数据包,攻击者可以在发送数据包的同时发送短脉冲干扰,导致接收者的循环冗余校验无效,数据包被接收者丢弃。然后,攻击者可以伪造一个看起来有效的确认,欺骗发送者数据包已经收到。当对手出现时,此漏洞会使确认变得不可信。例如,假设应用程序使用确认作为可靠发送接口的一部分,只要数据包未被确认,应用程序就会一直尝试发送数据包。如果发送应用程序收到确认,它永远无法确定数据是否真的到达了目的地。这种承认可能是合法的,也可能是伪造的。

综上,我们已经概述了使用 802.15.4 协议时的一些问题和陷阱,这些问题会导致部署的应用程序中出现未检测到的安全漏洞。尽管存在这些缺陷,802.15.4 协议的安全体系结构依然是健全的,它包括许多精心设计的安全功能,并在嵌入式设备的无线安全方面迈出了一步。正确使用安全应用编程接口,并意识到它的微妙之处,可以带来安全的应用程序。

4.3 无线局域网概述

要了解无线局域网,我们首先需要知道局域网的定义:它是在一个组织内,通常在一个站点内,将计算机连接在一起的一种方式。根据思科在 2000 年的报告,无线局域网(WLAN)具有传统局域网技术(如以太网和令牌环网)的所有功能和优势,但是没有电线或电缆的限制。显然,从定义上来说,无线局域网和局域网是一样的,只是没有电线。克拉克等人将无线局域网定义为数据通信网络,通常是分组通信网络,受地理范围的限制。局域网通常通过廉价的传输介质来提供高带宽通信。无线局域网通常被实现为现有有线局域网的扩展,以提供增强的用户移动性。无线局域网(WLAN)使用无线通信的方法连接两个或多个设备,它通常通过接入点(AP)连接到更广泛的互联网,这使用户能够在本地覆盖区域内移动,同时仍能连接到网络。就像移动电话使得人们可以在家里的任何地方打电话一样,无线局域网允许人们在网络区域的任何地方使用他们的计算机。

为什么人们会需要无线局域网?第一,越来越多的局域网用户开始移动化。这些移动用户要求无论他们在哪里都能连接到网络,这使得使用电缆或有线局域网即使不是不可能,也是不切实际的。第二,无线局域网非常容易安装,对每个工作站和每个房间都没有布线要求。这种易于安装的特点使得无线局域网具有内在的灵活性。如果必须移动工作站,可以轻松完成,无须额外布线、电缆引入或网络重新配置。第三,无线局域网具有便携性。如果一家公司搬到一个新的地方,处理无线系统比拆除有线系统在整个建筑中缠绕的所有电缆要容易得多。这些优势大多也转化为成本上的节省。

由于无线局域网需要支持高速、突发的数据业务,在室内使用时还需要解决多径衰落以及各子网间串扰等问题。具体来说,无线局域网必须实现以下技术要求。

① 可靠性:无线局域网的系统分组丢失率应该低于 10^{-5},误码率应该低于 10^{-8}。

② 兼容性:对于室内使用的无线局域网,应尽可能使其跟现有的有线局域网在网络操作系统和网络软件上相互兼容。

③ 数据速率:为了满足局域网业务量的需要,无线局域网的数据传输速率应该在 1 Mbit/s 以上。

④ 通信保密:由于数据通过无线介质在空中传播,无线局域网必须在不同层次采取有效的措施以提高通信保密性和数据安全性能。

⑤ 移动性:支持全移动网络或半移动网络。

⑥ 节能管理:当无数据收发时,站点机处于休眠状态,当有数据收发时再激活,从而达到节省电力消耗的目的。

⑦ 小型化、低价格:这是无线局域网得以普及的关键。

⑧ 电磁环境:无线局域网应考虑电磁对人体和周边环境的影响问题。

除了上述技术要求,无线局域网也需要一些基础的硬件设备。

① 无线网卡:无线网卡的作用和以太网中网卡的作用基本相同,它作为无线局域网的接口,能够实现无线局域网各客户机间的连接与通信。

② 无线 AP:AP 是 Access Point 的简称,无线 AP 就是无线局域网的接入点、无线网关,它的作用类似于有线网络中的集线器。

③ 无线天线:当无线网络中各网络设备相距较远时,随着信号的减弱,传输速率会明显下降,以致无法实现无线网络的正常通信,此时就要借助于无线天线对所接收或发送的信号进行增强。

目前,信息论技术逐渐成熟,信息论能够推动对更高频谱效率和数据速率的追求。无线局域网技术的另一个重要发展是网状网络的出现。网状网络具有显著增加无线网络服务区域的潜力。网状网络甚至有潜力通过足够智能的路由算法,通过在高容量链路上选择多跳而不是在低容量链路上选择单跳来提高整体频谱效率。

在决定使用最佳协议或标准时,我们需要考虑它的特点和我们的需求,权衡特征,比较每一个的优缺点,做出最终决定。随着技术的不断进步,标准的不断推进,无线局域网技术愈加成熟。有几种无线局域网解决方案,具有不同级别的标准化和互操作性。目前引领行业的解决方案包括红外技术、蓝牙、家庭射频技术和 802.11 协议。这些技术享有广泛的行业支持,旨在满足企业、家庭和公共无线局域网的需求。

(1) 红外技术

便携式信息终端在工作和生活中的出现促进了无线数字链路和局域网的引入。无线局域网可以利用射频或红外光来传输信号,而安装红外网络要便宜得多,因为许多设备已经有红外端口。

无线红外通信利用在自由空间传播的近红外波段光波作为通信的传输介质。红外数据协会(IrDA)是一个行业协会,多年来一直为红外通信定义标准。红外技术有一些优点,值得注意的是,它很便宜,许多设备已经开始利用红外技术,包括大多数笔记本式计算机和一些打印机。在射频局域网出现之前，人们便建造红外局域网，并取得了一些成功。780～950 nm之间的波长带是目前大多数红外无线链路应用的最佳选择，这是由于低成本发光二极管和激光二极管的可用性，并且因为它与廉价、低电容硅光电二极管的峰值响应一致。无线红外通信为无线电系统提供了有用的补充，特别是对于需要低成本、轻重量、中等数据速率和只需要短距离通信的系统。红外技术模型如图4.7所示。

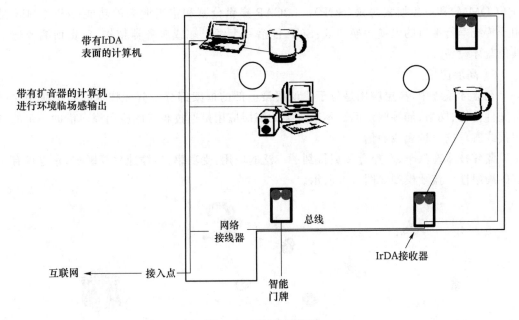

图 4.7　红外技术模型

（2）蓝牙

蓝牙是便携式个人设备短距离连接的行业规范，其功能规范于1999年发布。蓝牙以2.45 kMHz的频率进行通信，这是由工业、科学和医疗设备（ISM）使用国际协议规定的，这是一个世界范围内的免费许可波段，任何系统都可以使用。使用这个波段，蓝牙协议可以成为全世界无线连接设备的标准。开发的通信协议允许使用蓝牙的设备通过无线网络可靠地传输数据。蓝牙的射程不到10 m。当使用散射网时，范围会增加，因为每个单元只需在另一个单元的10 m范围内。如果数据以高功率模式传输，传输距离可达100 m，距离也可增加。蓝牙还提供了一种安全密码算法，在高功率模式下最有用，因为当数据被进一步传输时，不需要数据的设备接收网络数据的可能性更大。

蓝牙设备是蓝牙技术应用的主要载体，常见的蓝牙设备如计算机、手机等。蓝牙产品容纳蓝牙模块，支持蓝牙无线电连接与软件应用。蓝牙设备连接时必须在一定的范围内进行配对，这种配对搜索被称为短程临时网络模式，可以容纳的设备最多不超过8台。蓝牙设备连接成功，主设备只有一台，从设备可以多台。蓝牙技术具备射频特性，采用了 TDMA 结构与网络多层次结构，在技术上应用了跳频技术、无线技术等，具有传输效率高、安全性高等优势，所以被各行各业所应用。

蓝牙系统由3部分组成，具体如下。

1）底层硬件模块

蓝牙系统中的底层硬件模块由基带、无线调频层和链路管理组成。其中，基带的作用是完成蓝牙数据和跳频的传输。无线调频层是不需要授权的通过 2.4 GHz ISM 频段的微波，数据流传输和过滤就是在无线调频层实现的，它主要定义了蓝牙收发器在此频带正常工作所需要满足的条件。链路管理实现了链路建立、连接和拆除的安全控制。

2）中间协议层

蓝牙系统中的中间协议层包括逻辑链路控制和适配协议（L2CAP）、无线射频通信协议（RFCOMM）和业务搜索协议（SOP）。L2CAP 提供分割和重组业务的功能；RFCOMM 是用于传统串行端口的电缆替换协议；SOP 包括一个客户端或服务器架构，负责侦测或通报其他蓝牙设备。

3）高层应用

在蓝牙系统中，高层应用是位于协议层最上部的框架部分。蓝牙技术的高层应用主要有文件传输、网络、局域网访问。不同种类的高层应用是通过相应的应用程序借助一定的应用模式实现的一种无线通信。

蓝牙技术在汽车、医疗等领域得到了广泛的应用，受功率、传输速率等影响，它也具有一定的局限性。蓝牙模型如图 4.8 所示。

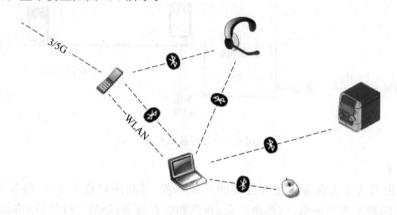

图 4.8　蓝牙模型

（3）家庭射频技术（HomeRF）

1997 年初，几家公司成立了家庭射频工作组，开始开发一种专门为家庭无线语音和数据网络设计的标准。家庭射频（模型如图 4.9 所示）是由家庭射频工作组（宽带互联网家庭无线网络选择）开发的开放行业规范，定义了个人计算机、无绳电话和其他外围设备等电子设备如何在家中和周围共享和传输语音、数据和流媒体。家庭射频工作组的发展是由互联网的广泛使用和可用于大多数家庭的廉价计算机的发展所推动的。家庭射频协议允许家庭中的个人计算机具有更大的移动性，提供与互联网、打印机和家庭中任何地方的其他设备的连接。正是因为家庭射频技术具有这些潜力，许多行业成员致力于开发共享无线接入协议规范。

家庭射频系统的设计目的就是为了在家用设备之间传送语音和数据，并且能够与公共电话交换网（PSTN）和互联网进行交互式操作，该系统工作于 2.4 GHz ISM 频段，采用数字调频扩频技术，支持 TDMA 业务和 CSMA/CA 业务，其中 TDMA 用于传送交互式语音和其他时间敏感性业务，而 CSMA/CA 业务用于传送分组数据。

与 Wi-Fi 不同，HomeRF 已经对流媒体提供了服务质量支持，并且是唯一一个集成语音的无线局域网。2001 年,家庭射频工作组发布了支持 10 Mbit/s 甚至更快的 HomeRF 2.0。

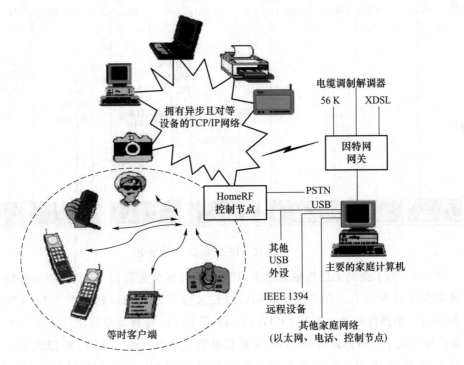

图 4.9　家庭射频模型

家庭射频协议的网络拓扑由 4 种类型的节点组成:控制点、语音终端、数据节点以及语音和数据节点。控制点是 PSTN 和互联网的网关,它还负责网络的电源管理;语音终端仅通过语音与控制点通信;数据节点与控制点和其他数据节点通信;语音和数据节点是前面两个节点的组合。

（4）IEEE 802.11 协议

IEEE 802.11 协议是目前使用范围最广的无线局域网络协议,经历了几十年的发展与革新。1971 年 6 月,ALOHAnet 用 UHF 无线分组网络(Wireless Packet Network)连接了夏威夷的各个岛屿。而后,ALOHA 协议成为 IEEE 802.11 协议的先驱,也是很多无线通信的理论基础。1985 年,FCC(美国联邦通信委员会)公布了无须授权使用的 ISM 频段,其中包括 2.4 GHz 频段,这是 Wi-Fi 通信的频段基础。1991 年,NCR 和 AT&T 公司共同开发了 WaveLAN 网络,并将其用于收银系统。WaveLAN 为 802.11 的前身。任职 NCR 公司的 Vic Hayes 被称为 Wi-Fi 之父。1992 年和 1996 年,由澳大利亚人奥沙利文带领的 CSIRO 团队获得了用于 Wi-Fi 的关键专利,涉及 3 个关键技术:①多载波调制(Multicarrier Modulation);②前向纠错(Forword Error Correction);③交叉存取(Interleaving)。

IEEE 802.11 的发展史如图 4.10 所示,其模型如图 4.11 所示。

电气和电子工程师协会(IEEE,Institute of Electrical and Electronics Engineers)在 20 世纪 90 年代初成立了 802.11 工作组,专门研究和定制 WLAN(无线局域网)的标准协议,并在 1997 年 6 月推出了第 1 代 WLAN 协议——IEEE 802.11-1997,规定 WLAN 运行在

2.4 GHz 频段,最大速率为 2 Mbit/s。

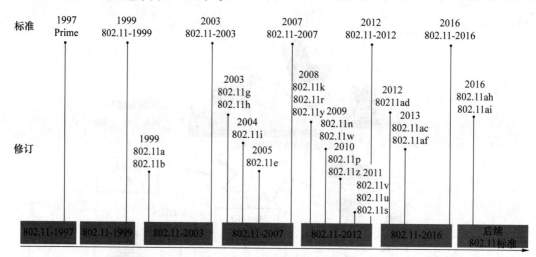

图 4.10 IEEE 802.11 发展史

1999 年,为了提高无线传输的速率,IEEE 推出频率更高的 5 GHz 的 802.11a,最高传输速率达到 54 Mbit/s。几乎同一时间,IEEE 又推出 2.4 GHz 的 802.11b,最高速率可达 11 Mbit/s。虽然传输速率不及 5 GHz 的 11a,但是 11a 在普及速度上远不及 11b,11b 的速度也已经满足了当时的需求,故 11b 反而在市场上流行开来。Wi-Fi 联盟成立于 1999 年,当时的名称叫作 Wireless Ethernet Compatibility Alliance(WECA)。品牌咨询公司 Interbrand 创造并商业化地使用了 Wi-Fi 一词,"Wi-Fi"比 802.11b 的名称更具吸引力,Wi-Fi 一词由此被广泛使用。

2003 年 7 月,IEEE 制定了第 3 代 Wi-Fi 标准:802.11g。802.11g 继承了 802.11b 的 2.4 GHz 频段和 802.11a 的最高 54 Mbit/s 传输速率,同时,它还使用了 CCK 技术后向兼容 802.11b 产品。从此,IEEE 在制定每一代新协议的时候都会将后向兼容考虑进去。802. 11g 应用了之前 802.11a 用到的 OFDM 技术,该技术在之后的标准中也获得了广泛的应用。OFDM(Orthogonal Frequency Division Multiplexing)即正交频分复用技术,是由 MCM(Multicarrier Modulation,多载波调制)发展而来的一种实现复杂度低、应用最广的多载波传输方案。

2009 年,IEEE 宣布了新的 802.11n 标准。802.11n 增加了对于 MIMO 的标准,使用多个发射和接收天线来支持更高的数据传输率,并使用了 Alamouti 于 1998 年提出的空时分组码来扩大传输范围。802.11n 支持在标准带宽(20 MHz)上的速率(单位为 Mbit/s),包括:7.2,14.4,21.7,28.9,43.3,57.8,65,72.2(短保护间隔、单数据流)。使用 4×4 MIMO 时速度最高为 300 Mbit/s。802.11n 也支持双倍带宽(40 MHz),当使用 40 MHz 带宽和 4×4 MIMO 时,速度最高可达 600 Mbit/s;目前业界主流速度为 300 Mbit/s。802.11n 引进了很多的新技术,导致它的速率也会因为配置方法的不同而不同。对此,IEEE 推出了 MCS(Modulation Coding Scheme),MCS 可以被理解为上述影响速率因素的完整组合,每种组合用整数来唯一标示。给每种情况标码,直接看对应的 MCS 码就可以知道准确的速率。

总的来说,MIMO 和 40 MHz 带宽提高了传输速率,而波束成形(Beamforming)提高了传输距离。

2013 年,Wi-Fi 5(802.11ac)发布,采用 5 GHz 频段,单天线最高速率达到 866 Mbit/s,8×8 MIMO(8T8R)理论速率可达 6.9 Gbit/s。802.11ac 在提供良好的后向兼容性的同时,把每个通道的工作频宽由 802.11n 的 40 MHz 提升到 80 MHz 和 160 MHz,调制方式由 64-QAM 升级至 256-QAM。实际上,802.11ac 协议还分为 wave1 和 wave2 两个阶段,两者的主要区别在于后者提高了多用户数据并发处理能力和网络效率。而这背后的功臣,非 MU-MIMO(Muti-User-MIMO)莫属。MU-MIMO 技术使得 AP(路由器或者热点)可以同时和多个用户设备通信,大大地提高了网络带宽的利用率。在 802.11n 中提到的 MIMO 属于 SU-MIMO,SU 代表 Single User(单用户)。

2019 年,Wi-Fi 6(802.11ax)发布。Wi-Fi 6 采用 2.4 GHz 和 5 GHz 的频段,最大单流(1T1R)可达 1 200 Mbit/s,最高速率可达 9.6 Gbit/s(8T8R),其特点为:①低延时;②低功耗(TWT 技术,主要优点体现为优化了 IoT 设备的休眠唤醒管理);③高速度(MU-MIMO,编码方式由 256-QAM 升级到 1024-QAM)。Wi-Fi 6 的核心技术是 OFDMA 和升级版的 MU-MIMO。Wi-Fi 6 发展了 OFDMA 技术,也就是正交频分多址接入(OFDMA,Orthogonal Frequency Division Multiple Access)。传统的 OFDMA 技术在同一时间段内只能有一个载波传输一个数据包,存在设备端等待排队和相互竞争的问题。而 OFDMA 则可以让多个设备并行传输,大大地降低设备的网络时延。Wi-Fi 5 中使用到的是 MU-MIMO 下行,提高的是路由器将数据传输给设备的能力。Wi-Fi 6 进一步发展了 MU-MIMO 技术,包括了上行 MU-MIMO,因此设备向路由器传输数据的速度大大提高了,也使得人们在日常生活中可以轻松地上传高清图片和视频。Wi-Fi 6 支持 8 个设备同时上行/下行,是 Wi-Fi 5 的两倍。

Wi-Fi 6 技术特点

802.11 协议的使用模型如图 4.11 所示,应用过程中,无线安全已经变得和技术本身一样重要。节点之间缺乏物理连接使得无线链路容易被窃取信息。笔记本式计算机等不安全

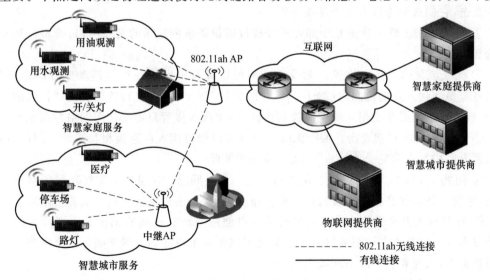

图 4.11 802.11 协议的使用模型图

的无线用户站比流氓接入点对企业网络的安全构成更大的威胁,这些设备的默认配置提供的安全性很低,很容易配置错误。入侵者可以使用任何不安全的无线电台作为发射台来入侵网络。

所有无线局域网安全的基础应该从了解无线局域网运行的环境及其好处开始。我们认为移动性和工作效率是无线的优势,但这些优势会使信息面临风险。我们应该注意安全警报,并通过采取一些实际行动来建立一个安全的无线局域网,可以按照以下 5 个步骤来保护信息资产、识别漏洞,并保护网络免受特定无线攻击。

① 发现和改进未经授权的无线局域网和漏洞。未经授权的无线局域网和漏洞是企业网络安全的最大威胁之一,因为它为企业网络创建了一个开放的入口点,绕过了所有现有的安全措施,包括接入点、软接入点(作为接入点的笔记本式计算机)、用户站、无线条形码扫描仪和打印机。根据无线安全专家的说法,发现未经授权的接入点、站点和漏洞最好通过全面监控无线局域网来完成。

② 锁定所有接入点和设备。无线局域网安全的下一步包括对无线局域网的周边控制。应通过部署个人代理来保护每台配备无线设备的笔记本式计算机,该代理可以提醒企业和用户所有的安全漏洞,并强制遵守企业策略。应该部署提供高级安全和管理功能的企业级接入点。

③ 加密和认证。加密和认证是无线局域网安全的核心。

④ 制定和实施无线局域网策略。无线局域网需要一个使用策略和安全策略。虽然策略会根据每个无线局域网的个别安全和管理要求而有所不同,但彻底的策略和策略的实施可以保护企业免受不必要的安全漏洞和性能下降的影响。

⑤ 入侵检测和防护。安全管理人员依靠入侵检测和防护来确保无线局域网的所有组件都是安全的,并免受无线威胁和攻击。

为了避免风险,我们应该首先了解风险,了解它是如何工作的,并利用这些信息来作为无线局域网安全的解决方案。互联网安全系统公司的一份报告讨论了针对无线技术的一些风险攻击,它们被分为以下 7 个基本类别。

① 插入攻击。插入攻击基于部署未经授权的设备或创建新的无线网络,而不经过安全流程和审查。

② 无线流量的拦截和监控。无线局域网可以像有线网络一样拦截和监控网络流量。攻击者需要在接入点的范围内(对于 802.11b,大约 100 m)才能进行攻击。无线拦截的优势在于,有线攻击需要在受损系统上放置监控代理,无线入侵者只需要访问网络数据流即可。

③ 客户端对客户端攻击。两个无线客户端可以绕过接入点直接相互通话。因此,用户不仅需要保护客户端免受外部威胁,还需要保护彼此。

④ 阻塞。对无线局域网来说,阻塞可能是一个大问题。这是危害无线环境的众多漏洞之一,它的工作原理是拒绝向授权用户提供服务,因为合法流量被大量非法流量阻塞。

⑤ 针对接入点密码的攻击。大多数接入点使用与所有连接的无线客户端共享的单一密钥或密码。字典攻击试图通过有条不紊地测试每一个可能的密码来破坏这个密钥。一旦密码被猜到,入侵者就可以访问接入点。

⑥ 针对加密的攻击。802.11b 标准使用一种被称为 WEP(有线等效保密)的加密系统,可以针对该系统进行攻击。

⑦ 配置错误。许多接入点以不安全的配置投入使用,以强调易用性和快速部署。除非管理员了解无线安全的风险,并在部署前正确配置每个单元,否则这些接入点仍将面临被攻击或误用的高风险。

另一份关于保护无线局域网的报告提出了保护无线局域网免受攻击的建议,以下是其中一些建议。

① 教育员工建立无线局域网的风险意识,以及如何识别入侵或可疑行为。

② 限制无线接入点(恶意接入点)的未授权连接。

③ 聘请由第三方管理的安全服务公司持续监控网络安全基础设施,以发现攻击或未授权使用的迹象。

④ 为所有信息技术资源进行强有力的安全部署。

⑤ 要求用户只连接到已知的接入点,伪装接入点更可能出现在不受监管的公共场所,用户要尽量减少在公共场所接入未知网络。

⑥ 在公司所有的计算机上部署个人防火墙、防病毒软件和间谍软件拦截器,尤其是笔记本式计算机和使用 Windows 操作系统的计算机。

⑦ 使用可用的无线局域网管理工具,主动、定期扫描公司网络上的恶意接入点和漏洞。

⑧ 更改无线局域网接入点上的默认管理密码,如有可能,更改管理员账户名。

⑨ 对其他数据资源(如笔记本式计算机或台式机的数据文件以及电子邮件和附件)加强安全保护。

⑩ 避免将接入点放在外部窗口上。

⑪ 尽可能降低无线局域网接入点的广播强度,使其仅在必要的覆盖区域内。

⑫ 使用入侵检测系统,这将为无线网络提供常见威胁的早期检测。

4.4　无线局域网 MAC 层接入认证协议

本节详细地介绍了无线局域网络中的关键技术与接入认证相关协议,包括 WEP 技术、802.11i 标准、EAP 协议和 RADIUS 协议。接着,对比了无线局域网 MAC 层常见的几种接入认证方式,对它们的优缺点进行了分析。

1. WEP 技术

有线等效保密(WEP)协议通过对在两台设备终端间无线传输的数据进行加密的方式来达到防止非法用户窃听或侵入无线网络的目的。WEP 具有 3 种实现方式:无加密、40 位密钥加密、128 位密钥加密。当然,密钥位数越长,安全强度就越高。无加密几乎可以说是没有机密性,网络中的数据信息是以明文的形式传输的,这样任何一个能访问无线局域网的用户都可以窃听获取该数据信息。在 40 位密钥加密和 128 位密钥加密的情况下,无线接入点的初始设置中存有一个以数字、字母构成的字符串或是一个以 16 进制的字符串形式存在的共享密钥,无线终端要接入该 AP 访问网络,必须要提供该共享密钥字符串。

(1) WEP 加密

通常 WEP 加密包含两个步骤:第一个步骤是在 WEP 的明文信息中加入一个校验和,加入该校验和的目的是防止攻击者将已知的文本加入数据流中来破解 WEP;第二个步骤就是加密。

具体的加密过程如下(以 40 位密钥加密为例)。

① 将 24 位的初始向量(IV,Initialization Vector)和 40 位的密钥信息连接起来,产生一个新的 64 位的中间密钥。

② 将 64 位中间密钥作为 RC4 算法的输入。RC4 算法的核心是一个伪随机数发生器(PRNG,Pseudo-Random Number Generator)。

③ 利用 RC4 算法和中间密钥产生一个密钥流。

④ 产生明文流,具体措施是将明文信息和校验值连接起来。

⑤ 将密钥信息流和明文信息流按位异或,形成密文。

⑥ 产生最后的消息,该消息由初始向量和密文信息连接组成。

由于在密文信息中加入了完整性校验值(ICV,Integrity Check Value),所以密文信息的长度比明文长度多 4 个字节。该完整性校验值由 CRC-32 算法产生,该算法产生的完整性校验值是 32 位的,也可以说是 4 字节的。完整性校验值和明文连接在一起形成明文信息流,所以明文信息流的长度比明文长度多 4 个字节,密文信息的长度和明文信息流长度一样。

(2) WEP 解密

WEP 解密的过程基本上是其加密过程的逆过程,具体的步骤如下。

① 将消息中 24 位的初始向量与输入的 40 位的密钥信息连接起来,产生一个 64 位的中间密钥信息。

② 利用 RC4 算法和中间密钥产生一个密钥流。

③ 产生明文流,具体措施是将密文信息和密钥流按位异或。

④ 对明文信息中的明文计算完整性校验值。

⑤ 比对校验值,将明文信息流中的校验值和计算出的校验值进行对比。

(3) WEP RC4 算法

RC4 算法是 1987 年由著名的密码专家 Ron Rivest 为 RSA 数据安全公司设计的一种流密码算法。该算法采用固定的密钥长度,对明文的数据流进行异或运算,数据流的长度与明文的长度相同。它的工作方式是输出反馈(OFB)方式,运算速度快,加密所需要的时间比 DES 短得多。

(4) WEP 身份认证

IEEE 802.11b 定义了两种认证方式。第一种是开放式系统认证,由于整个过程是在完全透明的状态下进行的,所以该方式没有任何的安全认证措施,在此不做讨论。第二种则是共享密钥认证方式,在该方式中密钥的传输不是以明文的形式发送的,而是采用 WEP 加密机制,它只能用在经过 WEP 加密的站点之间。在认证的过程中无线接入点会向申请接入的用户发送一个数据包,该用户只有在使用正确的 WEP 密钥对数据包进行加密,并将其返回给接入点,才可以通过认证接入网络。若用户使用的是不正确的 WEP 密钥或者没有使用密钥,则认证失败,不允许其接入接入点。

具体的认证过程如下。

① 接入者向无线接入点提出身份认证接入请求。无线接入点在收到接入认证请求后,生成一个 128 位的挑战信息,并将上步得到的字符串信息传送给接入者,等待其传送加密后的数据信息。

② 接入者在收到挑战信息之后,采用 WEP 密钥进行 RC4 加密计算,并将加密后的数据信息发送给无线接入点。

③ 无线接入点在收到加密后的密文信息之后,采用 WEP 密钥进行 RC4 解密计算,对密文信息进行解密,看解密后的结果是否与原来发送的明文信息一样,如果两者结果一样则说明符合要求,通过认证。但是,如果接入者没有采用正确的 WEP 密钥,两次结果肯定不会相同,这就导致该接入者无法通过身份认证。

WEP 共享密钥认证机制如图 4.12 所示。

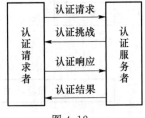

图 4.12
WEP 共享密钥认证机制

2. IEEE 802.11i 标准

为了增强 IEEE 802.11 标准(简称 802.11)的安全性,IEEE 在 2004 年提出了 IEEE 802.11i 标准(简称 802.11i)。IEEE 802.11i 标准为 IEEE 802.11 提供了两种类型的安全框架,即 RSN(Robust Security Network)和 Pre-RSN。图 4.13 的 802.11i 安全框架中列出了 RSN 和 Pre-RSN 的主要安全机制。RSN 包含基于端口的接入控制协议、密钥管理技术和 TKIP、CCMP 机密性和完整性协议。RSN 和 Pre-RSN 最大的区别就在于四步握手机制,若在认证或关联过程中不包含四步握手,则被认为采用的是 Pre-RSN。

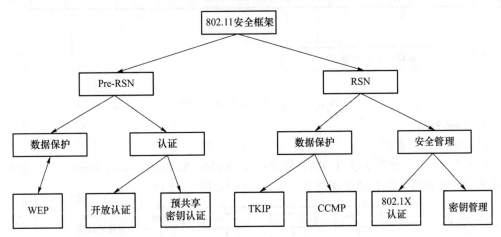

图 4.13 802.11i 安全框架

一个完整的 IEEE 802.11i RSN 包含 5 个阶段:①发现阶段;②认证阶段;③密钥管理阶段;④加密数据传输阶段;⑤连接中断阶段。图 4.14 描述了这 5 个阶段。

接下来我们详细地描述这 5 个阶段。

① 发现阶段:AP 向外广播自己的无线信息,其中包括 802.11i 安全策略,客户端根据这些信息决定是否与该 AP 关联。

② 认证阶段:在这个阶段,客户端和认证服务器都要向对方提供自己的认证凭证,AP 在这个过程中充当数据中转站的功能。

③ 密钥管理阶段:客户端和 AP 协商出接下来数据加密及校验使用的密钥,在这一阶段数据帧只在客户端和 AP 之间交换。

④ 加密数据传输阶段:客户端通过 AP 和其他终端进行通信,客户端和 AP 之间的数据传输使用以上阶段生成的密钥进行加密,AP 对这些数据进行解密,再将其传送到其他

终端。

⑤ 连接中断阶段：客户端和 AP 断开连接。

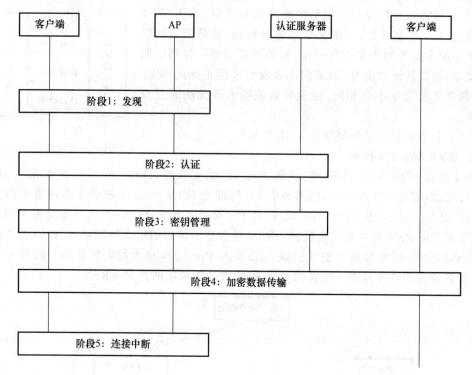

图 4.14　802.11i RSN 的 5 个阶段

3. EAP 协议

（1）EAP 协议概述

RFC 3748 中详细地定义了 EAP 协议（Extensible Authentication Protocol）。它是一个在无线局域网络中被普遍使用的认证框架，架构如图 4.15 所示。

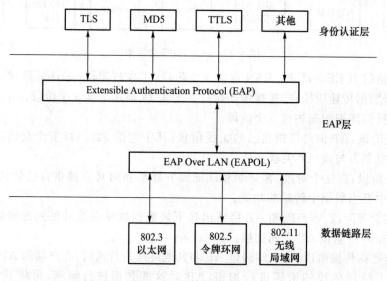

图 4.15　EAP 协议架构

EAP 协议的报文结构如图 4.16 所示。其中,Code 域占 1 个字节,用来表示 EAP 报文的类型。在 EAP 协议中,总共定义了 4 种报文类型,其中 Code＝1 为请求报文,Code＝2 为回应报文,Code＝3 为成功报文,Code＝4 为失败报文。

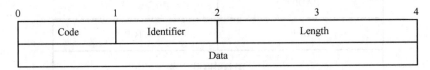

图 4.16 EAP 协议报文结构

Identifier 域占 1 个字节,用来表示报文的 ID 号,通信双方通过 ID 号来进行报文的匹配。

Length 域占 2 个字节,用来表示 EAP 报文的总长度,用网络字节序表示。

Data 域长度为 0 或多个字节,当 Code＝3 或 Code＝4 时其长度为 0,当 Code＝1 或 Code＝2 时,Data 域的格式如图 4.17 所示。

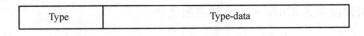

图 4.17 Data 域格式

（2）EAP 方法

EAP 方法规定了 EAP 协议中具体的认证方式,IETF（互联网工程任务组）的 RFC 中定义的 EAP 方法包括 EAP-MD5、EAP-OTP、EAP-GTC、EAP-TLS、EAP-TTLS 和 EAP-AKA,还包括一些厂商提供的方法和新的建议。RFC 401711 定义了无线局域网络中 EAP 方法必须满足的几个条件：

① 能够提供相互认证；

② 能够抵制字典攻击；

③ MitM 攻击防护；

④ 受保护的密钥协商机制。

在无线局域网络中常用的 EAP 方法有 EAP-TLS、EAP-PEAP、EAP-TTLS 等,这些 EAP 方法都是基于传输层安全(TLS)协议的。TLS 协议的核心思想是公钥加密法,也就是说,服务器首先向客户端发送自己的公钥,客户端用公钥对信息进行加密,服务器收到密文以后再用私钥解密。TLS 协议为了保证公钥在传输过程中不被攻击者篡改,引入了服务器证书,服务器将自己的公钥放入证书中。使用时,客户端首先验证服务器的证书是否可信,只要证书是可信的,公钥就是可信的。公钥加密运算消耗时间长,TLS 协议巧妙地结合了对称加密和公钥加密来减少运算时间,在每一次会话中,通信双方采用对称加密来传递信息,而公钥只用来保护对称加密密钥的传递。

EAP-TLS 协议在 RFC 5216 中被定义,它用证书取代用户名和密码,并要求客户端和认证服务器都需要有证书,EAP-TLS 协议在无线局域网络中由于配置困难并没有被广泛使用。EAP-TTLS 和 EAP-PEAP 协议由 EAP-TLS 协议发展而来,它们改进了 TLS 握手协议中客户端和认证服务器之间的双向认证,只需要认证服务器拥有证书。

4. RADIUS 协议

RADIUS(Remote Authentication Dial In User Service)的全称是远程认证拨号用户服

务,是一种基于 CIS 结构的协议,主要在 RFC 2865 和 RFC 2866 中被定义。

RADIUS 协议在 TCP/IP 协议栈中的位置如图 4.18 所示。

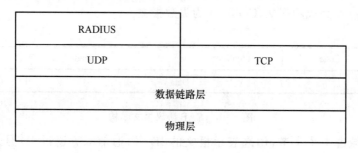

图 4.18　RADIUS 协议在协议栈中的位置

RADIUS 协议的报文结构如图 4.19 所示,各域内容按照从左到右的顺序传送。其中,Code 域的长度为 1 个字节,表示 RADIUS 报文的类型,具体编码如下:Code＝1 为认证请求报文,Code＝2 为认证成功报文,Code＝3 为认证失败报文,Code＝4 为计费请求报文,Code＝5 为计费回应报文,Code＝11 为挑战报文。

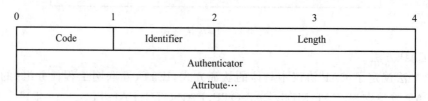

图 4.19　RADIUS 报文结构

Identifier 域占 1 个字节,用于匹配请求与回应,同时它也可以用来识别重复的请求。

Length 域占 2 个字节,表示报文的总长度,用网络字节序表示。如果接收到的字节数大于数据包中长度域标识的长度,则多余的为填充字节;如果接收到的字节数小于数据包中长度域标识的长度,则该报文无效。同时,协议还规定如果收到的 RADIUS 数据包的长度小于 20 字节或大于 4 096 字节,则静默丢弃该报文。

Authenticator 域用于判断报文的完整性和有效性,长度为 16 字节。

Attribute 域采取通用的类型、长度和值(TLV,Type-Length-Value)格式封装,如图 4.20 所示。Attribute 域可以包含一个或者多个属性,是 RADIUS 报文的消息内容。这种封装格式使得新的属性可以很容易加入到 RADIUS 协议中,在 Attribute 域中比较常见的属性类型有用户名(User-Name)、用户密码(User-Password)、CHAP 密码(CHAP-Password)。在接入请求报文中必须包含 User-Name、User-Password 或 CHAP-Password,还应该包括 NAS-Port-Type 或/和 NAS-Port 等属性。在 RFC 2865 和 RFC 2866 中定义了 56 种常见的 RADIUS 属性。

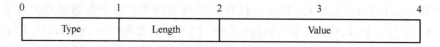

图 4.20　TLV 格式

5. 常用认证方式

（1）Web 认证

Web 认证是一种基于端口的访问控制认证方式，它在应用层上对用户的 HTTP 请求进行拦截。认证前用户获得一个 IP 地址，在通过认证以前，所有的 HTTP 请求都被拦截，用户只能访问认证页面，用户需要在认证页面输入自己的认证凭证。认证通过以后，用户可以正常地使用网络。

Web 认证的认证过程如下。

① 用户向 DHCP 服务器请求 IP 地址，DHCP 服务器给用户分配一个 IP 地址。

② 用户在认证页面中输入自己的用户名和密码，并发送到 Web 服务器。

③ Web 服务器将用户的用户名和密码转发给 AP。

④ AP 收到用户名和密码以后，将用户名和密码封装到相应的 RADIUS 报文属性域中，并把 RADIUS 报文发送给认证服务器。

⑤ 认证服务器提取出报文中的用户名和密码，并检索数据库是否有该用户。如果有该用户，则再将用户密码和数据库中的密码进行比对，最后把认证结果反馈给 AP。

⑥ AP 根据返回的认证结果决定是否将用户设为已认证状态。

（2）PPPoE 认证

PPPoE 协议定义于 RFC2516 中，它是一种将 PPP 帧封装在以太网帧内部的网络协议。典型的 PPPoE 应用扩展了 PPP 协议，通过 PAP、CHAP 等基于密码的协议来认证用户，大部分 DSL 供应商使用 PPPoE，它提供了认证、加密和压缩功能。PPPoE 认证分为以下几个阶段。

1）发现阶段

发现阶段主要用于客户端和服务器获取对方的 MAC 地址，确定 PPPoE 会话 ID，为进入会话阶段做准备。下面我们来详细介绍其过程。

① PPPoE 客户端到 PPPoE 服务器：PPPoE 客户端广播一个包含服务信息的 PADI（PPPoE Active Discovery Initiation）报文。

② PPPoE 服务器到 PPPoE 客户端：如果 PPPoE 服务器能满足 PPPoE 客户端的请求，则回复 PPPoE 客户端一个 PADO（PPPoE Active Discovery Offer）报文。

③ PPPoE 客户端到 PPPoE 服务器：PPPoE 客户端收到 PPPoE 服务器发来的 PADO 报文以后，回复一个 PADR（PPPoE Active Discovery Request）报文。

④ PPPoE 服务器到 PPPoE 客户端：PPPoE 服务器产生一个唯一的会话 ID，标识和 PPPoE 客户端的这个会话，并且回复 PPPoE 客户端一个包含会话 ID 的 PADS（PPPoE Active Discovery Session-confirmation）报文，双方开始进入会话阶段。

2）会话阶段

一旦双方的 MAC 地址已知，并且会话已经建立，则会话阶段将开始。此后，数据将用 PPP 封装传送。在这一阶段，PPPoE 客户端和 PPPoE 服务器都可以发送 PADT（PPPoE Active Discovery Terminate）报文来终止会话阶段。

（3）802.1X 认证

802.1X 协议主要用于解决认证和接入问题，它是一种基于端口的网络接入控制协议，协议中定义了 3 个实体：客户端、认证者和认证服务器。其中，认证者在客户端和认证服务器之间充当数据中转站的角色，它负责转发客户端和认证服务器之间的认证信息，同时认证者还提供让客户端接入局域网络的端口。在 802.1X 协议中,主要通过非受控端口和受控端口来实现基于端口的网络接入控制,其中非受控端口主要用来传递 EAPOL 帧,保证客户端和认证服务器能够传递认证信息,而受控端口用于传输用户的非认证报文,在用户通过认证前,受控端口是关闭的,只有当用户通过认证以后,认证者才打开受控端口。因此,用户在通过认证前,只能传递认证信息,而无法传递业务信息。

802.1X 协议中使用了 EAP 协议来传递认证信息,在客户端和认证者之间,使用 EAPoE(EAP over Ethernet)协议来封装 EAP 报文,在认证者和认证服务器之间,将 EAP 报文封装在 RADIUS 报文的 EAP-Message 属性中。

下面我们以 EAP-TTLS/MS-CHAPv2 为例来说明 802.1X 的认证流程。

1）初始化阶段

① 客户端通过广播 EAPOL-Start 报文来出发 802.1X 认证。

② AP 收到 EAPOL-Start 报文以后,发送 EAP-Request/Identity 报文请求用户信息。

③ 客户端回应包含用户信息的 EAP-Response/Identity 给 AP。

④ AP 将收到的 EAP 报文封装在 RADIUS 报文的 EAP-Message 属性域中发送给认证服务器,并根据需要带上相应的 RADIUS 属性。

⑤ 认证服务器收到客户端发来的 RADIUS 报文后,提取出 EAP 报文并进行解析,接着向 AP 发送包含 EAP-Request/TTLS-Start 的 RADIUS-Access-Challenge 报文,触发 EAP-TTLS 认证。

⑥ AP 将 EAP-Request/TTLS-Start 报文发送给客户端。

2）TLS 隧道建立阶段

① 客户端收到报文后,回复 EAP-Response/Client Hello 报文并发送给认证服务器,该报文中包括客户端支持的协议版本、客户端随机数（用于生成"会话密钥"）和支持的加密方式列表。

② 认证服务器收到客户端报文以后,确认使用的协议版本、服务器随机数（用于生成"会话密钥"）和加密方式,回复客户端一个 Server Hello 报文,该报文中包含服务器证书。

③ 客户端收到报文以后,用根证书验证服务器证书是否合法,若合法则提取出公钥,并用公钥对客户端生成的 pre-master-secret 进行加密,发送给认证服务器。

④ 认证服务器用私钥对密文进行解密还原出 pre-master-secret,同时利用以前收到的客户端随机数和自己生成的随机数生成会话密钥,至此,加密隧道建立,双方将进入内部认证阶段。

3）内部认证阶段

① 认证服务器向客户端请求客户端用户信息,开始内部认证阶段。

② 客户端回应包含用户信息的 EAP-Response/Identity 给认证服务器。

③ 认证服务器向客户端发送包含认证服务器挑战字符串的 EAP-Request/MS-CHAPv2 Challenge 报文。

④ 客户端回复认证服务器包含挑战的应答和客户端挑战字符串的 EAP-Response/MS-CHAPv2 Response 报文。

⑤ 认证服务器验证客户端响应是否正确,若正确,认证服务器回应客户端对其挑战响应的 EAP-Request/EAP-MS-CHAPv2 Success 报文。

⑥ 如果认证服务器响应正确,客户端回应 EAP-Response/EAP-TLS Success 报文。认证服务器发送包含 MPPE 属性的 Access-Accept 报文给 AP。

⑦ AP 将和客户端进行四步协商,确定 PTK。

（4）WAPI 认证

中国无线局域网安全标准——无线局域网鉴别和保密基础结构（WAPI,WLAN Authentication and Privacy Infrastructure）由两部分组成,分别是用来完成用户身份识别的无线局域网认证基础结构（WAI,WLAN Authentication Infrastructure）和完成对传输过程中的数据信息加密的无线局域网加密基础结构（WPI,WLAN Privacy Infrastructure）。WAPI 在对移动终端进行访问控制、身份验证方面是通过基于公开密码体制的 ECC 公钥数字证书（其中的认证算法是 192/224/256 位的椭圆曲线签名算法）和密钥协商完成的;在对传输数据的加密方面则基于不公开密钥体制的分组密码来完成。这样可以有效地实现 WLAN 中 STA 和 AP 之间的双向认证和对传输数据的保密工作。

WAPI 认证机制在完成移动终端和无线接入点之间的双向身份认证时是分证书鉴别和密钥协商两个过程进行的,如图 4.21 所示。下面分别详细地对这两个过程进行分析。

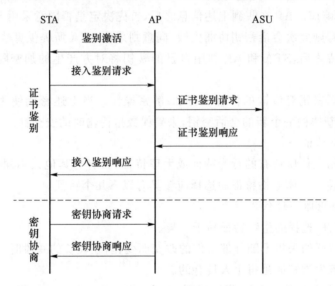

图 4.21　WAPI 认证过程

1) 证书鉴别过程

证书鉴别过程是 WAPI 的核心过程,完成这一过程需要依次经过以下 5 个步骤。

① 鉴别激活。当无线接入终端（STA）向无线接入点（AP）发送接入请求或者再接入请求时,AP 收到接入请求后,给 STA 返回一个用来开始证书验证过程的鉴别激活信号。

② 接入鉴别请求。在 STA 收到激活信号后,以此刻的时间作为系统时间和系统证书连同接入鉴别请求提交给 AP。

③ 证书鉴别请求。当收到接入鉴别请求以后,AP 将 STA 的证书、STA 的接入请求时间和自己的证书以及它对这三部分的签名发给服务器（ASU）。

④ 证书鉴别响应。当服务器接收到 AP 的证书鉴别请求之后,ASU 首先要验证 AP 的签名及证书的正确性,紧接着验证 STA 的证书。之后,ASU 对 STA 和 AP 证书的认证结

果用自己的私钥进行签名,并将这个签名和证书鉴别结果一起发回 AP。

⑤ 接入鉴别响应。AP 会验证证书鉴别响应,并获得对 STA 的证书认证结果,这一认证结果决定是否允许 STA 接入。同时 AP 会将 ASU 的验证结果传回 STA,STA 也要对 ASU 的签名进行验证,从而获得 AP 证书的认证结果,这一结果决定 STA 是否接入此 AP。

至此,就完成了 WAPI 认证机制的整个证书鉴别过程。如果鉴别成功,STA 将接入此 AP 进行数据信息的传输;如果没有取得成功,AP 则需要断开此时与 AP 的关联,继续发送再次接入请求的信号,直到鉴别成功才可以接入 AP。

2) 密钥协商过程

完成 STA 与 AP 之间的证书鉴别过程以后,就完成了 STA 与 AP 之间的双向认证,但是,还需要保证两者传输数据的安全性,所以需要完成 STA 与 AP 之间的会话密钥协商工作。详细的密钥协商过程需要经过以下两个步骤。

① 密钥协商请求。STA 和 AP 各自生成一个随机数 STA_random 和 AP_random,并用对方的公钥对自己的随机数进行加密,发送给对方,此时 STA 还要向 AP 发出一个含有备选会话密钥算法的密钥协商请求。

② 密钥协商响应。AP 在收到上述信息之后,首先决定是否同意采用 STA 提供的会话密钥算法。不同意则此次会话密钥协商失败,同意则采取 STA 所提供算法中的一种。

以上过程完成之后,STA 和 AP 利用自己的私钥将对方产生的加密随机数还原,并且计算出会话密钥。

利用上述会话密钥对传输的信息进行加/解密操作。当上述密钥使用一定的时间后,STA 与 AP 要重新协商一个新的会话密钥,来确保数据传输时的安全性。

(5) 生物特征认证

生物特征是指人体所特有的行为特征或生理特征,具有与其他人不同的唯一性和在一定时期内的不变性。人体生物特征的选择应该具有以下几个特征。

① 唯一性:能够唯一地代表某个人。

② 易采集性:所选择的生物特征易于采集。

③ 稳定性:特征的采集不随外部条件的改变而变化,在较长的一段时间内是不变的。

④ 普遍性:该生物特征是每个人具有的。

常见的生物特征识别技术有:指纹识别、人脸识别、声纹识别和虹膜识别。表 4.2 对比了这几种生物识别技术。

表 4.2 几种生物识别技术对比

技术参数类型	指纹	人脸	声纹	虹膜
错误接受率	0.000 1%	—	0.01%	0.000 05%
错误拒绝率	2%	—	0.1%	0.000 1%
平均识别时间/s	5	>2	1~5	0.6
接触图像取样	是	否	否	否
防伪能力	一般	一般	差	比较强
易用性	一般	高	差	比较高
识别码文件大小/bit	25~1 000	>4 000	1 000~10 000	512

（6）几种认证方式对比

在上文中主要提出了无线局域网络中的 5 种认证方式：Web 认证、PPPoE 认证、802.1X 认证、WAPI 认证和生物特征认证。其中生物特性认证主要配合前 3 种认证方式，其并不能单独用于无线网络的认证，因此在本节中我们主要比较前 3 种认证方式。

Web 认证主要用在对安全性要求不高的场所，如运营商网络，其优点为不需要第三方的客户端，操作简单。Web 认证的缺点如下。

① Web 认证中使用了应用层拦截，对设备的要求较高，建网成本高。

② Web 认证采用开放认证，因此很容易遭受"钓鱼攻击"。用户很容易连接到攻击者设置的具有相同 SSID 的 AP 上，攻击者可以窃取用户上网的数据。

③ 未认证用户也能得到 IP 地址，会造成 IP 地址的浪费。

PPPoE 认证在无线局域网络中很少见，主要用在某些运营商网络中，其优点为：①使用了传统的拨号上网方式，可以从有线接入平稳过渡到无线接入；②运营商可以利用可靠和熟悉的技术来加速部署高速互联网业务，对现有网络部署影响小。其缺点为：①需要使用第三方的认证客户端，维护成本高；②发送广播占用的带宽大，并且容易遭受 DoS 攻击；③明文传输用户名和密码，容易造成用户认证凭证的泄露。

802.1X 认证能够提供较高的安全性，主要用于企业无线局域网络中，其优点为：①提供了客户端和认证服务器的相互认证，具有较高的安全性；②802.1X 为数据链路层协议，认证报文直接承载在数据链路层报文上，基于端口对网络接入进行控制，认证通过以后，认证报文流和数据报文流通过不同的端口来转发，对数据报文没有特殊要求。802.1X 的缺点为：①客户端或认证服务器需要有证书；②需要有专用的客户端，配置比较麻烦。

通过以上的介绍和分析，我们可以得知这 3 种认证方式都有自己的优势和局限性，所以应该根据应用场合来选择合适的认证方式。

4.5 无线局域网 MAC 层接入安全分析

IEEE 802.11 实施了 4 个主要的安全协议：WEP、WPA、WPA2 和 WPA3。实施安全协议是为了以认证和加密的形式为无线网络提供安全性保障，而不仅仅是为互联网提供无线介质。尽管 WEP 不再被接受为可靠的安全协议，也没有在新设备中实现，但在当今世界的一些设备中仍然可以看到这种协议。这些协议和加密方法除了优点，还有许多限制和漏洞。最新的设备具有最新的安全措施，能够支持所讨论的所有协议。然而，由于旧设备仍然存在，并且正在世界范围内使用，因此意识到这些限制仍然很重要。

1. WEP

WEP 是第一个被用于保护无线网络的协议，它在 1999 年 9 月作为 IEEE 802.11 安全标准的一部分被引入。它的创建是为了提供类似于有线网络的安全性。它使用 Rivest Cipher 4（RC4）流密码进行加密，与 DES 等较慢的加密方案相比，提高了整体通信的速度。RC4 将一个 40 位的共享密钥和一个 24 位的初始化向量（IV）一起使用，这个共享密钥和 IV 被连接起来创建一个 64 位的密钥。64 位密钥是一个伪随机数生成器的种子值。明文被发送到一个完整性检查算法，被称为循环冗余检查 32(CRC-32)，其中的产品是完整性检查值（ICV），用于比较明文的完整性。然后将 PRNG 生成的密钥序列与连接到 ICV 的明文结合以生成密文。IV 连接到密文，由接收方进行解密。以相反的方式执行相同的过程，以获得有效的明文消息。

如上所述，WEP 是被用于保护无线网络的第一个协议。然而，WEP 已被证明很容易被打破。WEP 的主要漏洞之一是能够广播假数据包。由于 WEP 使用共享密钥身份验证，攻击者很容易伪造身份验证消息。在共享密钥认证中，共享 WEP 密钥的知识通过加密挑战来证明。攻击者可以观察质询和加密的响应，以确定用于加密的 RC4 流。攻击者将来可以使用相同的流。WEP 协议的另一个缺点是初始化向量的重用。不同的密码分析方法可以用来解密数据。

密钥管理也是 WEP 的一个主要弱点。标准没有规定密钥分发。每条消息中的一个字段用于标识所使用的密钥。在无线网络中，只使用一个密钥，因此如果多个用户使用该密钥，密钥被解密的机会就会增加。除了缺乏密钥管理，密钥的尺寸小也是该协议的弱点。40 位长度的密钥可能会被对手解密。

2. WPA

（1）协议具体内容

WPA 由无线联盟在 2003 年创建，目的是克服 WEP 的缺陷。WPA 的版本 1 被设计为一个中间解决方案，旨在纠正 WEP 的加密缺陷（而不需要新的硬件），并使用临时密钥完整性协议（TKIP）进行加密。每个包的 128 位密钥是为每个包动态生成的。预共享密钥（PSK）是一种静态密钥，用于启动双方之间的通信。256 位密钥用于认证无线设备，它从不通过空中传输。消息完整性代码（MIC）密钥和加密密钥源自 PSK。

TKIP 使用 RC4 设备（在无线网络适配器的硬件中实现）来改变共享密钥的使用方式。WEP 在加密中使用共享密钥，而 TKIP 使用共享密钥生成其他密钥。TKIP 对 WEP 做了 4 点改进：

① 对 MIC 进行加密，防止篡改；

② 使用严格的 IV 序列，防止重放攻击；

③ 使用改进的密钥生成；

④ 刷新密钥，以防止密钥重复攻击。

TKIP 密钥在客户端经过身份验证和关联后使用。如图 4.22 所示，使用 TKIP 密钥进行四次握手，产生一个 512 位的密钥，在客户端和接入点之间共享。一个 128 位的临时键和两个 64 位的 MIC 键都是从这个 512 位的键派生出来的。一个 MIC 键用于接入点到客户端的通信，另一个用于客户端到接入点的通信。TKIP 帧的发送方使用一种被称为迈克尔算法的算法来计算每个数据包的 MIC 值，利用该算法最终能够得到 MIC 和密钥。

与 MIC 连接的数据包使用 WEP 封装，因此它可以在旧的 WEP 硬件上实现。附加一个 ICV，然后使用 RC4 和一个临时密钥、发射机 MAC 地址和 TKIP 序列计数器（TSC）相结合的函数的密钥对数据包进行加密。接收机将检查 TSC 是否正常，ICV 是否正确。如果这些检查中的任意一个无效，该帧将被丢弃。重新组装原始数据包，并验证 MIC 值。如果它被接受，TSC 重放计数器将被更新。

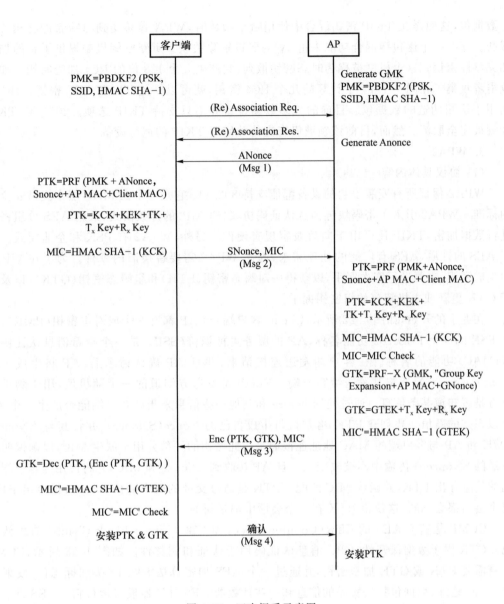

图 4.22 四次握手示意图

（2）局限性

WPA 协议有许多重大的缺点。首先，它在更高级的 AES 算法之上使用了 RC4 算法。如上所述，在同一个 IV 下计算两个或更多的 RC4 密钥使攻击者很容易计算时态密钥（TK）。

WPA 的另一个缺点是 WPA-PSK 模式。如果使用简单的密码，它很容易受到暴力破解攻击。如果密码长度小于 20 个字符，可以使用字典攻击。WPA 的又一个缺点是比 WEP 有更大的性能开销。根据 Tripathi 和 Damani 的研究，与使用 WEP 时的吞吐量和开销相比，使用 WPA-TKIP 时的平均吞吐量更低，开销更大。

WPA 的主要漏洞是 TKIP，这是由于在 TKIP 密钥混合中使用哈希函数时哈希冲突造成的。如果在同一个 IV 下计算了两个或多个 RC4 密钥，攻击者很容易计算 TK 并解密任何数据包,这使得在 TKIP 密钥混合中使用哈希函数时,WPA 容易受到与哈希冲突相关的威胁。存在一个逐包键混合功能来将 IV 与弱键解除关联。重新密钥机制提供了新的加密和完整性密钥。这个机制被称为时态密钥散列,它产生一个 128 位的 RC4 加密密钥。如果攻击者收集了在同一个 IV 下计算的几个 RC4 密钥,就可以恢复 TK 和 MIC 密钥,MIC 密钥用于检测伪造的数据包。目前的大多数新设备并不只支持 TKIP 选项。2014 年,TKIP 计划被完全取消。然而,目前该领域仍有支持并使用 TKIP 的遗留设备。

3. WPA2

(1) 协议具体内容

WPA2 保证所有安装了它的设备都能支持 802.11i,它是一个在 MAC 层中提供安全性的标准。WPA2 引入了密码块链消息认证码协议(CCMP)的计数模式,采用 AES 分组密码进行数据加密,TKIP 还可用于向后兼容现有硬件。另外,WPA2 有 PSK 和企业模式。由于 AES 的性质,AES 有广泛的处理需求,因此 WPA2 需要替换旧的硬件。为了在 WPA2 中生成密钥,需要进行四次握手,以获得一对瞬态密钥(PTK)和组瞬态密钥(GTK),以及用于 GTK 更新或主机解离的组密钥握手。

在握手的开始,如图 4.22 所示,Client(客户端)和 AP 都有一个成对主密钥(PMK),这是 PSK 的一个 PBDKF2 功能名称,AP 的服务集标识符(SSID)是一个哈希消息认证协议(HMAC)功能的名称。在客户端发送连接请求,并且 AP 确认请求后,AP 将生成一个 Nonce(ANonce),并将其发送给客户端。Nonce 是发送方知道的一个随机值,用于测试接收方是否知道某条信息。通过使用 Nonce 和其他一些信息来测试客户端能否产生一个 AP 可以识别的新值。要创建 PTK,客户机将生成自己的 Nonce(SNonce),并将其与 ANonce、PMK 和 AP 与客户端的 MAC 地址连接起来。此密钥的一部分用于派生 MIC,以确保明文发送的 SNonce 在传输中不被改变。一旦 AP 接收到 SNonce 和 MIC,它将使用与客户端相同的信息导出 PTK,并确认 MIC 匹配。PTK 是通过交换的两个随机 Nonces 派生出来的,每个会话都会不同,这使得 PTK 在每个会话中都是新的。

CCMP 是基于 AES 的 CTR(Counter Mode)和 CBC(Cipher-Block Chains)消息认证码。CTR 用于数据保密性,CBC 消息认证码用于认证和完整性。如图 4.23 所示,CCMP 加密需要 PTK 或 GTK 加密密钥,并通过一个 AES 加密算法 802.11 头和标志位、发射机的 MAC 地址、数据包数量所需的信息和一些计数器 AES 计数器模式运行它。AES 是一种分组密码算法,支持 32 位序列的 128~256 个密钥。密钥的长度和块的长度是独立选择的。这些块的值在每一轮完成后都会改变,密钥被放大成 44 个 32 位的字,每个字等于 4 个字节,这将创建在 10 轮中使用的 11 个密钥,第一个密钥用于初始化加密,最后一个密钥用于初始化解密。增加的轮数与增加的密钥大小一起使用。每一轮由一种排列和三种置换组成。该算法被认为是安全的,因为其在每一轮中包括排列和替换的组合,同时它具有密钥扩展的复杂性以及转换的复杂性。

(2) 局限性

WPA2 的一个限制是需要升级硬件才能部署它。这是因为 CCMP 和 AES 的实现需要对现有硬件进行更改。目前发布的所有新硬件都支持 WPA2。自 2006 年以来,所有经过认证的 Wi-Fi 设备都支持 WPA2。然而,对于已经部署的网络来说,用支持 CCMP 和 AES 的新硬件替换所有硬件的开销是昂贵的。

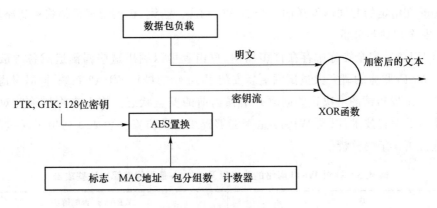

图 4.23 CCMP 加密图

WPA2 会被一种被称为 KRACK 的方法所利用。这个过程利用了无线安全协议在连接到网络时用来验证用户身份的四次握手。对于这种攻击,攻击者将计数器设置为它们的初始值,然后可以重放消息并将消息解密。漏洞在于 WPA2 允许重新初始化密钥,而安全系统不应该这样做。

WPA2 还允许将系统信息(称为管理帧)以明文包的形式从客户端发送到 AP。有了这个漏洞,对手可以欺骗数据包(使其看起来像是来自目标客户端),并进行反身份验证等攻击。问题在于缺乏加密和身份验证来维护消息的真实性。

4.WPA3

(1)概述

WPA3 于 2018 年 6 月发布,是目前最新的安全方案,旨在加强现有 Wi-Fi 网络的安全性,解决以前版本遇到的问题。WPA3 使用基于密码的对等同步身份验证(SAE,Simultaneous Authentication of Equals)技术对客户端进行到 AP 的身份验证。SAE 最初是 Dan Harkins 在 2008 年引入的用于 WLAN 网状网络(IEEE 802.11s)的协议,后来被证明容易受到被动攻击和主动攻击,以及离线字典攻击。RFC 7764 标准在 2015 年被修订后,改进后的协议被证明提供了所承诺的保护。这种保护是通过蜻蜓握手,利用离散对数和椭圆曲线密码学来实现的。握手的结果生成一个 PMK,然后在 WPA2 方案中使用的标准四次握手中使用 PMK。

对手要破解密码,但它不能推导出 PMK 并解密过去的消息。这为系统提供了一个向前保密的元素。由于用户每次都需要与 AP 交互以获得新的 PMK,所以对手只能一次尝试一个密码,接收正确或不正确的密码,然后再次尝试,以获得共享密码。这种级别的安全强度允许用户使用更简单的密码。

Wi-Fi 认证的增强开放计划由 Wi-Fi 联盟实施,它对客户端和 AP 之间传输的每条消息应用了额外的一层加密,允许在开放 Wi-Fi 网络中不需要密码的私有连接。这是通过椭圆曲线密钥交换来完成的,不需要接下来的四次握手。在 IEEE 802.11w 中引入的保护管理帧(PMF)也被用于加密客户端和 AP 之间的系统管理信息,以便对手不能欺骗管理包(如去认证请求)。安全联盟(SA,Security Association)机制用于在管理帧未加密的情况下保护用户和 AP。SA 查询的工作方式是提示发送方稍后在指定的时间范围内尝试请求,然后,AP 向发送方发送加密的 SA 请求,并等待加密的响应。如果发送者已经在网络中,那么发送者将能够在给定的时间内发送回一个加密的响应。否则,任何管理框架将被忽略和删除。

（2）安全评估与分析

当前 WLAN 安全措施中存在许多漏洞,攻击者可以利用这些漏洞造成各种破坏或获得控制。Wi-Fi 联盟的研究人员试图更新安装了 14 年的最新 WPA2 系统,同时考虑这些漏洞。WPA3 的发布试图解决这些问题并增强当前的安全状态。接下来将讨论针对所提到的每种攻击的缓解技术,以及 WPA3 是否能够提供解决方案。表 4.3 列出了问题的答案,随后将进行更详细的分析。

表 4.3　针对 Wi-Fi 网络的攻击以及 WPA3 是否能够解决这些攻击

攻击	WPA3 是否能解决
反身份验证	是
握手捕获字典攻击	是
PMKID 哈希字典攻击	是
非法接入点	部分
双面恶魔攻击	否
握手捕获加/解密	是
KRACK	是
ARP 欺骗	部分
SSL 剥离	否
DNS 欺骗	否

1）反身份验证（De-authentication）

这里,我们将展示 WPA3 如何通过添加 PMF 和 SA 查询来为反身份验证攻击提供保护。将给出两个案例,并给出抵抗的安全证明。

案例一:

攻击者可以发送反身份验证帧给 AP,以欺骗客户端 MAC 地址来反身份验证客户端,并切断与 AP 的连接。

证明:

当 AP 从已经处于会话中的客户端接收到未加密的去身份验证或解关联帧时,AP 将触发 SA 机制并返回一个错误响应,让客户端在给定的恢复时间后再尝试。然后,AP 将向客户端发送加密的 SA 查询请求,并在响应时间内等待 SA 查询响应。如果没有加密密钥,对手将无法发送回加密的响应。因此,进行反认证攻击是不可行的。

案例二:

攻击者可以向一个或多个客户端发送反身份验证帧,以欺骗 AP 的 MAC 地址来反身份验证客户端,并切断与 AP 的连接。

证明:

当客户端从已经处于会话中的 AP 接收到一个未加密的去认证或解关联帧时,客户端将向 AP 发送一个加密的 SA 查询请求,并在响应时间内等待 SA 查询响应。真正的 AP 将能够用一个受保护的 SA 查询响应来回答,并忽略任何进入的去认证帧。因此,进行反认证攻击是不可行的。

2) 握手捕获字典攻击(Handshake Capture Dictionary Attack)

对于离线字典攻击,WPA3 采用 SAE 协议进行防御,该协议声称可以抵抗被动、主动和离线字典攻击。

如果不与 AP 交互,对手将无法通过遍历单词列表并计算来自蜻蜓握手的 PMK 来离线测试 PTK 的 MIC。

3) PMKID 哈希字典攻击(PMKID HASH Dictionary Attack)

与握手捕获字典攻击一样,SAE 协议可以防御这种形式的脱机字典攻击。

如果不主动地进行蜻蜓式握手,对手将无法通过遍历单词列表并计算来自蜻蜓式握手的 PMKID 来测试并与候选 PMKID 进行比较以获得密码短语。

证明:

AP 没有从 PSK 派生出来的静态 PMK。相反,PMK 来自蜻蜓式握手,这需要客户端交互。因此,在有效执行蜻蜓式握手之后,PMKID 才会可用。因此,执行这种离线字典攻击是不可行的。

4) 非法接入点(Rouge Access Point)

非法接入点的设置是为了欺骗用户连接到一个模仿真实路由器的假路由器。使用 PMF 可以提供一些保护,但这个问题仍然存在。我们将非法接入点分析分为两个部分:密钥获取和 AP 会话劫持。第一部分将描述对手试图使用恶意 AP 获取密钥的情况,该部分又分为两种情况:客户端要么已经连接,要么尚未连接。第二部分将演示对手如何试图从 AP 劫持会话,使客户端认为它正在使用两种技术与一个真正的 AP 而不是一个恶意的 AP 交谈。

① 获取密钥

案例一:客户端连接

对手能够设置一个恶意 AP,它模拟真实 AP 的 SSID 和 MAC 地址,以及使用错误密码短语的正确安全协议,试图让用户输入密码短语。然后,对手将无法取消已连接客户端的身份验证,而让它们重新连接到恶意 AP。

证明:

对手识别目标 AP 并记录其 SSID、MAC 地址和安全协议。对手通过等待客户端连接到真正的 AP 来捕获握手。然后,对手通过欺骗 SSID 和 MAC 地址来建立一个与目标 AP 的配置匹配的非法 AP。随后,对手向目标客户端发送反身份验证包,以切断与真正 AP 的连接。正如反身份验证证明所示,WPA3 不会允许这种情况发生。于是,对手被迫等待或中止攻击。

案例二:客户端未连接

从案例一的场景继续,对手等待客户端尝试连接到真正的 AP,并通过提供一个更强的信号让它们重新连接到恶意的 AP。

证明:

对手识别目标 AP 并记录其 SSID、MAC 地址和安全协议。对手通过等待客户端连接到真正的 AP 来捕获握手。然后,对手通过欺骗 SSID 和 MAC 地址来建立一个与目标 AP 的配置匹配的非法 AP。对手会加强 AP 的广播信号,等待客户端连接。一旦连接完成,在握手之前,AP 将把用户重定向到一个登录页面,要求用户确认密码短语。然后,对手将获取明文条目,计算 PMK、PTK 和 MIC,与捕获的握手进行比较,并找到正确的密钥。因此,通过非法接入点攻击获取网络密钥是可行的。

② 劫持会话

案例一:物理连接和 ARP 欺骗

假设对手已经通过有线以太网将一个恶意的 AP 物理连接到一个网络,那么它将无法通过发送 ARP 包来欺骗客户机,使其认为它是真正的网关。

证明:

对手会向客户端发送一个 ARP 包,以自己的 IP 地址欺骗 AP 的 MAC 地址。对手将使用 GTK 加密消息,因此客户机可以使用相同的 GTK 解密消息,从而利用 Hole 196 漏洞。然而,打开客户端隔离的 WPA3 路由器不允许网络中的客户端彼此通信,或就此相互了解,因此,通过执行这种攻击来劫持来自真实 AP 的客户端会话是不可行的。

案例二:无线信道切换

对手无法向客户机发送消息,以将 AP 通道切换到恶意 AP 或取消对真实 AP 的身份验证。

证明:

对手将设置一个模仿客户端连接到 AP 的双面恶魔。对手会发送一个 CSA 信标来将信道从合法 AP 切换到恶意 AP。PMF 系统应该保护这种信息,因为它是在频谱管理中的,因此是受保护的。但是,如果不是,客户端将尝试切换到恶意 AP。然后,对手将尝试取消对该 AP 的客户端身份验证,以避免来自该 AP 的任何干扰。我们已经在反身份验证证明中证明了这是不可能发生的,因此,通过执行这种攻击来劫持来自真实 AP 的客户端会话是不可行的。

5) 双面恶魔攻击(Evil Twin Attack)

双面恶魔是一个恶意的 AP,它试图通过克隆一个真正的 AP 并提供更好的信号来诱使用户,希望客户端能够连接到它。一旦客户端被欺骗并连接到一个恶意的 AP,就超出了 WPA3 协议的保护范围。下面给出客户端已经连接或尚未连接的两种情况。

案例一:客户端连接

对手能够建立一个恶意的 AP 来模拟真正 AP 的 SSID 和 MAC 地址,以及正确的安全协议和密码短语,用于在客户端和互联网之间创建 MITM。然后,对手将能够取消已经连接的客户端身份验证,并通过提供一个更强的信号来让它重新连接到恶意的 AP。

证明:

对手使用一个无线适配器,并将其设置为监控模式,以观察客户端和 AP 之间的空中无线通信。对手识别目标 AP 并记录其 SSID、MAC 地址和安全协议。对手通过欺骗目标 AP 的 SSID 和 MAC 地址,并将密码设置为与真实 AP 相同,从而建立一个与目标 AP 的配置相匹配的恶意 AP。然后,对手将向目标客户端发送反身份验证数据包,以切断与真正 AP 的连接。正如反身份验证证明所示,WPA3 将不允许这种情况发生。于是,对手被迫等待或中止攻击。

案例二:客户端未连接

继续案例一的场景,对手将等待客户端尝试连接到真正的 AP,并通过提供一个更强的信号来让它重新连接到恶意的 AP。

证明:

对手使用一个无线适配器,并将其设置为监控模式,以观察客户端和 AP 之间的空中无线通信。对手识别目标 AP 并记录其 SSID、MAC 地址和安全协议。对手通过欺骗目标 AP 的 SSID 和 MAC 地址,并将密码设置为与真实 AP 相同,从而建立一个与目标 AP 的配置相匹配的非法 AP。对手会加强 AP 的广播信号,等待客户端连接。客户端将输入与真正的 AP 共享的相同的口令。这将创建与恶意 AP 的可信连接,对手可以使用 PTK 解密所有流量。一旦脱离网络,WPA3 协议就不再保护客户端的数据。因此,通过非法接入点攻击来创建 MITM 是可行的。

6) 握手捕获加/解密(Handshake Capture En/Decryption)

在 WPA2 协议中,对手能够捕获在四次握手中生成并以明文方式发送的两个随机 Nonces,并使用它们和密码短语来派生 PTK 和解密流量。WPA3 协议使用 SAE 协议,该协议同时利用蜻蜓式握手和四次握手。

对手无法从这两次握手中捕获信息,并获得一个知道特定客户机密码的 PTK,进而无法对通信进行解密。

7) KRACK

KRACK 利用了在四次握手中重发消息 3 的可靠性。已经发布的 AP 的补丁和设备禁止了这种重传。

在截获 AP 的会话以重放四次握手中的消息 3、重新初始化密钥并重置密钥流之后,对手将无法操纵客户端和 AP 之间的消息。

证明:

假设没有必要这样做,对手就会接管会话,重新提交消息 3,并开始捕获数据包进行解密。通过更新安全补丁和配置,可以将 WPA3 路由器设置为不允许重传消息 3,而消息 3 是攻击不可或缺的一部分,因此,执行 KRACK 攻击是不可行的。

8) ARP 欺骗(ARP Spoofing)

ARP 欺骗可以让对手成为客户端和网关之间的 MITM(比如 AP),或者劫持会话。WPA3 只能部分解决这个问题。我们把这个证明分解成两种情况:①表明会话劫持是可能的;②表明获取 MITM 位置是不可能的。

案例一:客户端会话劫持

对手能够通过向冒充客户端的 AP 发送欺骗的 ARP 包来劫持会话。

证明:

对手向 AP 发送一个 ARP 包,以自己的 IP 地址欺骗目标客户端的 MAC 地址。由于

ARP 请求没有认证协议,AP 将接受这个请求并更新它的 ARP 表,将目标客户端的数据包转发到对手的 IP。因此,通过这种攻击来劫持会话是可行的。

案例二:MITM

对手不能向 AP 和客户端同时发送欺骗的 ARP 包,从而相互模拟它们,并创建一个 MITM 位置。

证明:

对手采取与案例一相同的步骤。此外,对手还会向客户端发送一个 ARP 包,以自己的 IP 地址欺骗 AP 的 MAC 地址。对手将使用 GTK 加密消息,因此客户机可以使用相同的 GTK 解密消息,从而利用 Hole 196 漏洞。然而,打开客户端隔离的 WPA3 路由器不允许网络中的客户端彼此通信,或就此相互了解。因此,通过这种攻击来创建 MITM 位置是不可行的。

9) SSL 剥离(SSL Stripping)

SSL 剥离攻击针对 Internet 上通过 HTTP 和 HTTPS 协议发送的数据包,这是第 7 层攻击,超出了 WPA3 路由器在第 3 层提供保护的范围。

处于 MITM 位置的对手能够使得来自客户端的 HTTPS 请求成为 HTTP 请求,并让服务器返回 web 页面的 HTTP 版本。用户输入的任何信息都不会受到 HTTPS 的 SSL 加密保护,而是以明文的形式发送。

证明:

根据攻击的性质,对手必须获得访问网络的权限和密钥才能成为活跃的 MITM。因此,对手也能够解密使用 WPA3 加密的所有流量。对手将捕获来自客户机的所有 HTTPS 请求,并解密消息。然后,对手将请求更改为 HTTP,并将其转发给路由器。路由器解密并将请求发送给服务器。随后,服务器使用一个 HTTP 响应页面进行响应。路由器加密响应并将其发送给客户机,而客户机将被对手捕获。对手把 HTTP 页面转发给客户机,客户机接收 HTTP 页面,并开始与之交互,但它并不知道这一点。在解密后,生成的流量将是明文,并被对手查看。因此,SSL 剥离攻击仍然是可行的。

10) DNS 欺骗(DNS Spoofing)

DNS 欺骗是一种简单的攻击,但它依赖于获取 MITM 位置。一旦对手获得访问权并将自己置于网关和客户机之间,WPA3 就无法提供进一步的保护。

处于 MITM 位置的对手能够使得自客户端的 HTTPS 请求成为 HTTP 请求,并让服务器返回 web 页面的 HTTP 版本。用户输入的任何信息都不会受到 HTTPS 的 SSL 加密保护,而是以明文的形式发送。

证明:

根据攻击的性质,对手必须获得访问网络的权限和密钥才能成为活跃的 MITM。因此,对手也能够解密使用 WPA3 加密的所有流量。对手将看到客户端向某个域名发出 DNS 请求。然后,对手伪造 DNS 响应,并使用请求域的错误 IP 地址对其进行加密。客户端不会怀疑不信任加密的 DNS 响应,并转到该 IP 地址。因此,这种攻击仍然可行。

WPA3 安全方案解决了其前身 WPA2 中存在的许多漏洞,但并没有解决全部漏洞。除了 WPA3 中存在的防御,我们还将研究在应用 WPA3 后仍然存在的漏洞的其他防御和缓解措施。

　　自 1997 年以来,无线技术取得了长足的进步,为我们提供了无须物理有线连接就能发送和接收数据的有效手段。一开始,安全并不是一个很大的问题,但随着时间的推移,无线网络面临的攻击变得越来越普遍,因为越来越多的人在这个领域学习。安全方案需要适应新的威胁,以便为用户提供尽可能多的安全性。到目前为止,我们已经看到了 3 种安全方案,WEP、WPA 和 WPA2,并发现它们有自己的漏洞可供攻击者利用。为了能够创建新的、更安全的方案(如 WPA3),理解过去的、已停止的方案非常重要。新方案修复了 WPA2 中存在的许多问题,包括去认证、离线字典攻击和 KRACK 漏洞,但未能解决 Wi-Fi 网络中的一些主要漏洞。不过,人们可以采取一些防御措施和安全实践,例如使用 VPN,以帮助在面临这些威胁时保持安全。

习　题

一、选择题

1. 利用 BEB 算法传输信号时,需要初始化的参数为(　　)。

A. 超帧活跃长度　　　　　　　　　　B. 回退阶段数

C. 竞争窗口　　　　　　　　　　　　D. 回退指数

2. WEP 加密过程中,密文信息的长度比明文长度多(　　)个字节。

A. 2　　　　　　　B. 4　　　　　　　C. 6　　　　　　　D. 8

3. EAP 协议中,Code 域编码为 2 时表示(　　)。

A. 请求报文　　　　B. 回应报文　　　　C. 成功报文　　　　D. 失败报文

4. RADIUS 协议中,Code 域编码为 2 时表示(　　)。

A. 认证请求报文　　B. 认证成功报文　　C. 认证失败报文　　D. 计费请求报文

5. WPA3 对于(　　)攻击能够完全提供解决方案。

A. 反身份认证和非法接入点　　　　　B. 握手捕获字典攻击和双面恶魔攻击

C. PMKID 哈希字典攻击和 ARP 欺骗　　D. 握手捕获加/解密和 KRACK

二、填空题

1. 超帧的结构由_____和_____两个属性指定。

2. 链路层安全协议提供的 4 种基本安全服务分别为:_____、_____、_____、_____。

3. 802.15.4 安全要求为媒体访问控制层定义的 4 种数据包类型分别为:_____、_____、_____、_____。

4. 802.15.4 中 ACL 由_____、_____、_____组成。

5. 802.15.4 安全问题主要分为_____、_____、_____ 3 类。

6. WEP 的 3 种实现方式分别为:_____、_____、_____。

7. RC4 将一个_____位的共享密钥和一个_____位的初始化向量(IV)

一起使用,这个共享密钥和 IV 连接起来创建一个 64 位的密钥。

8. 一个完整的 IEEE 802.11i RSN 包含 5 个阶段,分别为:_____、_____、_____、_____、_____。

9. WAPI 安全机制由两部分组成,分别为_____、_____。

10. WPA 的主要漏洞是 TKIP,这是由在 TKIP 密钥混合中使用_____冲突造成的。

11. WPA2 中 CCMP 是基于 AES 的_____和_____消息验证码。

12. WPA3 使用_____技术对客户端进行到 AP 的身份验证。

三、简答题

1. 简述 BEB 算法流程。

2. 简述 802.15.4 定义的几种安全套件类型及其区别。

3. 简述 IEEE 802.11 的发展过程。

4. 简述 Web 认证的认证过程。

5. 简述 PPPoE 认证的工作过程。

参 考 文 献

[1] 姜智文,周熙,佘阳,等. IEEE 802.15.4 MAC 协议研究现状[J]. 无线电通信技术,2013,39(5):11-14.

[2] Khanafer M,Guennoun M and Mouftah H T. A Survey of Beacon-Enabled IEEE 802.15.4 MAC Protocols in Wireless Sensor Networks[J]. IEEE Communications Surveys & Tutorials,2014,16(2):856-876.

[3] Sastry N,Wagner D. Security Considerations for IEEE 802.15.4 Networks[C]// ACM Workshop on Wireless Security. ACM,2004.

[4] Sajjad S M,Yousaf M. Security Analysis of IEEE 802.15.4 MAC in The Context of Internet of Things(IoT)[C]//Information Assurance and Cyber Security(CIACS). IEEE,2014.

[5] Shourbaji I A. An Overview of Wireless Local Area Network(WLAN)[J/OL]. Computer Science,2013. https://doi.org/10.48550/arXiv.1303.1882.

[6] 文生印. WLAN 系统中身份认证的研究[D]. 南京:南京邮电大学,2015.

[7] 蔡孟儒. 无线局域网络安全接入技术研究与应用[D]. 杭州:杭州电子科技大学,2015.

[8] Kohlios C P,Hayajneh T. A Comprehensive Attack Flow Model and Security Analysis for Wi-Fi and WPA3[J]. Electronics,2018,7(11),284.

[9] Jing Q,Vasilakos A V,Wan J,et al. Security of The Internet of Things:perspectives and challenges[J]. Wireless Networks,2014,20(8),2481-2501.

[10] Peng H. WIFI Network Information Security Analysis Research[C]//International Conference on Consumer Electronics, Communications and Networks(CECNet).

IEEE,2012.

[11] Seddigh N,Nandy B,Makkar R,et al. Security Advances and Challenges in 4G Wireless Networks[C]//International Conference on Privacy,Security and Trust. IEEE,2010.

[12] Ahmad I,Shahabuddin S,Kumar T,et al. Security for 5G and Beyond[J]. Communications Surveys & Tutorials,2019,21(4),3682-3722.

[13] 于晓冉,李永思.物联网网络层安全[J].无线互联科技,2013(5):22.

第**5**章　网络层安全

5.1　安全需求

物联网是一种虚拟网络与现实世界实时交互的新型系统,物联网通过网络层实现更加广泛的互联功能。物联网的网络层主要用于把感知层收集到的信息安全、可靠地传输到信息处理层,然后根据不同的应用需求进行信息处理,从而实现对客观世界的有效感知及有效控制。其中,连接终端感知网络与服务器的桥梁便是各类承载网络,物联网的承载网络包括核心网(NGN)、2G 通信系统、3G 通信系统和 LTE 4G 通信系统等移动通信网络,以及WLAN、蓝牙等无线接入系统。

5.1.1　网络层面临的安全问题

物联网终端、接入网、承载网等各部分存在着各自的安全问题,下面对典型的网络架构进行分析。

1. 物联网终端

随着物联网业务终端的日益智能化,物联网的应用更加丰富,同时终端感染病毒或被恶意代码所入侵的渠道也相应增加。同时,网络终端自身的系统平台缺乏完整性保护和验证机制,平台的软硬件模块容易被攻击者篡改,一旦被窃取或篡改,其中存储的私密信息将面临泄露的风险。

2. 接入网

接入网为感知层提供了无处不在的接入环境,接入网包括无线网络、自组织网络等。根据网络结构的不同,无线网络可以分为中心网络和非中心网络。在中心网络中,移动节点之间的通信必须使用固定基站,例如普通的蜂窝网络和无线局域网。在非中心网络中,通信不需要固定基站或接入点。例如,Wi-Fi 是一个中心网络,自组织网络是一个非中心网络。

Wi-Fi 安全问题。Wi-Fi 是一种无线网络接入规范,也被称为 IEEE 802.11,是目前使用最广泛的无线网络标准,指的是无线终端可以通过无线技术相互连接。物联网中基于无线网络的应用包括通过无线网络访问互联网、访问电子邮件、下载或观看在线视频等。网络安全是 Wi-Fi 中的一个关注点。当用户访问互联网网页时,可能会遇到钓鱼网站,用户的账户名和密码有可能被泄露。对 Wi-Fi 网络的攻击可以分为两类:一类是对网络访问控制、数据机密性和数据完整性的攻击;另一类是基于无线通信网络设计、部署和维护的独特攻击方法。对于第一类攻击也可能发生在有线网络环境下的情况,无线网络安全在传统有线网络的基础上增加了新的安全威胁,具体如下。

① WEP 加密机制具有弱点。WEP 机制旨在通过密码措施来防止无线网络通信的窃听,但是 WEP 有很多弱点。WEP 的加密算法太简单,很容易被破解密钥。密钥管理是复杂的,使用 WEP 密钥需要接受一个外部密钥管理系统的控制,因为这个过程复杂并且需要手动操作,所以许多网络为了方便部署,使用默认的 WEP 密钥,这使得黑客破解密钥的难度大大降低。

② 搜索无线信号以攻击无线网络。搜索无线信号也是攻击无线网络的一种方法;无线网络有许多识别和攻击的技术和软件。几种软件广泛用于建立无线网络。许多无线网络不使用加密,即使使用加密功能,如果没有关闭 AP 广播消息功能,AP 广播仍然包含大量信息,可以用来以明文推断 WEP 密钥信息,如网络名称、SSID 和其他黑客入侵的条件。

③ 无线网络窃听。披露威胁包括窃听、拦截和监控。其中,窃听是指通过电子形式的计算机通信网络进行窃听,它是被动的,入侵检测无法检测到窃听设备。即使网络不对外广播网络信息,如果能在明文中找到任何信息,攻击者仍然可以使用一些网络工具,如 AiroPeek 和 TCPDump 来监控和分析流量,从而识别出可以攻击的信息。

④ 自组织网络安全问题。无线自组织网络是由一组自主的无线节点或终端协作而成,独立于使用分布式网络管理的固定基础设施,是一个自创建、自组织、自管理的网络。在物联网中,自组织网络是一种对等的非中心网络,它可以通过自组织网络路由协议来消除感知层节点之间的异构性。在一定程度上,如果网络节点发生变化,自组织网络能够适应这些变化,动态地协调核心网络中的节点间和感知层网络通信,不会影响整个网络的运行。传统自组织网络的安全威胁来自无线信道和网络。无线信道容易受到窃听和干扰。此外,非中心的自组织网络易遭受伪装、欺骗和其他形式的攻击。在物联网中,自组织网络仍然存在以下安全问题。

a. 非法节点访问安全问题:每个节点都要能够确认与该节点通信的其他节点的身份,否则,攻击者可以轻松捕获一个节点,从而访问关键资源和信息,并干扰其他通信节点。

b. 数据安全问题:无线自组织网络通信是无方向的,通过网络传输的传感数据容易泄露或被恶意用户篡改,网络路由信息也容易被恶意用户识别,从而非法获取目标的确切位置。

3. 承载网

承载网的作用是承载网络信息的传输安全。物联网的承载网络是一个多网络叠加的开放性网络,随着网络融合的加速及网络结构的日益复杂,物联网基于无线和有线链路进行的数据传输正面临着更大的威胁。攻击者可随意窃取、篡改或删除链路上的数据,并伪装成网络实体来截取业务数据及对网络流量进行主动与被动的分析。

(1) LTE 4G 安全问题

LTE(Long Term Evolution,长期演进)是由 3GPP(The 3rd Generation Partnership Project,第三代合作伙伴计划)组织制定的 UMTS(Universal Mobile Telecommunications

System,通用移动通信系统)技术标准的长期演进,于 2004 年 12 月在 3GPP 多伦多会议上正式立项并启动。LTE 系统引入了 OFDM(Orthogonal Frequency Division Multiplexing,正交频分复用)和 MIMO(Multi-Input & Multi-Output,多输入多输出)等关键技术,显著提高了频谱效率和数据传输速率(20 M 带宽 2×2MIMO 在 64 QAM 情况下,理论下行最大传输速率为 201 Mbit/s,除去信令开销后大概为 150 Mbit/s,但受实际组网以及终端能力的限制,一般认为下行峰值速率为 100 Mbit/s,上行为 50 Mbit/s),并支持多种带宽分配,如 1.4 MHz,3 MHz,5 MHz,10 MHz,15 MHz 和 20 MHz 等,且支持全球主流 2G/3G 频段和一些新增频段,因而频谱分配更加灵活,系统容量和覆盖率也显著提高。LTE 潜在的安全问题可分为以下 4 种类型。

1) 位置跟踪

位置跟踪是指跟踪用户设备在特定小区或多个小区中的位置。位置跟踪本身并不构成直接的安全威胁,但它是网络中的安全漏洞,可能是一个潜在的威胁。如下所述,通过跟踪小区无线电网络临时标识符(C-RNTI)与切换信号或分组序列号的组合,将使得位置跟踪成为可能。RNTI 码是小区级唯一的临时用户设备标识符。由于 C-RNTI 以明文形式传输,被动攻击者可以确定使用 C-RNTI 的用户设备是否仍在同一个小区中。在切换期间,通过切换命令消息将新的 C-RNTI 分配给用户设备。被动攻击者可以从切换命令消息中链接新的 C-RNTI 和旧的 C-RNTI,除非 C-RNTI 的分配本身是保密的。这就允许在多个小区跟踪用户设备。如果在切换前后连续的分组序列号被用于用户平面(RLC、PDCP)或控制平面(无线资源控制、网络连接存储)分组,则基于分组序列号的连续性,形成旧的和新的 RNTI 之间的映射是可能的。

2) 带宽窃取

带宽窃取可能会成为长期演进中的一个安全问题。在一个例子中,这可以通过在 DRX 时期插入消息来实现。在 E-UTRAN 中的 DRX 时期,用户设备被允许保持在活动模式,但是关闭其无线电收发器以节省功率。在这样的 DRX 时期,用户设备的上下文(例如 C-RNTI)在基站中保持活跃。在很长的 DRX 周期内,仍然允许用户设备发送分组,因为用户设备在进入 DRX 周期后可能有紧急业务要发送。这可能会造成潜在的安全漏洞。攻击者有可能在很长的一段 DRX 时期内,利用用户设备的 RNTI 效应注入一个分组数据单元。在第二个例子中,可以使用假的缓冲区状态报告。缓冲区状态报告用作数据包调度、负载平衡和准入控制的输入信息。代表另一个正常的用户设备发送错误的缓冲区状态报告可以改变这些算法的行为。通过改变基站处的分组调度行为,有可能执行带宽窃取攻击,使得基站认为用户设备没有任何要发送的内容。

3) 开放架构带来的安全问题

LTE 4G 网络是一个 IP 网络,拥有大量高度移动的设备,活动周期从几秒钟到几小时不等。终端设备的类型非常多样,并包括各种各样的终端用户。此外,各种各样的自动化设备正在出现,这些设备在没有人工交互的情况下运行。有些设备,例如传感器、警报器、存在指示器和远程摄像机,利用了无线网络覆盖的普遍性。设备类型和安全级别的多样性,加上基于 IP 的 LTE 网络的开放架构,将导致 LTE 4G 比 3G 网络存在更多的安全威胁。由于向开放协议和标准的转变,4G 无线网络现在容易受到互联网上出现的计算机攻击技术的影响,也容易受到一系列的安全攻击,包括来自恶意软件和病毒的攻击。除构成传统安全风险的最终用户设备之外,如 SPIT(用于 VoIP 的垃圾邮件)也将成为 LTE 4G 和 WiMAX 中的安全问题。其他与网络电话相关的安全风险也是可能的,如 SIP 注册劫持,劫持者的 IP 地址将被写入数据包报头,从而覆盖正确的 IP 地址。

4) 拒绝服务攻击(DoS)

在 LTE 网络中,有两种可能的方式来执行拒绝服务。第一种拒绝服务攻击是针对特定用户设备的。恶意无线电收听者可以使用资源调度信息以及 C-RNTI 在预定时间发送上行链路控制信号,从而导致 eNodeB 处的冲突和真实用户设备的服务问题。新到达的用户容易受到第二种拒绝服务攻击。在 LTE 中,允许 UE 保持活动模式,但关闭其无线电收发器以节省功耗。这是通过 DRX(不连续接收)周期实现的。在很长的 DRX 周期内,仍然允许用户设备发送数据包,因为用户设备可能有紧急流量要发送。然而,这可能会造成潜在的安全漏洞。例如,攻击者可以在 DRX 期间注入 C-PDU 数据包,对新到达的用户设备造成拒绝服务攻击。第三种类型的拒绝服务攻击可以基于 eNodeB 用于分组调度、负载平衡和准入控制的缓冲区状态报告。攻击者可以模拟真实的用户设备发送报告。如果模仿者发送缓冲区状态报告,报告要发送的数据比实际用户设备实际缓冲的数据多,这将导致准入控制算法的行为发生变化。如果 eNodeB 看到来自不同用户设备的许多这种虚假的缓冲区状态报告,它可能认为该小区中有很重的负载。因此,基站可能不接受新到达的用户设备。

(2) 5G 安全问题

5G 网络的主要要求是非常高的数据速率,以及无处不在的可用性和极低的延迟。MTC、物联网、V2X 等新用例将对网络提出非常多样的要求。例如,V2X 和任务关键型MTC 应用需要大约 1 ms 或更短的延迟。除这些要求之外,服务所需的可靠性和可用性将比目前的网络高几个数量级。然而,当前的网络已经容易受到许多基于互联网的威胁,这些威胁可以针对接入节点,例如长期演进中的基站和低功率接入节点。随着 5G 中各种 IP 设备的融合,安全威胁将进一步增加。

① 随着大量新设备和新服务的快速增长,网络容量需求的增长速度比以往任何时候都要快。除改善链路预算和覆盖范围之外,异构网络还将包含具有不同特性的节点,如传输功率、射频、低功率微节点和高功率宏节点,所有这些都在同一运营商的管理之下。然而,节点和访问机制的多样性也将带来一些新类型的安全挑战。例如,开放接入补充网络,如无线局域网,甚至毫微微蜂窝,通常是网络运营商增加网络容量的首选。然而,这种开放接入网络是为授权用户设计的,使得传输中的信息或数据容易被窃听者和未授权用户窃取。

② 使用低功率接入点的小区,例如毫微小区和微微小区,由于具有许多优点,例如低成本和室内覆盖、较高的数据速率和对宏基站的数据卸载缓解以及改善的用户满意度等,已经有了发展势头。然而,低功率接入点需要低复杂性和高效的切换认证机制。这种快速可靠的切换机制还没有为 5G 开发出来,而以前的加密方法对于低功率接入点来说是不够的。这种漏洞会使网络暴露于安全漏洞,如中间人攻击和网络钓鱼攻击。

③ 从安全性的角度来看,不同接入技术之间的切换是另一个挑战(例如 3GPP 和非3GPP)。例如,通过恢复会话密钥进行会话重放攻击和非 3GPP 安全的恶意接入点的可能性是关键挑战。由于 5G 异构网络中接入点数量的增加和接入技术的不同,后者与 5G 更相关。3GPP TS 33.501v 0.7.0 中指定的 5G-AKA 协议已经揭示了漫游的脆弱性。此外,无线电接口的加密密钥通常在归属核心网络中计算,并通过 SS7 或 DIMENSION 信令链路传

输到受访无线电网络。NGMN 指出,这些密钥可能会泄露出去,并在网络中明确暴露出来,提高其安全性的基本方法包括通过引入防火墙来提高 SS7 和 DIAMETER 的安全性。然而,在 5G 网络中,安全密钥管理协议的设计仍然是一个公开的挑战。

④ 当前的 3GPP 网络要求用户设备在初始连接阶段以未加密的形式通过空中下载技术提供其 IMSI,这使得被动攻击者能够通过观察流量来识别来自 IMSI 的用户,也使攻击者能够在从一个网络漫游到另一个网络的过程中跟踪用户。未来的移动网络运营商将使用不太可信的或非 3GPP 网络以及可信的或 3GPP 网络。从一个网络漫游到另一个网络,即从非 3GPP 漫游到 3GPP 将是常见的。在漫游期间,用户设备还必须向序列号提供其 IMSI 进行认证,这是对 IMSI 安全或用户隐私的另一个挑战。

⑤ IP 协议对不同网络功能的控制和在用户平面的大规模渗透使得 5G 核心网络非常脆弱。网络必须具有高度的弹性,并确保随着信令流量的增加而可用。通信服务和设备类型的增加会导致信令目的的业务量增加。在 3GPP 协议的非接入层发生的用于连接/分离、承载激活、位置更新和认证的信令过程会导致非接入层信令风暴。数十亿物联网设备的可能集成使得 5G 面临又一个挑战。

⑥ 在 5G 网络中,大量受感染攻击的物联网设备会使信令平面过载,试图获得访问权限或执行 DoS 攻击。资源受限的物联网设备可能将以十亿为单位,利用云中的资源来执行信息的处理、存储或共享。它们有限的能力也使得这些设备很容易成为伪装的目标,或者在受到威胁的环境中以 DoS 攻击的形式对网络进行攻击。

5.1.2 网络层安全技术需求

1. 网络层安全特点

物联网的网络层安全特点如下。

① 物联网是在移动通信网络和互联网基础上延伸和扩展的网络,但由于不同应用领域的物联网具有不同的网络安全和服务质量要求,所以它无法复制互联网成功的技术模式。针对物联网不同应用领域的专用性,需客观地设定物联网的网络安全机制,科学地设定网络安全技术研究和开发的目标和内容。

② 物联网的网络层面临现有 TCP 和 IP 网络的所有安全问题,又因为物联网感知层所采集的数据格式多样,来自各种各样感知节点的数据是海量的并且是多源异构数据,所以网络安全问题将更加复杂。

③ 物联网对于实时性、安全可信性、资源保证性等方面有很高的要求。如医疗卫生相关的物联网必须具有很高的可靠性,保证不会由于物联网的误操作而威胁患者的生命。

④ 物联网需要严密的安全性和可控性,具有保护个人隐私、防御网络攻击的能力。

2. 网络层安全需求

物联网的网络层主要用于实现物联网信息的双向传递和控制。物联网应用承载网络主要以互联网、移动通信网络及其他专用 IP 网络为主,物联网网络层对安全的需求可以概括为以下几个方面。

(1) 业务数据在承载网络中的传输安全

物联网需要保证业务数据在承载网络传输的过程中数据内容不被泄露、篡改及数据流量不被非法获取。

（2）承载网络的安全防护

物联网网络层需要解决如何对脆弱传输点或核心网络设备的非法攻击进行安全防护这一问题。

（3）终端及异构网络的鉴权认证

在网络层，为物联网终端提供轻量级鉴别认证和访问控制，实现对物联网终端接入认证、异构网络互联的身份认证、鉴权管理等是物联网网络层安全的核心需求之一。

（4）异构网络下终端安全接入

物联网应用业务承载包括互联网、移动通信网络、WLAN网络等多种类型的承载网络，针对业务特征，网络接入技术和网络架构都需要改进和优化，以满足物联网业务网络安全应用需求。

（5）物联网应用网络统一协议栈需求

物联网需要一个统一的协议栈和相应的技术标准，以此杜绝篡改协议、协议漏洞等安全风险威胁网络应用的安全。

（6）大规模终端分布式安全管控

物联网应用终端的大规模部署，对网络安全管控体系、安全管控与应用服务统一部署、安全检测、应急联动、安全审计等方面提出了新的安全需求。

5.2 处理方法

5.2.1 病毒检测技术

1. 计算机病毒

互联网是一个开放式和共享式的网络，随着它的发展以及普及，其对于整个社会的发展带来了巨大的推动作用。互联网正在逐渐改变人们的生活方式和生活观念，甚至对社会的意识形态也产生了一定的影响。但在给人们带来生活便利的同时，计算机网络安全也成为社会关注的问题。病毒的侵袭、黑客的攻击会严重影响到网络的安全，部分情况是操作人员在进行操作的过程中缺乏安全意识而导致的，也有可能是人为的恶意攻击。不管是哪种原因导致的网络安全问题，都需要采取相应的技术手段来积极应对。

在某起由黑客发起的国际网络欺诈案件中，黑客利用社交媒体入侵VoIP服务器，12个月内入侵了60多个国家1 200多个组织的VoIP服务器，获得数十万美元利润的同时还对目标企业的电话进行窃听。由此案例可以发现，计算机网络安全问题带来的不仅是经济损失，更多的是网络安全防线被打破的威胁。在这种情况下就更加迫切地需要关注计算机网络安全问题。

计算机病毒（Computer Vires）即人为制造，会对计算机软件系统产生攻击和破坏，并且具有很强传染性的代码，如果不能及时发现并处理，必定会对计算机运行的安全性产生影响，造成私密信息泄露，带来无法估量的损失。在《中华人民共和国计算机信息系统安全保护条例》中，计算机病毒是指"编制者在计算机程序中插入的破坏计算机功能或者毁坏数据，影响计算机使用,并能够自我复制的一组计算机指令或者程序代码"。

和其他计算机程序相比,计算机病毒程序具有以下特点。

① 潜伏性:很多计算机病毒程序侵入系统后不会马上发作,它发作的时间和条件是预先设定好的,不是设定好的时间或者条件触发一点都察觉不出来。

② 传染性:传染性是计算机病毒的基本特征,由于计算机的互联,病毒很容易从一台已被感染的计算机扩散到另一台未被感染的计算机。

③ 寄生性:计算机病毒通过寄生在其他可执行程序上来享有一切程序所能得到的权力。

④ 破坏性:系统被病毒感染后,病毒会迅速地按照设定破坏计算机的应用程序或者存储介质,对计算机用户造成巨大的甚至不可恢复的损失。

⑤ 攻击主动性:计算机病毒对系统的攻击是主动的,计算机系统无论采取多么严密的保护措施都不可能彻底地排除病毒对系统的攻击,只能通过多种防范措施来减小病毒的感染概率。

⑥ 顽固性:许多单机上的计算机病毒可以通过杀毒软件删除带毒文件,甚至格式化硬盘等措施被彻底清除。但是网络中只要有一台计算机未能彻底杀毒,就可能使得整个网络再次病毒肆虐。然而要对整个网络同时进行查杀,往往受客观原因限制,耗时耗力,还达不到预期效果。

尽管目前出现的计算机病毒种类繁杂多样,但是通过对病毒程序代码的分析、比较和归纳可以发现,绝大多数病毒程序由引导模块、传染模块和破坏表现模块三部分组成。由三部分组成的计算机病毒程序结构如图 5.1 所示。

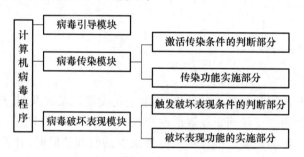

图 5.1 计算机病毒结构的基本模式

在图 5.1 所示的计算机病毒程序中,引导模块完成病毒加载的功能,当使用带病毒的软盘或者硬盘启动系统时,引导型病毒就被加载。传染模块是传染病毒的动作部分,计算机病毒在此过程中寻找对应的对象文件,并判断传染条件是否成立,如果传染条件成立就进行传染。破坏表现模块完成病毒对计算机系统的破坏,同样破坏表现模块也是先判断病毒发作的条件是否符合,如果满足所有发作条件,病毒就实施破坏功能。

计算机病毒的工作机理如下。

① 加载和引导机理。病毒程序的加载主要分成两个过程:其一是系统装载过程,其二是病毒附加的加载过程。计算机病毒的传播是指计算机病毒从一个计算机系统传播到另外一个计算机系统的过程,主要有以下 4 种途径:通过不可移动的硬件设备传播,通过移动存储设备传播,通过计算机网络传播,通过点对点通信系统和无线通道传播。

② 破坏表现机理。病毒程序的引导模块和传染模块是为破坏表现模块服务的。破坏表现模块可以在病毒代码第一次加载时运行，也可能在病毒代码第一次加载时只有引导模块引入内存，然后通过触发某些中断机制而运行。有些病毒通过修改操作系统使病毒代码成为操作系统的一部分功能模块，只要计算机系统工作，病毒就处于随时可能被触发的状态。

为了降低病毒对计算机运行产生的影响，必须要总结以往经验，针对病毒的作用机理，有针对性地采取手段，来对各类病毒进行有效检测以及防御，避免病毒进入计算机内部对信息数据产生威胁。当前计算机技术水平在不断提高，病毒技术也随之更新，为了提高计算机运行的安全性，必须不断地对病毒检测技术进行研究。

2．病毒检测技术

（1）长度检测法

病毒程序的长度与正常程序下文件的长度相比有较大的差异，受到病毒侵袭的文件，其字节长度会大大增加，使之区别于正常文件的长度和大小。病毒具备的特征之一就是感染性，被感染的文件和程序（即宿主程序），其文件长度会增加几百字节，根据染病文件长度的不同，可以实现病毒的检测。将携带病毒的文件进行修复或删除，同时对文件增加的字节长度进行诊断，可以确定病毒的种类，实行相对有效的杀毒防护。长度检测法也有其弊端，根据长度识别病毒的方法并非完全有效，该方法无法实现对受到病毒侵袭后长度不变的文件的检测，因而具有一定的局限性。

计算机病毒基本概念

（2）虚拟机技术

虚拟机技术与人工分析技术十分相似，其自身具有很强的智能化特点，对计算机内存在的病毒检测速度和准确性更高，可以被用于复杂病毒的检测。

虚拟机技术用软件先虚拟一套运转环境，让病毒在虚拟环境中运行。虚拟机内可以对病毒的任何动态进行有效反映，将病毒放入虚拟机内，可以准确地反映出制定本病毒的传染动作，以此来分析病毒的执行行为。有些加密的病毒在执行的时候需要解密，那么就可以在解密之后通过特征码来查杀病毒。在虚拟环境中病毒的运行情况被监控，那么计算机病毒便可以在实际的环境中被有效地检测出来。

虚拟机技术主要针对的是新生代的木马、蠕虫病毒等，但是其在实际应用中也存在一定的缺点，即比正常程序执行病毒检测所需的时间更长，运行速度更慢，无法满足程序中的所有代码虚拟执行的需求。现在市场上存在的技术软件，大部分只选择了虚拟执行样本代码段的前几 KB 代码，但是检测成功概率可以达到 95％，可以根据实际情况来确定是否应用。

（3）智能广谱扫描技术

智能广谱扫描技术是为避免被杀毒软件查杀，对转变性和非连续性较大病毒的所有字节进行分析的技术，这一技术是根据目前病毒类型和形式的千变万化的情况而研发出的。

由于传统病毒在现用杀毒软件内均有一定的资料，所以实际应用的检测技术和手段也就相对比较简单。为了确保杀毒软件可以查找、检测出病毒，需要在现有基础上对病毒检测技术进行深入的分析和革新。智能广谱扫描技术可以实现对病毒的每一个字节进行扫描分析，一旦发现存在相似或相近的两个病毒编码便可确定其为病毒。

应用智能广谱扫描技术来对计算机病毒进行检测的优点是准确性高，且查找速度快。但实现这项技术的前提是需要收集病毒的各项信息，因此它更适用于已经具有较多信息的传统病毒,对于新病毒并没有杀毒功能。

(4)特征码过滤技术

在病毒样本中选择特征码,一般应选择比较长的部分,甚至特征码的长度可以达到数十字节。然后便可利用特征码来对计算机内的各个文件进行扫描,当发现该特征码时,就说明该文件已经被病毒感染。

在实际应用中,一般会根据病毒程序的长度将文件分成几份来选取特征码,这样可以避免用单一特征码检测出现病毒误报的现象,提高病毒检测的准确性。此外,选择特征码时还需要尽量避免选取通用信息,应该选取具有一定特征,同时不全为零字节的信息作为特征码。根据实际需求选择几段特征码后,将其存入病毒库,特征码的偏移量也需存入病毒库,然后标示出病毒的名称。

应用特征码过滤技术来检测计算机病毒具有很强的准确性,误报病毒的情况较少,并且具有可以识别和确定病毒名称等的优点。但是相较于其他检测技术来说,特征码过滤技术在检测速度上并不占优势,它无法对隐蔽性病毒进行有效检测,一般被用于对已知病毒的分析和记忆存储。

(5)启发扫描技术

传统的特征码过滤技术难以识别新型病毒。为了能够更好地检测病毒的相关代码,研究人员研发出启发式扫描技术。由于病毒需要对程序进行感染破坏,那么在进行病毒感染的时候都会有一定的特征,所以可以通过扫描特定的行为或者是多种行为的组合来判断程序是否是病毒。

启发扫描技术便是通过分析指令出现的顺序,或者是特定的组合情况等来判断病毒是否存在,这一技术主要针对"熊猫烧香"等病毒,它可以在发现病毒的时候及时提示用户停止运行程序。但这项技术不能对一些模棱两可的病毒进行准确的分析,容易出现病毒误报。

计算机病毒的传播严重影响计算机网络的使用,甚至导致经济损失和重要信息的泄露,这些重要信息的泄露有可能使企业、个人,甚至国家都面临重大的损失。但计算机病毒检测技术也随之更新,针对不同的病毒已经具备了各种对应的检测方法。通过对计算机网络的安全维护,人们能够对计算机网络的积极作用产生更加充分的认知。

5.2.2　防火墙技术

提升物联网信息传输的安全性,要从互联网的特点和性能入手,以此为依据搭建更具实用性的防火墙系统,并结合具体的系统应用来完善访问机制,对不同的网络进行隔离,以此提升整个网络运行的安全等级。被隔离的不同网络在完成信息传输时,能够达到更高水平的安全性,并保证数据在传输过程中不被恶意盗取和篡改,以提升数据的有效性。

防火墙是建立在一个安全和可信的内部网和一个被认为不安全和可信的外部网之间的防御工具,它由软件和硬件设备组成(在不同网络之间),只有一个唯一的出入口。通过结合安全政策来控制出入网络的信息流,加上防火墙技术本身就具有很强的抗攻击能力,能够为计算机网络提供安全的信息服务。防火墙技术的关键在于其在网络之间执行访问控制策略。从专业角度而言,防火墙技术实际上就是一个分离器、限制器,只允许经过授权的数据通过,也正因为如此,它能够有效地监控内网和外网之间发生的任何活动,有利于增强整个内部网络的安全性。

1. 防火墙的基本类型

防火墙可以是软件、硬件或是软硬件的组合。目前,涉密信息系统内较少使用纯软件防火墙,多用硬件或软硬件相结合的防火墙。防火墙从结构上分为两种:基于 ASIC 芯片的纯硬件防火墙和基于 NP 架构的软硬件结合防火墙,其优缺点包括:纯硬件防火墙基于 ASIC(Application Specific Integrated Circuit,特定用途集成电路)开发,性能优越,但可扩展性、灵活性较差;软硬件结合防火墙大多基于 NP(Network Processor,网络处理器)开发,性能较高,具备一定的可扩展性和灵活性。

防火墙按功能划分为包过滤型防火墙、应用代理型防火墙和包过滤与应用代理相结合的复合型防火墙 3 种类型。GB/T 2028—2006 对包过滤型和应用代理型防火墙的功能做了解释:"包过滤型防火墙允许内外部网络的直接连接,依据 IP 地址、协议等关键字进行访问控制。应用代理型防火墙不允许内外部网络的直接连接,将连接分为两个部分,代理内外部网络的连接请求与应答,安全性更高"。

包过滤型防火墙在网络层实现访问控制功能,它在网络层接收到数据包后,从规则链表中按顺序逐条匹配规则,如果匹配成功就执行规则中设置好的动作,若规则链表中没有规则相匹配,则丢弃该数据包。就实现方式而言,包过滤型防火墙又分为静态包过滤型和动态包过滤型。静态包过滤型防火墙的过滤规则是基于数据包的报头信息进行制定的,报头信息中包括源 IP 地址、目的 IP 地址、传输协议(TCP、UDP、ICMP 等)、TCP/UDP 目标端口、ICMP 消息类型等;动态包过滤型防火墙采用动态设置包过滤规则的方法,对建立的每一个连接都进行跟踪,并且根据需要可动态地在过滤规则表中进行更改。包过滤型防火墙的工作方式如图 5.2 所示。

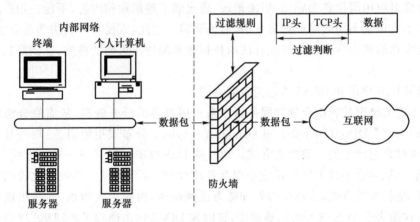

图 5.2　包过滤型防火墙的工作方式

应用代理型防火墙在网络层以上(传输层、会话层、表示层和应用层)实现访问控制功能。应用代理型防火墙主要针对不同的过滤规则,在防火墙内部开启一个相应的代理服务,对数据包进行网络层以上协议的过滤,从而实现更细粒度的进出防火墙数据包控制功能。应用代理型防火墙的工作方式如图 5.3 所示。

2. 防火墙产品安全性分析

(1)静态包过滤型防火墙

静态包过滤型防火墙是第一代防火墙,也是安全性较差的一种防火墙。它将捕捉到的数据包中的报文头在网络层进行分析,得到数据包的源 IP 地址、目的 IP 地址、TCP/UDP

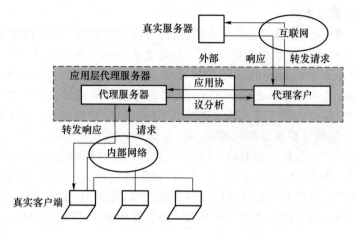

图 5.3 应用代理型防火墙的工作方式

源端口、TCP/UDP 目的端口,并结合防火墙的规则表来进行过滤。由于包过滤型防火墙只能够在网络层对数据包进行分析,而无法对数据包中 TCP 协议的状态位进行分析,因此,很容易受到如下攻击而被穿越。

1) 利用虚假 IP 地址欺骗防火墙

静态包过滤型防火墙的访问控制功能是在网络层实现的,因此,它可以只用路由器完成。静态包过滤型防火墙根据数据包中报文头中的源 IP 地址、目的 IP 地址、源端口、目的端口等报头信息来判断是否允许数据包通过。由于是在网络层检查数据包,与应用层无关,因此,防火墙对应用层信息无感知,形象地说,防火墙不理解通信内容,不能在用户级别上进行过滤,即不能识别不同的用户和防止 IP 地址欺骗。因此,入侵者可利用伪造合法 IP 地址的手段,将发送的攻击数据包伪装成合法的数据包来骗过防火墙的检测,达到穿越防火墙保护的目的。

2) 利用 DoS 攻击和 DDoS 攻击突破防火墙

DoS 攻击的原理是利用合理的服务请求来占用过多的服务资源,从而使合法用户无法得到服务的响应。DDoS(Distributed Denial of Service,分布式拒绝服务)攻击是在传统的 DoS 攻击基础之上产生的一类攻击方式。单一的 DoS 攻击一般采用一对一方式,当攻击目标 CPU 速度低、内存小或者网络带宽小以及各项性能指标不高时,其效果比较明显。随着计算机与网络技术的发展,计算机的处理能力迅速增强,内存大大增加,同时出现了千兆级别的网络,这增大了 DoS 攻击的困难程度,这时候 DDoS 攻击出现了。DDoS 攻击就是利用更多的傀儡机来发起进攻,即以比从前更大的规模来进攻目标。

由于简单的静态包过滤型防火墙不能跟踪 TCP 协议的状态位,很容易受到 DDoS 攻击,一旦防火墙受到 DoS 攻击或 DDoS 攻击,便会忙于处理攻击而无暇顾及过滤功能,攻击包便可穿越防火墙。

3) 利用分片攻击技术绕过防火墙保护

链路层具有最大传输单元(MTU)这个特性,它限制了数据帧的最大长度,不同的网络类型都有一个上限值。我们通常接触的以太网的 MTU 是 1 500,如果 IP 层有数据包要传,且数据包的长度超过了 MTU,那么 IP 层就要对数据包进行分片操作,使每一片的长度都小于或等于 MTU。

在 IP 的分片包中,所有的分片包用一个分片偏移字段来标志分片包的顺序,只有第一个分片包含有 TCP 端口号的信息。当 IP 分片包通过分组过滤型防火墙时,防火墙只根据第一个分片包的 TCP 信息来判断是否允许通过,其余后续的分片不做检测直接通过,这样一来,攻击者就可以通过先发送第一个合法的 IP 分片来骗过防火墙的检测,接着封装了恶意数据的后续分片包就可以直接穿越防火墙到达内部网络主机,威胁网络和主机的安全。

4)利用木马攻击技术绕过防火墙保护

木马攻击是当前较为常用的一种攻击手段,其主要攻击原理就是在受保护区域的某台主机上运行客户端程序,建立一个监听端口,实时地与外部服务器进行通信。木马攻击对于静态包过滤型防火墙尤为有效,原因是一般的静态包过滤型防火墙只过滤低端口(1 024 以下),不过滤高端口(一些服务要用到高端口,因此,防火墙不关闭高端口),所以很多木马程序都绑定高端口,如冰河、subseven 等。但是,木马攻击的前提是必须先上传并运行木马客户端程序,对于简单的静态包过滤型防火墙,利用内部网络主机开放的服务漏洞便可以进行渗透挂马。

(2)动态包过滤型防火墙

1992 年,USC 信息科学院的 Bob Braden 开发出了基于动态包过滤(Dynamic Packet Filter)技术的第四代防火墙,该防火墙后来演变为目前所说的状态检测(Stateful Inspection)技术。1994 年,以色列的 CheckPoint 公司开发出第一个采用这种技术的商业化产品。所谓状态检测技术,就是从 TCP 连接的建立到终止都被跟踪检测的技术。原先的静态包过滤型防火墙在实现数据包过滤功能时是用单独的数据包来匹配规则的,然而同一个 TCP 连接,其数据包是前后关联的,即先是 syn 包,然后是包含数据的包,最后是 fin 包。数据包的前后序列号也是相关的。如果割裂这些关系,单独的过滤数据包很容易被精心构造的攻击数据包所欺骗,如 NAMP 的攻击扫描就有利用 syn 包、fin 包、reset 包来探测防火墙后面的网络。相反,一个完全基于状态检测技术的动态包过滤型防火墙在发起连接时就判断,如果符合规则,即在内存中建立一个快转表,在快转表中记录这个连接的相关状态信息(如 IP 地址、端口号等),后续进入防火墙的数据包会首先进入快转表中检测是否有该连接的记录,如果检测到有该连接记录,则不需要再从规则表中按顺序检测是否匹配表中的某条规则,而可以直接通过防火墙。

基于动态包过滤型防火墙的上述特性,一些精心构造的攻击数据包由于没有在内存中的快转表记录相应的状态信息而被丢弃,这些攻击数据包就无法穿越防火墙。在状态检测技术里,由于采用动态规则技术,原先静态防火墙中因高端口无法关闭易遭木马攻击穿透的问题也得以解决。原因在于,平时防火墙可以过滤内部网络的所有端口(1~65 535),外部攻击者难以发现入侵的切入点,可是为了不影响正常的服务,防火墙一旦检测到服务(如NFS 和 RPC 服务等)必须开放高端口时,便在内存中的快转表中动态地添加一条规则来打开相应的高端口,服务完成后,这条规则便被防火墙删除。这样既保障了安全,又不影响正常使用。一般来说,完全实现了状态检测技术的防火墙,智能性都比较高,对一些扫描攻击还能自动做出反应,但也存在着一定的安全隐患。通过下面描述的特定攻击方式也可以达到穿越防火墙的目的。

1)利用 FTP-pasv 模式特性绕过防火墙保护

FTP 的连接有两种方式:Port 模式和 Passive 模式(Pasv Mode)。Port 模式是客户端打开一个端口等待服务端去建立数据连接,而 Passive 模式恰相反,是服务端打开一个端口等待客户端去建立数据连接。若客户端主机采用 Passive 模式连接 FTP 服务器,则在服务器接到客户端的 PASV 命令后,会指定一个本地的随机端口来作为 PASV 端口,并通知客户端,然后等待客户端的连接,在通知消息里包含 FTP 服务器的 IP 地址和打开的 PASV 端口,如 FTP 服务器的 IP 地址是 192.168.0.100,那么客户端收到的 PASV 通知格式即为 227 Entering Passive Mode(192,168,0,100,m,n),其中,m 和 n 是定义 PASV 端口的值,计算方式是 $m*256+n$,假如这里 m 是 10,n 是 20,那么 PASV 端口就是 2580。客户端主机收到这条通知,当它想向服务器发起连接时,便会向 192.168.0.100:2580 这个目标地址发送 SYN 请求,服务器收到请求后,会向客户端主机反馈一个 ACK 信息,表明数据连接成功。

FTP-pasv 攻击是针对动态包过滤型防火墙实施入侵的重要手段之一,较难防范。目前,很多防火墙不能过滤这种攻击手段,如 CheckPoint 的 Firewall-1。如果涉密系统中有应用 FTP 服务的需求,且采用的是 Passive 连接模式,基于上述工作原理,在监视 FTP 服务器发送给客户端的数据包的过程中,防火墙在每个数据包中寻找"227"这个字符串,如果发现带有这个字符串的数据包,便从中提取目标地址和端口,并对目标地址加以验证,通过后,将允许建立到该地址的 TCP 连接,攻击者可利用该特性来伪造数据包,设法连接受防火墙保护的服务器和服务,以达到突破防火墙边界保护的目的。

2) 利用反弹木马攻击技术绕过防火墙保护

如果规则配置合理,动态包过滤型防火墙对于连入防火墙内部网络的链接会进行严格的过滤,但它对于从内部向防火墙外部发起的链接却疏于防范。与一般的木马相反,反弹端口型木马(反弹木马)的服务端(被控制端)使用主动端口,客户端(控制端)使用被动端口,木马定时监控控制端的存在,发现控制端上线便立即弹出端口,主动连接控制端打开的主动端口。

反弹木马对基于状态检测的动态包过滤型防火墙最具威胁。攻击者通过内部网络的反弹木马定时连接由外部攻击者控制的主机,由于连接是从防火墙内部发起的,且通常为了隐蔽,控制端的被动端口一般开在 80 端口,这样防火墙无法区分是木马连接还是合法连接,便对该连接不实施任何阻拦,使得攻击者从防火墙内部绕过制定的规则同外部建立连接,达到穿越防火墙的目的。

(3) 应用代理型防火墙

1989 年,贝尔实验室的 Dave Presotto 和 Howard Trickey 推出了第二代防火墙,即电路层防火墙,同时提出了第三代防火墙——应用层防火墙(代理型防火墙)的初步结构。

由于第二代防火墙是在网络的传输层上实施访问策略,即在内外网络主机之间建立一个虚拟电路进行通信,相当于在防火墙上直接开了个口子进行传输,不像应用层防火墙那样能严密控制应用层信息,并对数据流进行过滤,所以它很快便被同时提出的第三代防火墙所取代。

代理在应用层防火墙上的运行实质是启动两个连接,一个是客户端到代理,另一个是代理到目的服务器,实现上也是根据规则过滤。由于运行在应用层能够对数据流进行过滤和规则比对,因此,可以防范对数据流中含恶意代码的攻击,但速度较慢。由于应用层防火墙能够对数据流进行分析和规则匹配,相比包过滤型防火墙在安全性方面有了较大的提高。普通攻击方式通常利用正常的应用服务或端口,如内部开放的 HTTP80 端口来渗透攻击包。如果防火墙的配置不当使得外部攻击者能够连接到 DMZ 服务器区的 Web 服务器,且服务器的补丁又未能够及时更新,那么攻击者便可以发动各种 Web 攻击(如 CGI 漏洞攻击、UNICODE 编码攻击和 WebShell 提权攻击等)，渗透 DMZ 区，进而渗透内网区，达到穿越防火墙的目的。

3. 防火墙技术的主要功能

（1）保障网络安全

防火墙技术能够有效地保证网络安全，其中，通过将有限的公有 IP 地址动态或静态地与内部的私有 IP 地址进行映射，可以有效保护内部网络。另外，防火墙技术还能够拒绝网络中各种交换传输的数据单元，以确保内网更加安全。NAT（Network Address Translation，网络地址变换）技术还能够有效地解决互联网地址空间短缺问题。如具有邮件通知功能，可以将系统的告警通过发送邮件来通知网络管理员。

（2）避免内部网络信息出现泄露

在防火墙技术中，根据设置的安全规则，能够动态地维护通过防火墙的所有通信的状态，极大程度地提升了网络的安全性，还能够有效隔离关键网段，限制内网访问人员。通过设置信任域与不信任域之间数据出入的策略，例如通过过滤掉不安全的服务，能够有效降低风险。另外，还可进行自定义规则计划，确保系统能够在设定的时间段实现自动启用和关闭。这种直接控制不安全服务的方式，可以有效保证内网信息不会发生泄露。

（3）限制网络访问

防火墙的又一个主要功能是实现对整个网络的访问控制，例如防火墙设置，实现内部用户对外部网络特殊站点的访问策略，保证了网络安全。通过以防火墙为中心的安全方案配置，一个子网的所有或大部分需要改动的软件，以及附加的安全软件库，能够集中地放在防火墙系统中，这种集中的安全保护方式提升了安全管理的效能。

4. 计算机网络安全中防火墙技术的应用策略

（1）访问策略分析

在计算机网络运行过程中应用防火墙技术，首先是在访问策略过程中进行应用。访问策略能够应用配置的形式实现技术应用目标，结合科学合理的计划安排，针对计算机网络的运行过程进行全面的分析和统计，形成更加安全科学的保护系统，提升计算机网络运行的安全性和稳定性。在使用访问策略时，防火墙能够基于单位方式，把计算机中的运行信息分隔开来，按照不同的单位形式规划出内外两种访问保护措施。防火墙技术的应用能够提高流通访问过程的安全系数。基于防火墙技术的应用，访问策略还能够让用户更加全面地了解和掌握计算机网络的运行特点，使计算机网络的运行过程更加安全。基于防火墙技术应用的访问策略方式，跟计算机网络本身的安全保护方式存在一定的差异性。在实际应用中，访问策略是结合计算机的网络安全需求，适当地调整防火墙技术，以提升计算机网络的安全性。在计算机网络访问策略的活动过程中，需要详细地记录好这个访问策略的活动情况，制定策略表，作为执行顺序的时间标准。

（2）日志监控

在计算机网络安全中，防火墙技术还能够应用在日志监控中，能够把安全防护价值更好地体现出来。一部分管理工作人员在采集计算机网络的日志信息时，要选择和收集计算机网络中的所有信息，但是由于不同的防火墙本身拥有巨大的信息数据，因此这种选择方式过于费时费力，在采集过程中一旦出现误差可能会漏掉重要的数据信息。解决这一问题需要提升日志信息的采集效果，把其中重要的日志信息价值充分发挥出来，减少不必要的信息采集从而提升防火墙技术的应用价值。

（3）安全配置

一部分计算机属于单独分离出来的，需要对其设置安全服务隔离区，这些隔离区跟其他的服务器设备和系统管理设备群之间存在较大的差异性。比较独立的局域网也是内网的重要构成部分，能够确保服务器在运行过程中数据信息的安全，保障系统管理工作的正常运行。在安全配置中应用防火墙技术，能够保护内网中的所有主机地址，防止外部了解内网结构和计算机的真实 IP 地址，提升内网运行的安全性，减少公网 IP 的使用数量。在计算机网络安全中应用防火墙技术，可以有效控制投资成本。例如公司在使用计算机网络时设置边界路由器，就能够具备过滤功能，配合防火墙技术，可以跟内网有效地连接在一起，确保内网的安全运行。

计算机网络具备虚拟性、技术性以及公众性等技术特点，缺乏计算机网络安全管理会导致用户在网络中的信息受到破坏，影响计算机网络的正常应用，因此做好计算机网络安全防护工作非常重要。在计算机网络使用过程中应用防火墙技术，能够确保用户在使用计算机网络时更加安全，保护计算机中的数据信息不受侵害，促进计算机网络的安全发展。

防火墙作为涉密信息系统边界防护上最基本的安全防护产品，一直以来都是黑客研究和攻击的重点，针对防火墙的攻击手法和技术也越来越智能化和多样化。虽然防火墙技术已经较为成熟，但我们仍要重视其安全性，应结合已发现的脆弱点，切实地从技术和管理方面加强防范措施，确保涉密信息系统的安全。

5.2.3　入侵检测技术

随着互联网技术的飞速发展，网络系统的结构越来越复杂，越来越多的传统行业开始与互联网应用相结合，推出了许多便捷、经济、全面的优质服务。计算机网络的安全也日益重要和复杂，成为人们关注的一个热点。同时，消费者的消费行为也发生着质的改变，由实体货币支付开始向虚拟货币、移动支付等电子货币支付的方向转移。电子商务、电子银行和电子支付的兴起在提升消费者购物体验的同时，其安全性也受到了严峻的挑战，仅依靠传统的防火墙策略已经远远无法维护系统的安全了。

近年来有关网络空间安全的事件屡见不鲜。2013 年的"棱镜"事件开始让众多互联网用户感受到了来自网络空间的安全威胁。自 2007 年起，美国国家安全局（NSA，National Security Agency）和联邦调查局（FBI，Federal Bureau of Investigation）启动了一项代号"棱镜计划（PRISM）"的电子监控项目，在长达 6 年的时间内，悄无声息地对全球大量的企业、学校、政府等机构的网络服务器进行入侵，包括直接进入美国互联网中心服务器进行数据的窃取与收集，入侵其他国家的网络服务器，甚至是终端设备，以进行情报的搜集。2014 年 1 月，国内顶级域名服务器遭到入侵，服务出现异常，导致大面积的 DNS 解析故障。由此引发的网页无法打开或是浏览网页异常卡顿现象持续了数小时，对广大互联网用户造成了巨大的不便与损失。2014 年 3 月，携程公司被爆出存在安全支付日志漏洞事件。安全人员发现入侵者可以通过下载携程公司的支付日志，从而获取用户的敏感信息，包括用户姓名、银行卡账号等。为了解决网络入侵行为所导致的数据泄密、服务终止等问题，入侵检测技术与配套系统开始应用在互联网之中。

入侵检测技术作为一种积极主动的网络安全防御措施，不仅能够提供对内部攻击、外部攻击以及误操作的实时保护,有效地弥补防火墙的不足,还能结合其他网络安全产品,在网络系统受到威胁之前对入侵行为做出实时反应。随着网络攻防技术向复杂化、持续化、高威胁化等方向的转变,入侵检测技术也在不断地发展与创新。

1. 入侵检测模型发展

首个入侵检测模型是 1987 年由 Dorothy E Denning 提出的。在之后的发展中,入侵检测系统(IDS)的研究者在设计检测模型时常引用 Denning 模型,该模型基于主机的主体 Profile、系统对象、审计日志、异常记录和活动规则。一般的入侵检测结构是指基于规则的模式匹配系统,通过跟踪应对主体 Profile 来检测基于登录、程序执行和文件存取的计算机误用行为。

以往常用的许多基于主机的 IDS 通常采用的是主体异常模型,例如入侵检测专家系统(IDES)、下一代网络入侵检测专家系统(NIDES)、Wisdom&Sense(W&S)、Haystack 以及网络异常检测和入侵报告(NADIR)等。随着其他技术的引入,出现了基于数据挖掘模型的 IDS,以及基于神经网络模型的 IDS。这些模型的基本思想包括:使用带有权重的函数来检测背离正常模式的差异;使用协方差矩阵对正常使用状况进行剖面分析;使用基于规则的专家系统检测安全事件等。

在 IDS 模型后续发展过程中,出现了基于分布式的检测模型,带有网络安全监视(Network Security Monitor)框架的基于以太网的流量分析,结合了基于主机的 IDS 和网络流量监视的分布式入侵检测系统(DIDS)模型。当今的商用 IDS,如 RealSeoae 和计算机误用检测系统(CMDS),都具有分布式的结构,使用的是基于规则的检测或者统计异常的检测,或兼而有之。SRI 公司设计的 EMERALD 发展了入侵检测的分布式结构,在主机上配置了服务监视部件。总之,虽然有众多的模型出现,但到目前为止,入侵检测系统还缺乏相应的标准,各种入侵检测的框架都没有一种统一的衡量标准。

2. 入侵检测系统的分类

根据不同的角度,入侵检测系统主要有以下分类方式,如图 5.4 所示。

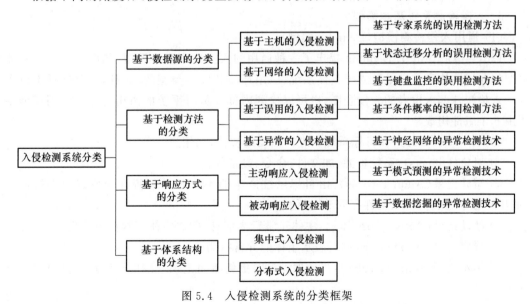

图 5.4 入侵检测系统的分类框架

（1）基于检测方法的分类

入侵检测系统根据采用的检测方法可以分为基于异常的入侵检测和基于误用的入侵检测两类。基于异常的入侵检测又叫基于行为或基于统计的入侵检测，它是通过预先定义一组系统"正常"的数据值（如 CPU 和内存的利用率等），然后根据系统运行时的数据值和已经定义好的"正常"数据值进行比较，最后得出是否有被攻击的迹象。基于误用的入侵检测又叫基于知识或基于特征的入侵检测，它从已有的各类攻击中提取出攻击的模式特征，形成规则库。任何与规则库中的模式相一致的都被认为是入侵行为。这种检测方法误报率低，但只能检测已有的攻击，存在一定的漏报率。

（2）基于数据源的分类

入侵检测系统根据数据源可以分为基于主机的入侵检测和基于网络的入侵检测。基于主机的入侵检测系统通过分析主机上的系统日志和应用程序日志等信息，来判断是否发生了入侵。基于网络的入侵检测系统通过分析关键网络段或重点部位的数据包，来实时判断是否有网络攻击。但这种方式不能解析监听到的加密信息以及交换网络上的数据包，而且在高速网络上监听数据包时会大大地增加系统的开销。

（3）基于体系结构的分类

入侵检测系统根据体系结构可分为集中式入侵检测和分布式入侵检测。集中式入侵检测系统是指分析部件位于固定数量的场地，包括基于主机的集中式入侵检测系统和基于网络的集中式入侵检测系统。分布式入侵检测系统是指运行数据分析部件的场地和被监测主机的数量成比例，通过分布在不同主机或网络上的监测实体来协同完成检测任务。

（4）基于响应方式的分类

入侵检测系统根据响应方式可分为主动响应入侵检测和被动响应入侵检测。主动响应入侵检测系统是指当一个特定类型的入侵被检测到时，系统会自动收集辅助信息，或改变当时的环境以堵住入侵发生的漏洞，甚至可以对攻击者采取行动。被动响应入侵检测系统是指当入侵检测系统检测到入侵信息时，把入侵信息递交给网络管理员处理。

3. 入侵检测系统基本模型

（1）通用入侵检测模型（Denning 模型）

1987 年 Dorothy E Denning 提出了一种通用的入侵检测系统模型（如图 5.5 所示），此模型的通用性体现在它是独立于具体系统、应用环境和攻击类型的，而且，这个模型不仅可以用来检测外部入侵者的入侵企图，也可以检测内部人员对系统的滥用。这个通用模型主要由 6 个组件构成。

① 主体（Subjects）：在目标系统上进行活动的实体，如用户。

② 对象（Objects）：系统资源，如文件、命令、设备等。

③ 审计记录（Audit records）：由目标系统产生的主体对对象所进行或试图进行活动（如用户登录、执行命令、文件存取等）的信息。

④ 活动记录（Activity profiles）：主体正常行为信息，构成主体正常行为模型。

⑤ 异常记录（Anomaly rules）：表示主体的异常行为。

⑥ 活动规则（Activity rules）：当条件满足时更新活动记录，检测异常行为，并且产生异常报告。

Denning 模型为在此之后的很多实用入侵检测系统提供了借鉴价值，此后的很多入侵

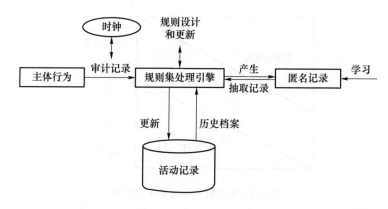

图 5.5 通用入侵检测模型

检测系统模型都是对此模型的扩展和完善。但是 Denning 模型的最大缺点在于它没有包含已知系统漏洞或攻击方法的知识,而这些信息往往是非常有用的。

(2) 层次化入侵检测模型(IDM)

层次化数据库入侵检测技术主要是指由美国的计算机专家 Steven 等人在分析 DIDS 数据库入侵检测模型时而提出的 IDM 模型,它是一个基于层次化的入侵检测模型,能够分层次地对数据库非正常访问进行判断,并进行层次处理。

基于 Denning 的网络入侵检测系统存在的问题,设计了层次化入侵检测系统,该系统主要基于两种不同的入侵检测策略,即异常检测和误用检测。这两种技术分别有利于对已知和未知的两种入侵行为进行判定,而其差异性就带来了检测的层次性。一般来说,误用检测比较简单,效率也较高,误报率较低;而异常检测主要针对一些疑难的、未知的情况。

根据以上策略,将入侵检测动态地分为攻击检测和入侵检测。所谓攻击检测是指在入侵检测系统中已经有对此种入侵的描述,并且利用误用检测方法可以将其检测出来;而所谓的入侵检测是在入侵检测系统中没有对此种入侵的描述,利用误用检测方法无法将其检测出来,只能用异常检测方法来确定其是否为入侵行为。但这种分类行为是动态的,特别是对于一些介于非安全行为和安全行为之间的"灰色地带"中的行为,可能在入侵检测系统还不十分完善的情况下只能被定位为入侵,而随着入侵检测手段的不断进步,误用数据库的不断完善,这一行为会最终被纳入到攻击的范畴中去。

事实上,误用检测和异常检测这两种检测思想正好分别有利于攻击检测和入侵检测。误用检测通常是对已知的入侵方法进行整理并加以描述,再和网络中的数据包进行模式匹配,从而得出最后的结论。对未知入侵方法的检测则主要是在对系统目前正常情况分析的基础上,对用户的当前行为进行比对,从而得出结论。

通过上述分析,就形成了层次化入侵检测模型的雏形,如图 5.6 所示。

首先,从数据源的角度来看,目前入侵检测系统获取的数据主要来源于网络数据源和主机数据源。其次,从检测方法来说,主要分为两类:误用检测和异常检测。最后,依据检测的结果,既可以通过对攻击行为的分析检测出已知的入侵种类,又可以通过对安全策略库和疑似入侵的行为进行模式匹配来检测出未知的入侵种类。

既然是层次化,就应当有低层和高层之分。从上面的分析可以看出,层次化入侵检测的网络数据源的格式比较单一,对异常数据包的定义方法比较简单,对数据包内容的比较方法

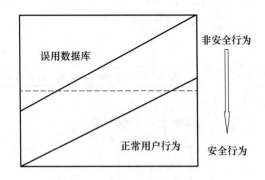

图 5.6　层次化入侵检测模型雏形

也比较简单，所以，误用检测就自然成为层次化入侵检测中最基本的一环。但误用检测在检测攻击时也有解决不了的问题，这时就应当利用一种更好的解决方法，也就是异常检测来处理这一环节。上面两种检测方法的"两面夹击"，可以将大部分的攻击行为检测出来并"拒之门外"，也可以将一部分入侵行为发现并采取适当的补救措施，处理不了的遗留问题就会大大减少。

通过对上面的结构进一步具体化，就有了下面的层次化入侵检测体系结构，如图 5.7 所示。该结构将入侵检测主要分为入侵特征提取和入侵行为分析两个步骤，同时包括攻击特征提取和攻击行为分析。该结构不仅代表了基于知识的入侵检测思想和基于行为的入侵检测思想，而且达到了检测未知入侵和监控已知入侵的目的。

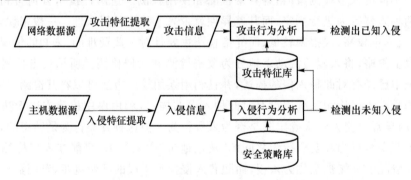

图 5.7　层次化入侵检测体系结构

层次化入侵检测模型与通用入侵检测模型相比，具有如下优势。

① 针对不同的数据源，采用不同的特征提取方法。Denning 的通用入侵检测模型利用一个事件发生器来处理全部的审计数据和网络数据包。层次化入侵检测模型将数据源分为两个层次，采用不同的特征提取和行为分析方法进行处理，提高了检测效率和可信度。

② 用攻击特征库和安全策略库取代活动记录。在通用入侵检测模型中，活动记录中保存了所有的信息，这样信息虽然集中，但是为检测引擎带来相当大的麻烦，效率很低。而在层次化入侵检测模型中，已知的各种攻击行为都被存储在攻击特征库中，而处理未知入侵行为的正常行为模式和安全策略则被存放在安全策略库中。这两个库各有所长，相互补充。

③ 以分布式结构取代单一结构。层次化入侵检测模型可以很方便地应用到分布式入侵检测环境中，可以实现分布式的网络入侵检测。另外，单独设立的特征库也为各个检测模块之间进行数据交互和数据重用提供了方便。

（3）智能入侵检测模型

在入侵检测中，对于已知行为，通常采用误用检测的方法，一般来说，误用检测对智能性的要求较低，异常检测主要针对未知入侵，因此通常需要很高的智能特性。目前大多数的入侵检测系统是基于主机的，主要通过单个主机收集数据信息，或者通过分布在网络各个主机上的监视模块来收集数据信息，并统一提交给一个中心处理器来实现检测功能。这种入侵检测模型不能很好地满足大规模分布式的网络环境，特别是在中心处理器出现故障、数据海量、网络结构扩展等情况发生时，其局限性更加明显。

随着智能 Agent 技术的不断发展，其分布式、自治和协同工作能力给入侵检测技术带来新的生机。目前的人工智能工程已经转向以智能 Agent 技术为基础组织结构。Agent 作为执行安全监视和入侵检测功能的软件代理，可以在有或者没有其他代理的条件下工作，可接受更高层其他实体的控制命令。Agent 既可以执行简单特定的功能，也可以执行复杂的行为。作为智能入侵检测模型的核心，Agent 的效率与性能决定了整个 IDS 的价值。基于 Agent 的智能入侵检测模型如图 5.8 所示。

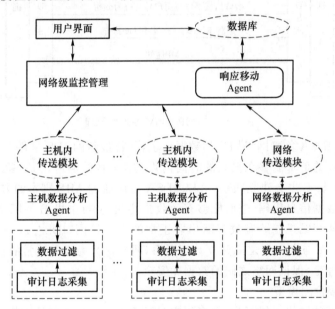

图 5.8　基于 Agent 的智能入侵检测模型

该模型主要包括主机数据分析 Agent、网络数据分析 Agent、响应移动 Agent 以及一个控制台。不同种类的 Agent 具有不同的特征和处理功能，可以对其自由配置，独立进行操作。同种 Agent 以及不同 Agent 之间可以通过 Agent 通信语言（ACL，Agent Communication Language）来进行信息交互，从而进行协同工作。

（4）管理式入侵检测模型（SNMP-IDSM）

随着网络技术以及数据库管理技术的发展，网络攻击者不再采用传统的数据攻击方式进行网络攻击，而是多个黑客采用合作的方式，以复杂的手段来攻击网络数据库的目标，IDS 数据库入侵技术检测模型不能发现这种复杂的、多方向的入侵方式，从而易给数据库造成危害。但是，IDS 系统也可以采用合作的方式来分析这种多方向、多目标的数据库攻击，提高网络数据库的安全性，但是必须有一个前提，即需要入侵检测技术具有一个统一的数据格式与公共的语言,来对入侵病毒进行分析与描述,这样才能够有效实现数据库入侵检测的分布式协同检测功能,让网络中的各个 IDS 之间能够较为顺利地实现信息的交换,共同实现数据入侵检测的功能。基于此,美国的计算机专家 Felix Wu 等人在结合 IDS 模型与通用模型的基础上提出 SNMP-IDSM 计算机病毒入侵检测模型,提高了入侵检测技术的安全性与稳定性。

SNMP-IDSM 定义了 IDS-MIB 数据入侵检测的方式与公共的语言,通过将 SNMP 作为公共语言来协同实现各个 IDS 之间的数据交互与协同检测分析,通过 IDS 能够实现各个功能模块之间的消息交互,同时也能够明确抽象事件和原始事件之间的复杂关系。SNMP-IDSM 的工作原理如图 5.9 所示。

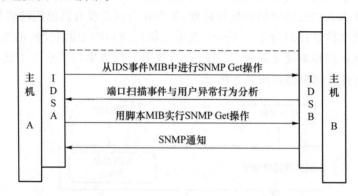

图 5.9　SNMP-IDSM 的工作原理

在图 5.9 中,IDSA 负责网络用户的数据请求,并将最新的 IDS 事件与用户行为传递给监视主机 B,IDSA 的请求能够在很短的时间内得到 IDSB 的响应,为了验证和寻找攻击的来源,主机 A 与主机 B 也会建立联系,这样,IDSA 可以通过 MIB 脚本的方式来给 IDSB 发送非正常访问的数据信息代码,进而能够有效收集主机 A 与主机 B 的网络活动信息,一旦这些信息代码的执行结果能够有效判断出非正常的用户访问,IDSA 进一步对入侵行为进行分析,并在主机 A 与主机 B 之间建立数据联系,明确该行为是非正常的行为,就能够有效避免入侵事件的发生,保证网络之间的数据库安全。

（5）其他入侵检测模型

面对复杂多变的网络入侵行为,众多研究者又提出了其他入侵检测模型。

1）面向对象的 Peal 网模型

Peal 网是为了帮助设计和分析并发系统而开发的理论,被认为是第一个通用的并发理论。利用 Petri 网来对入侵行为进行描述,是对现有的面向对象的 Peal 网模型进行扩充,建立一种确定的并发变迁面向对象的 Peal 网（DCTOOPN）模型。DCTOOPN 模型将面向对象技术和 Peal 网理论较好地融合在了一起。在 DCTOOPN 模型中,系统由多个对象以及它们之间的关系组成,同时增加了属性和公有函数,使对象内部的两种节点（库所和变迁）可以共享信息,减少了模型的复杂性。

2）调用序列审计模型

调用序列审计模型通过调用序列审计方式来对数据进行分类审计。首先尽可能全面地获取正常序列模式,并将其分解为短序列集合存储在模式库中,或者用数据挖掘方式对其进行训练,同时生成审计规则。在线分析时,将实时获取的网络行为序列与模式库中的序列匹配,当模型确认出非法序列时发出警告,同时重新计算序列规则以适应新的需求。模型中最主要的影响检测的因素是审计序列长度、审计规则的信任度以及模式库的大小,一般来讲,当审计的准确程度可以接受时,审计的准确度与模式库的大小是成正比的。

4. 入侵检测系统的部署

随着网络的高速发展以及教育信息化的突飞猛进,1995 年 12 月中国教育和科研计算机网(CERNET)建成并投入使用,各高校纷纷建立各自的校园网网络,并且通过 CERNET 与网络连接,地区网络中心和地区主结点分别设在 10 所高校,负责地区网的运行管理和规划建设。

计算机信息技术、计算机网络技术的飞速发展,使得校园网也在迅速地发展,校园网的应用和服务也日趋增多,在现代化教育体系中扮演的角色也越来越重要。但同时,网络安全、信息安全的问题也日趋突出,校园网的入侵攻击行为频频发生,入侵攻击行为手段不断翻新,且校园网内部的数字资源越来越重要,因此确保校园网的安全性就显得尤为重要。但校园网的安全情况并不是特别乐观,针对网络的系统入侵、网页挂马、垃圾邮件、端口扫描、DoS 攻击等入侵攻击行为时常发生。针对校园网的网络安全和信息安全的多重、全方位的保护就成了一个极其重要的环节。作为主动防御的入侵检测技术是传统网络安全技术强有力的补充,研究入侵检测对于网络信息安全防御相对薄弱的校园网网络来说具有十分重要的意义和价值。我们以在校园网网络中布置入侵检测系统为例,介绍入侵检测系统的部署情况。

由于入侵检测系统在数字化校园中扮演的是一个"聆听者"的角色,并不需要直接和网络设备发生通信,因此出于安全考虑,将入侵检测系统的采集器、控制台组成专用网络,这样能够更好地突出入侵检测系统的自身安全。

入侵检测系统采集器的部署位置对于入侵检测系统的检测效果尤为重要。部署采集器的原则是哪里被攻击的可能性越大,哪里就应部署,因此采集器通常部署在网络中应受到保护的区域,以及需要进行统计分析的网络流量必经的网络上。在数字化校园中部署入侵检测系统时,为了对校园网内各子网段、服务器群以及校园网外部的入侵攻击行为等进行全面检测,同时可以将入侵检测系统的采集器部署在防火墙、核心交换机以及各子网段的交换机上,从而全方位地采集信息,更好地起到检测作用,提高对入侵检测行为的检测效率,达到保障网络安全的目的。

(1) 采集器部署在防火墙上

将采集器部署在防火墙上,可以在最大范围内检测来自校园网外部针对校园网内部的入侵攻击行为。通过防火墙上的采集器可以查看到来自互联网的各种入侵攻击行为,例如端口扫描、Web 服务远程 SQL 注入攻击、ICMP-Flood 淹没拒绝服务攻击等。同时,也可以让管理人员看到校园网的外部出口处于什么样的网络安全级别,经常受到什么样的入侵攻击,攻击是否成功等情况,以便及时调整网络安全方案,加强网络安全管理。

(2) 采集器部署在核心交换机上

在数字化校园内部部署采集器,最重要的位置就是核心交换机。核心交换机的主要作用是高速转发通信,具有高可靠性、高性能和高吞吐量。数字化校园中所有的网络数据包都必须从核心交换机上通过、转发。将采集器部署在核心交换机上,可以检测校园网内部发起的入侵攻击行为,以及渗透防火墙后进入校园网内部的外部攻击行为,对防火墙的规则设置起到一定的辅助作用。同时,核心交换机的高速转发对采集器的采集速度提出更高的要求,往往在抓取数据包时会出现丢失现象。在本设计部署中,部署在核心交换机上的采集器的主要工作目的是保护放置在核心交换机上的各种服务器。

（3）采集器部署在各子网段的交换机上

在数字化校园中采集器最主要的部署位置是各网段最底层的接入交换机。这些交换机往往位于网络数据包流量较大的位置,例如计算机机房、学生宿舍、各院系办公区域等。将采集器部署在这些交换机上是为了第一时间捕获到网络数据包,并分析是否存在入侵攻击行为。在具体部署采集器时需要注意的是,为了保护采集器自身的安全,需要在采集器上安装两块网卡,一块设置成混杂模式,用于采集网络中的数据包,另一块用于和入侵检测系统的控制台进行通信。这样采集器就处于非常安全的位置,攻击者通过截获网络数据包等方法都无法对采集器进行嗅探、攻击,减少了采集器成为攻击目标的可能性。

数字化校园的入侵检测系统的部署如图 5.10 所示。

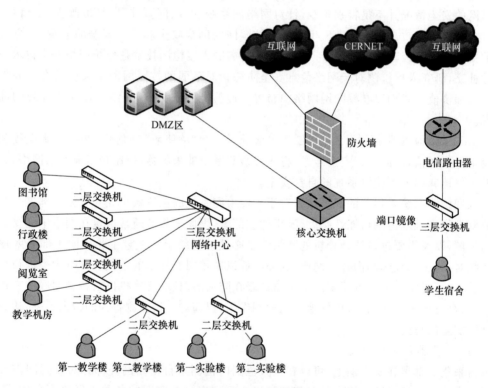

图 5.10　数字化校园的入侵检测系统部署

通过在数字化校园中部署入侵检测系统,利用入侵检测系统检查入侵攻击行为,以及协议分析、流量分析等特点,能够有效地解决一些网络安全问题,协助网络管理人员实时了解校园网络中存在的问题,例如大多数网络带宽被 P2P 软件占用、由视频软件引起的 Web 服务远程 SQL 注入攻击等,及时调整网络安全策略,提前做到保护工作,将安全风险降至最低。在数字化校园中使用入侵检测系统,较大地提高了校园网络运行维护的管理效率,减轻了网络管理人员的工作压力,完善了校园网络安全体系。

入侵检测技术作为互联网时代维护网络空间安全的一种重要工具与方法,是防范敏感数据泄露,拒绝恶意入侵与攻击行为,保障企业、学校、政府和个人信息安全的有效手段。随着网络空间安全的重要性与严峻性的日益突出,越来越多的人开始意识到安全、可信的网络环境的必要性。各大安全公司正在不断推出新一代的入侵检测设备,其功能越来越强大,检测和防御的范围逐渐扩展,协作性也日益增强。作为一个具有实用价值的研究领域,入侵检测技术及其系统具有重要的研究意义和广阔的应用前景。

5.2.4 网络安全态势感知技术

随着计算机和通信技术的飞速发展、计算机网络的广泛应用,以及网络结构和规模的愈加庞大,网络安全问题日益突出。近几年报道的网络安全事件对于社会和经济的影响越来越大,如轰动全球的 JPMorgan Chase Hack 事件,就涉及七千多万个普通家庭,多层面的网络安全威胁暴露在大众的视野,网络安全问题也已经上升至国家安全层面,安全防护方面技术的研究已迫在眉睫。

目前的网络安全问题既有已知的问题,如已知的网络病毒、已知的软硬件设备漏洞、APT 攻击、DoS/DDoS 攻击等,还有未知的网络安全问题,即未公布出来的软硬件设备零日漏洞(zero-day)和未纳入特征库的新型病毒等问题。虽然网络中已经部署了各种安全防护措施,如防火墙、入侵检测、防病毒、主机审计、服务器或终端操作系统访问控制和安全管理平台(Security Information and Event Management)等防护措施,但由于现有防护措施都是基于已知攻击样本特征和专家经验规则库来设计和实施攻击行为探测的,未考虑各种防护措施之间的关联性,所以一方面较难从宏观角度去实时评估网络的安全性,另一方面也较难发现和及时应对未知的网络攻击行为,属于被动防护手段。随着网络攻击行为向着分布化、规模化、复杂化等趋势发展,上述传统的网络安全防护技术已不能完全满足网络安全的需求,迫切需要新的技术来实现能够主动、及时地发现网络中的异常事件,实时掌握网络安全状况,将以往出现的安全事件的事中、事后处理转向事前自动评估预测,从而达到降低网络安全风险,提高网络安全防护能力的目的。

基于上述需求,近几年网络安全态势感知技术开始快速发展,很快便成为国内外各研究机构所青睐的热门研究领域。我国已将网络安全态势感知系统建设工作上升至国家安全战略防护层面,对于网络安全态势感知关键技术方面的研究工作也就变得愈发重要。

1. 网络安全态势感知概述

态势感知(SA,Situation Awareness)的概念是 1988 年由 Endsley 提出的。态势感知是指"在一定时间和空间范围内,认知理解环境因素,并对未来的发展趋势进行预测"。整个态势感知过程可由图 5.11 所示的三级模型直观地表示出来。传统的态势感知思想主要应用于对航空领域人为因素的考虑,并未应用到网络安全方面。

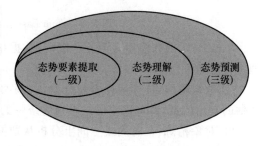

图 5.11 态势感知的三级模型

① 态势要素提取层:态势感知的第一层,负责从网络环境中感知和选择态势要素,对态势变化具有重要影响。该层是态势感知全过

程的基础,关系到后续的态势要素准确性评估和预测。

② 态势理解:在态势感知的基础上,全面分析从第一层中提取的要素,包括对要素、对象和事件重要性的理解,从而使管理人员具有决策和保护的目标。

③ 态势预测:依据历史网络安全态势信息和当前网络安全态势信息来预测未来网络安全态势的发展趋势,并根据系统目标和任务,结合专家的知识、能力、经验制定决策,实施安全控制措施。

网络态势感知(CSA,Cyberspace Situation Awareness)(如图 5.12 所示)是 1999 年由 Tim Bass 首次提出的。网络态势感知是在大规模网络环境中,对能够引起网络态势变化的安全要素进行提取、理解、显示以及对最近发展趋势的顺延性预测,进而进行决策与行动。网络安全态势感知则是在上述基础上,着重针对网络中发生的安全事件态势的预测而形成的概念,其在提高网络的监控能力、应急响应能力、主动防御能力和预测网络安全的趋势等方面都具有重要的意义。

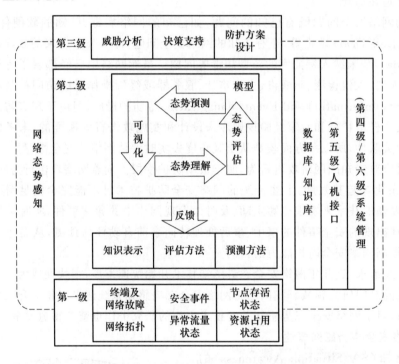

图 5.12 Tim Bass 提出的网络态势感知框架

Tim Bass 函数模型分为五个级别:数据精炼、对象精炼、态势评估、威胁评估和资源管理。详述如下。

① 数据精炼:负责从许多安全设备(例如入侵检测设备、传感器和探针)收集有关态势评估的有用信息,并将这些信息转换为统一的标准。

② 对象精炼:在时间或空间上分析从数据提取层收集的数据,通过分类提取对象,从入侵检测设备中提取重要的情况信息,并结合数据提取和对象提取的结果,为后续态势的评估和预测奠定基础,该过程是动态分析的过程。

③ 态势评估:根据提炼的分析对象和赋予的权重,评估系统的安全状况。

④ 威胁评估:根据态势要素提取层的动态分析结果,对网络环境中的情况进行全面分

析,尤其是针对网络环境中可能遇到的威胁或攻击。

⑤ 资源管理:监视和管理网络安全态势感知的全过程,协调和分配态势感知全过程涉及的系统资源和信息资源。

需要注意的是,Tim Bass 所提出的网络态势感知理念包含以下两个方面的要素,这两个要素在网络安全态势感知理念中同样也很重要。

① 能预测的才叫态势感知

Tim Bass 在态势感知最初的研究框架中就提出 Close-the-loop 的概念,如图 5.12 所示,即态势感知必须要有"理解(Comprehension)""评估(Assessment)""预测(Forecast)"和"可视化(Visualization)"4 个环节,缺一不可。可以看出,对已知的过去和现在的数据进行分析不是态势感知技术所关注的核心,能预判未来才是重点。

② 能对非结构化数据进行分析的才叫态势感知

网络中的绝大部分数据是异构而又相互关联的数据,就如同大脑接收到的不同信息(如声音、气味等)一样。态势感知的其中一大作用,就是将这些异构的数据进行关联清理,这就需要用到数据挖掘和神经网络的相关技术。要实现这一连串的计算,就好比大脑调动神经元,需要处理无数的信息,因此并不是件容易的事。要通过系统实现这一分析处理过程,既需要强大的算法模型作为支撑,又需要可以实时处理和计算的平台,将告警结果进行分析和输出。

网络态势感知技术提出后,国外首先将其用于对下一代入侵检测系统的研究。其中最成熟的应用,当属美国的"爱因斯坦计划"。"爱因斯坦计划"始于 2003 年,目的是让"系统能够自动地收集、关联、分析和共享美国联邦国内政府之间的计算机安全信息,从而使得各联邦机构能够接近实时地感知其网络基础设施面临的威胁"。

国内外研究者一般以网络攻击、网络脆弱性、网络性能指标变化以及它们的综合影响为侧重点来研究网络安全态势评估方法。因此,根据研究侧重点的不同可以将网络安全态势评估方法分为 3 个基础类:面向攻击的网络安全态势评估方法、面向脆弱性的网络安全态势评估方法和面向服务的安全态势评估方法。此外,典型的研究模型又分为:网络融合技术模型、数据融合技术模型、利用支持向量机的方法以及基于证据理论的融合方法等。国内在这方面的起步较晚,主要研究成果为基于免疫危险理论的模型、基于神经网络的模型以及基于马尔可夫(Markov)博弈的模型等。

2. 安全态势感知体系的关键技术

(1) 数据挖掘技术

数据挖掘是在庞大的大数据源中寻找并挖掘出自己所需要的数据。这项技术有很强的定义性,就是说这项技术会因为使用者的不同而产生不同的作用,每一位使用者的喜好都会影响到这项技术的作用。所谓数据挖掘,就是从大量模糊、庞杂、抽象的大数据中筛选出能够为自己所使用的相关信息。经过几十年来网络的不断发展,人们逐渐认识到网络数据化筛选对于网络安全有着很大的帮助,网络安全专家可以将数据化筛选进行系统化调整,从而将其更改为筛选有害信息和系统的专用网络安保技术。虽然这个技术现在发展得并不完善,但目前已有的四大运算分析筛选法也能够保障网络上的信息安全。但是这种数据挖掘技术也存在一定的问题,例如筛选数据的信息途径实在是非常的少,也就是说在进行信息筛选的时候有效搜索关键词过于少;挖掘数据的范围太过庞

态势感知

大,数据多,搜索途径少,费时又费力。不过经过各网管安全专家的不懈努力,相信在不久的将来可以研究出更多的安全防护系统和筛查方法。

（2）信息融合技术

信息融合技术的关键点就在于这项技术的命名。信息融合是将网上的各类信息依照特性和共同点进行归类组合,将它们进行一定的分类,这样数据量就会有效地减少,而且同一种类型的信息被归纳融合在一起,进行信息筛选的时候就可将相关的有效词缩减,减少了数据搜索的信息量。从某种意义上来讲,这种技术实质上是对于数据挖掘技术的一种保障,通过信息融合技术将庞大的数据信息进行分类合成,就可以有效地解决之前数据太过庞大,有效搜索关键词太少,费时费力的问题。美国的数据管理专家组针对这项技术还特意构建了一个计算模型,用来帮助该技术更好地应用于网络安全态势感知体系之中。

（3）信息透明化技术

信息透明化技术又被称作"信息可视化技术"。就目前而言,网络上的大部分相关信息是以数据的形式呈现在人们面前的,所谓的网络社交也就是通过一些可行性数据来对网络世界另一端的朋友进行了解。在信息不够透明化的情况下就会出现许多问题。网络信息不明显,就会导致在这些大数据的活动中容易产生漏洞以及一些其他方面的安全问题。将信息透明化、可视化便是将网络上的那些抽象而不可置的数据转换为直观、可靠和清楚的图像信息。这样无论是对于使用网络的人员还是对于一直监控网络安全的人员来说都是更加简单便捷的一种方式。与上面的两种技术不同,这种技术的优势在于减少了很多的筛查过程,与前两种技术相比,信息透明化技术更加便捷,也更加直观。综合来看这种方法更加地省时省力,也不会由于筛查量过于庞大而出现漏查和缺查的情况。这样来看,信息透明化对于网络安全的保护也是十分有效的。但是这种方法却遭到了很多人的反对,原因是大部分反对的人认为信息透明化会暴露自己的隐私,他们对于这种做法表示非常的不认同。

3. 网络安全态势感知技术研究成果

现有的关于网络安全态势感知技术的研究成果主要集中在以下 3 个方面。

（1）网络安全要素的提取与分类

网络安全要素的提取与分类是网络安全态势感知最基础的环节,也是最为关键的环节,因为要素提取与分类的合理性直接关系到后面态势评估环节中相应算法的计算复杂性,从而间接影响态势预测环节模型分析结果输出的准确性。网络安全要素的提取与分类要视不同行业所针对安全性的需求而定,切勿采取"一副药方包治百病"的思想。

目前业界针对网络安全要素的提取与分类方面的研究内容,主要是对信息设备静态的配置信息和动态的运行信息、网络及主机安全防护产品的非授权操作告警信息、网络流量异常信息以及网络攻击数据等信息进行识别与分类。主要的模型有基于 K 近邻算法（K-NN）的分类模型、基于决策树算法的分类模型、基于神经网络的分类模型以及基于支持向量机（SVM）的分类模型等。

由于所提取要素的对象主要是网络及终端信息设备以及网络中各个防护部件（如防火墙、入侵检测、防病毒、审计类产品等）所提供的静态检测信息,这些防护部件本身就存在一定的误识率和局限性,因此在面对复杂的动态网络系统时,大多数方法很难满足实际安全要素分类的精度要求。

（2）网络安全态势评估

网络安全态势评估的核心思想主要包括以下两个方面：一是要确定好所提取及分好类的各种网络安全要素的重要程度；二是要做好各种网络安全要素数据的融合，从而得出能够反映网络整体安全状态的数值。评估方法主要有层次化态势评估方法（如权重分析法和层次分析法）、网络性能度量评估方法、基于对策理论的评估方法、基于攻击足迹的评估方法、基于聚类的评估方法以及神经网络评估方法等。

基于统计学的权重分析法和层次分析法（AHP，Analytic Hierarchy Process）相对于其他评估方法计算简单且易于实现。权重分析法主要基于专家对不同要素指标重要程度的经验，给出权重值。该方法的优点是将专家对网络安全态势觉察的结果直接作为态势评定函数的参数，便于在数据融合层次间拉近距离，其缺点在于评估过程缺乏合理的量化标准，在权重赋值过程中主观性较强。层次分析法则是将定性分析与定量分析相结合，通过构造两两比较构造判断矩阵的步骤，将专家确定不同要素指标重要程度的思维过程层次化、数量化，使得权重值的判定在一定程度上降低了主观武断定性的概率，但仍无法绝对摆脱人为判断要素指标重要程度这一过程中存在主观性的问题，且检验判断矩阵一致性的步骤需多次反复，稍显繁琐。

另一类评估方法是从数据自身的特征挖掘相关信息。例如基于聚类的评估方法，这类方法的好处是不需要专家的参与，可以在无监督的状态下自动、实时分析网络安全状态，但是当面对大量的异构、高矢量维度的网络数据时，基于聚类的方法很难有效分析出蕴藏在数据中的隐含信息。还有一类方法利用传统的人工智能建模工具对网络安全态势进行评估，例如神经网络评估方法。与无监督学习的聚类方法不同，这类方法需要先收集系统的真实输出作为训练模型的先验知识，但是网络安全态势评估是无法提前获得真值的，因此很多态势感知模型都采用多信息融合的手段，将其他多种模型的评估结果融合在一起作为训练态势感知模型的先验知识。但这样做也缺乏合理性，因为拿其他模型的结果作为先验知识，所以态势感知模型训练后的精度不会超过其他模型，且输出结果也很难判断是否准确。

综上所述，网络安全态势评估环节是网络安全态势感知系统中承上启下的重要组成部分，如果前期网络安全要素提取或分类不准确，评估结果就会受到影响，相应的预测结果也一定会出现偏差。与一些可观测系统不同的是，网络系统的安全态势是无法直接测量的，且带有一定的主观因素。因此，如何综合利用专家的定性知识和网络的定量数据才是获得准确评估结果的关键，这也正是上述方法所欠缺的。

（3）网络安全态势预测

安全态势预测就是要从已知数据中分析出隐含的未知信息，从而展现出安全态势的变化趋势。这方面的研究内容主要是通过建立预测模型和利用网络系统中留存的历史数据信息来预测网络系统未来的安全性变化发展趋势。与前两个环节不同的是，由于网络安全态势属于网络系统的隐含行为，因此在对其进行预测时，必须要建立相应的预测模型。网络安全态势的预测模型主要有：基于 WNN 和 RBF 神经网络的预测模型、灰色预测模型、专家预测模型、基于 Petri 网的预测模型、动态贝叶斯（DBN）预测模型以及基于马尔可夫链的预测模型。

上述网络安全态势的预测模型绝大部分是利用机器学习方面的相关算法来实现预测功能的。但这些算法模型本身就有一定的局限性，加之对于要分析的数据要求都很苛刻：一方面数据均要量化为数值型数据,且数据维度不能太高;另一方面,要分析的数据不能是半定量数据,而通常在实际应用场景下,从网络信息系统中采集到的安全相关的信息和数据大都是定量和定性相结合的。基于上述原因,预测模型的适用性和准确性都不是很好。如灰色预测模型只能预测网络安全态势的大致趋势,无法预测精准的态势值;专家预测模型和基于Petri 网的预测模型,因为无法有效地综合利用半定量信息,所以会出现组合爆炸及预测结果不精确等问题。这些都是现阶段的预测模型不能很好地满足大型复杂网络安全态势预测要求的原因。

4. 高校网络安全态势感知技术

高校网络安全体系经过多年的建设和发展,已具备良好的基础,部署了各类的网络安全设备,如防火墙、网络行为审计、IPS、IDS、漏洞扫描等。各类安全产品之间相互独立,没有形成联动。为了实现网络安全性能的最大化,需要构建先进的网络安全态势感知平台,实现全方位、协同化、智能化的精细化管理。通过数据融合、数据挖掘、评估分析、特征提取、智能预测、知识库管理等技术的应用,来实现最佳的网络安全防护效能。高校网络安全态势感知网络拓扑结构如图 5.13 所示。

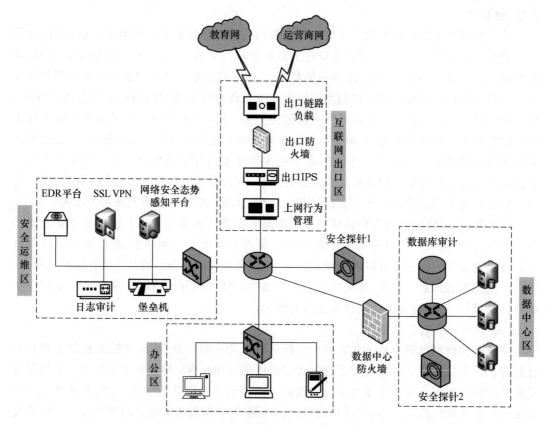

图 5.13　高校网络安全态势感知网络拓扑图

（1）安全数据采集及预处理

基于高校网络应用具有多样性、复杂性,以及海量性的特点,采用云计算、大数据平台,结合大数据流框架,建立分布式存储、并行计算和数据处理平台。通过网络流量探针、服务器日志和性能数据、安全事件等基础数据采集。由于数据源多样,非结构化数据量大,存在部分冗余和误报数据,价值密度低,所以需要经过数据清理、集成、变换、归并等预处理,应用关联分析、特征提取等技术,在保证安全数据的有效性的同时,降低数据存储压力,为态势感知提供可信的数据支撑。

(2)建立安全态势感知指标体系

为了提升安全态势的精准性,建立高效的安全态势感知指标体系,结合特征提取方法更能准确、系统地分析网络安全态势。网络安全态势主要由网络运行状态、网络脆弱性、网络攻击行为、异常行为和管理行为五类子态势组成。网络运行状态是指网络运行中计算资源和宽带资源的使用情况,每个程序的数据量以及内存、CPU 占用率等;网络脆弱性主要是指计算机系统的漏洞数量及其危险指数等;网络攻击行为主要指的是在网络系统运行下各类计算机受到的攻击,SQL 中注入的攻击、恶意代码等行为;异常行为主要是异常的登录、非法访问等行为;管理行为主要指网络管理的相关体系,如信息泄露与篡改等行为。

(3)网络安全分析与评估

在网络安全态势感知指标体系建立后,需要对网络安全进行分析和评估。通过数据融合技术,如 D-S 证据理论、神经网络、德尔菲法等,重点对未知安全事件,如高级可持续威胁(APT)等未知风险进行监测、分析和预警,以提高风险应对能力。结合资产相关的告警、各类网络安全行为信息的分析研判,能够全面地构建资产信息以及分析各类网络安全行为,实现对攻击过程的准确跟踪和溯源,并根据风险指数给 IP 相应权值,进行安全风险的评估,构建纵向和横向安全防护评估模型,提前做好相关的预案,提升高校网络及业务系统的安全防护性能。

(4)网络态势预测

网络安全态势预测就是平台动态地获得网络安全态势数据,运用综合分析和安全评估来实现动态的监测,避免发生网络安全事件。常用的方法有专家预测法、时间序列预测法、基于灰色理论预测法等。结合分析结果和高校教育教学、管理服务的业务应用,不断优化测试模型,实现可信度较高的预测模型,在预测模型的基础上,将机器学习的方式融合应用,从而构建更加完善的预测模型,提高网络安全预测的准确性和系统性。

(5)知识情报管理

基于威胁情报和安全知识管理,需要建立各类安全数据库,包括恶意 IP 地址、恶意样本信息、钓鱼网站、垃圾邮件、全球被黑网站等情报数据数据库,还要建立各类安全知识库,包括漏洞库、补丁库、病毒库、应急预案等,并不断地研究和分析各类情报数据和安全知识库,及时补充和更新数据库,全面把握网络安全动态,提高对异常行为的识别能力,有效防御各种网络攻击行为。

(6)态势可视化

通过应用计算机图形、图像处理技术,多个维度呈现网络安全的整体态势,包括:脆弱性总体情况的实时统计,由脆弱性关联的网络设备、操作系统及安全设备数量等信息组成;以图形化的方式展示漏洞类型的情况及漏洞级别分布情况;对攻击行为的全面分析,如攻击的 IP、攻击的类型和数量、攻击的级别等;还可以实现图形化的告警信息展示等,提高网络安全感知平台数据的查询和检索效率,有助于管理人员直观地了解校园网络的安全态势,并做好相应的安全防御工作。

近年来,高校信息化建设得到快速发展,智慧化教学、管理和服务等得到充分的应用,为了构建安全、可靠和稳定的校园网络,本章对高校网络安全态势感知平台的关键技术进行研究,对从校园网络态势感知数据采集和处理,到数据挖掘、数据分析、实现态势预测和可视化进行了详细的讲解,旨在实现全面提升高校网络态势感知和预警能力,有效保障高校网络和业务系统的安全运行。

习　题

一、选择题

1. 入侵检测系统体系结构的方法可分为(　　)。

A. 异常检测和误用检测　　　　　　B. 基于主机和基于网络的入侵检测

C. 集中式和分布式入侵检测系统　　D. 主动响应和被动响应入侵检测系统

2. 由 6 个主要组件主体、对象、审计记录、活动记录、异常记录和活动规则构成的入侵检测模型是(　　)。

A. Denning 模型　　　　　　　　　B. 层次化入侵检测模型

C. 智能入侵检测模型　　　　　　　D. 管理式入侵检测模型

3. 态势感知是指"在一定时间和空间范围内,认知理解环境因素,并对未来的发展趋势进行预测"。整个态势感知过程可由三级模型直观地表示出来,态势感知的第一层(　　)负责从网络环境中感知和选择态势要素。

A. 态势要素提取层　　　　　　　　B. 网络安全态势理解

C. 网络安全态势预测　　　　　　　D. 资源管理

4. 为避免被杀毒软件查杀,对转变性和非连续性较大的病毒的所有字节进行分析,然后进行整合的一种高变种病毒,即(　　)。

A. 虚拟机技术　　　　　　　　　　B. 长度检测技术

C. 特征码过滤技术　　　　　　　　D. 智能广谱扫描技术

二、填空题

1. 与其他计算机程序相比,计算机病毒程序具有潜伏性、传染性、寄生性、_____、_____和_____的特点。

2. 计算机病毒的传播是指计算机病毒从一个计算机系统传播到另外一个计算机系统的过程,主要有以下 4 种途径:通过不可移动的硬件设备传播,通过移动存储设备来传播,_____,通过点对点通信系统和无线通道传播。

3. 病毒程序的长度与正常程序下文件的长度相比有较大的差异,受到病毒侵袭的文件其字节长度会_____,使之区别于正常文件的长度和大小。

4. 包过滤型防火墙是在_____实现访问控制功能,它在_____接收到数据包后,从规则链表中按顺序逐条匹配规则,如果匹配成功就执行规则中设置好的动作,若规则链表中没有规则相匹配,则丢弃该数据包。

5. 入侵检测系统可以从不同的角度进行分类,基于检测的方法分类可分为_____和误用检测两类。

6. 网络态势感知 Tim Bass 函数模型分为 5 个级别：数据精炼、_____、态势评估、威胁评估和_____。

7. 信息融合是将网上的各类信息依照_____和_____进行归类组合，将它们进行一定的分类，这样数据量就会有效地减少。

8. _____与_____分别是美国和中国所提出的用于改变网络安全对抗现状的革命性技术。

9. 跨层移动目标防御机制可在_____选择变化对象进行同时性变化，使得系统变换更加复杂，从而能够有效地迷惑攻击者。

三、简答题

1. 根据转移所使用的手段的不同，移动目标防御技术可分为哪三类？
2. 简述位置切换中 RNTI 的作用及安全威胁。
3. 简述 4G 网络安全问题。
4. 简述物联网网络层安全需求。

参 考 文 献

[1] 杨磊.计算机病毒的检测与防御技术分析[J].数字技术与应用,2017(4):215.
[2] 李丹.计算机病毒与反病毒检测系统技术分析[J].微型电脑应用,2014,30(8):52-55.
[3] 付丞.网络时代计算机病毒的特点及其防范措施[J].电脑知识与技术(学术版),2010,6(16):4410-4411.
[4] 武宁.计算机网络安全中的防火墙技术应用[J].现代商贸工业,2021,42(10):161-162.
[5] 杨婷.计算机网络安全中的防火墙技术应用分析[J].数字技术与应用,2020,38(5):177,179.
[6] 刘喆.不同类型防火墙产品安全性分析[J].保密科学技术,2015(2):34-38.
[7] 伍海波,陶滔.入侵检测系统研究综述[J].网络安全技术与应用,2008(2):37-38,36.
[8] 麦丞程.入侵检测研究综述[J].电脑知识与技术,2015,11(18):29-30,33.
[9] 刘旭勇.基于层次化的入侵检测模型研究[J].信息技术,2012,36(8):55-57.
[10] 王瑞,沈海斌,杨向荣,等.入侵检测系统模型研究与分析[J].计算机工程与应用,2003(17):143-146,149.
[11] 张小奇,蔡冠群,苏文明.数字化校园中入侵检测系统的研究与应用[J].吉林农业科技学院学报,2019,28(1):71-73,93,121.
[12] 曾庆辉.计算机数据库入侵检测技术分析[J].信息与电脑(理论版),2017(1):134-136.
[13] 王振东,张林,李大海.基于机器学习的物联网入侵检测系统综述[J].计算机工程与应用,2021,57(4):18-27.
[14] 刘喆.浅析网络安全态势感知技术[J].保密科学技术,2020(9):41-45.
[15] 陈伟然,朱重伟.网络安全态势感知技术研究现状[J].科技与创新,2020(14):1-5.

[16] 许暖,刘洋.关于网络安全态势感知体系及关键技术的思考[J].中国新通信,2020,22
     (20):129-130.

[17] 刘志雄,罗肖辉.高校网络安全态势感知技术研究[J].网络空间安全,2020,11(11):
     44-47,56.

[18] 樊琳娜,马宇峰,黄河,等.移动目标防御技术研究综述[J].中国电子科学研究院学
     报,2017,12(2):209-214.

[19] 蔡桂林,王宝生,王天佐,等.移动目标防御技术研究进展[J].计算机研究与发展,
     2016,53(5):968-987.

第**6**章　应用层安全

6.1　安全需求

应用层是物联网中的业务提供层,也是物联网架构中的最顶层,它主要负责提供服务支持,处理众多用户的请求,智能处理数据和决策分析等。在提供服务的同时,应用层还涉及数据的真实性、完整性和机密性等方面的问题,这些问题与用户隐私安全及物联网设备安全都息息相关。根据 Gartner Group 的统计,约 75% 的黑客攻击发生在应用层。同样,统计显示,约 92% 的系统漏洞属于应用层漏洞。物联网安全架构的示意图如图 6.1 所示。

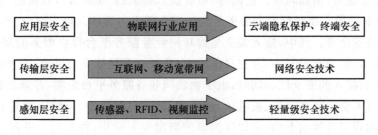

图 6.1　物联网安全架构示意

当前物联网应用层面临的安全挑战主要有以下几种。

① 钓鱼攻击:在钓鱼攻击中,攻击者可以通过钓鱼网站或邮件来劫持用户的认证信息。

② 恶意病毒/蠕虫:在物联网中传播的一些恶意程序,当设备被植入恶意病毒及蠕虫后,攻击者就可以利用这些程序直接篡改设备的相关信息,获取用户数据。

恶意软件感染 IoT设备形成僵尸网络

③ 嗅探攻击:攻击者通过在设备中引入嗅探器实用程序来对机器进行强制攻击,这种攻击可能会造成整个网络系统崩溃。

④ 恶意脚本:可以引入软件、在软件程序中修改并从软件程序中删除的脚本,其目的是损害物联网的设备功能。

除以上这些攻击之外,应用层还需要警惕由于用户操作失误或网络情况不佳而生成的错误指令,终端产生的海量数据造成的数据阻塞、处理不及时,智能设备失效、无法自动处理,设备在网络中逻辑丢失,无法从故障或灾难中快速恢复等问题,这些问题都有可能对物联网应用层造成很大的危害。

虽然物联网技术为我们带来了很多便利,从生产自动化到医院、工厂自动化管理,从智慧家居到智慧城市,物联网技术出现在我们生活中的各个场景,但正如之前所说,物联网正在面临许多安全性的问题,这些问题不能很好地解决,物联网技术带来的便利将会为我们造成较大的损失。物联网的安全需求如图 6.2 所示。

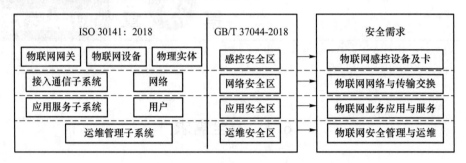

图 6.2　物联网的安全需求

6.1.1　业务服务平台安全需求

物联网业务服务平台可为 SaaS 层和设备层搭建桥梁,为终端层提供设备接入,为 SaaS 层提供应用开发能力,例如阿里巴巴的"阿里智能",腾讯的"物联云",百度的"物管理",中国移动的"OneNET"等。物联网业务服务平台的安全需求主要涉及接入安全、平台数据安全、应用安全、系统安全等。其中,接入安全是物联网业务服务平台提供服务的基础,但由于接入设备类型繁多、能力参差不齐,存在身份仿冒、非授权访问等安全风险,需采取相应的安全措施以保证平台接入的安全性。同时,由于物联网业务服务平台采集、存储及处理大量敏感数据,需保证其不会出现被窃取、被篡改、被伪造、被破坏等现象。此外,随着对象标识装置的不断普及,出现了各种动态的、富媒体内容的新型业务应用,物联网业务服务平台在向用户提供相关业务及应用时,应注意在实现技术、逻辑、控制等方面的安全威胁,如其业务逻辑设计可能存在安全隐患,业务认证授权、对外开放接口可能存在安全问题等,需要提供相应的安全机制来确保业务服务的正常开展。物联网业务服务平台还应保证其在系统安全方面的安全需求,如系统安全加固及安全审计等。

6.1.2　垂直领域安全需求

随着物联网技术产品的不断成熟,物联网的应用已渗透生产和生活中的各个环节,当前其垂直领域主要包括智慧城市、工业互联网、车联网、家庭物联网、智能安防、智慧医疗、公共服务等。不同的垂直领域由于终端设备、网络结构、业务形态的差异性,会面临不同的安全风险与安全需求。在智慧城市中,其安全需求主要包括感知设备防护能力、多样化网络接入安全性、个人隐私保护等。在工业互联网中,其安全需求主要包括工控设备资产和网络边界的识别、工业网络隔离措施、重要数据的安全保护、威胁感知能力与专业的安全运营能力等。在车联网中,其安全需求主要包括保证传感器数据的合法性、核心控制组件的安全性、接口身份认证的安全性等。家庭物联网、智能安防的安全需求则主要体现在身份认证与鉴权、个人隐私保护、设备安全更新等方面。在智慧医疗和公共服务领域,其安全需求主要包括设备安全、个人隐私保护和数据传输安全等方面。

6.2 处理方法

物联网应用层安全主要涉及服务安全、中间件安全、数据安全、云计算安全几个部分,不同的应用程序有不同的安全威胁,工业和家庭的安全措施也是不一样的,因此,没有一种万能的安全策略可以解决所有的安全问题,在制定应用层安全方案时,需要根据应用层本身的特性选择合适的安全策略和技术。总的来说,为应用层提供安全保障可以从以下几个方向入手:要求用户使用复杂的密码,增加访问控制机制,使用密钥协议,增加数据管理系统,增加反恶意软件系统,增加身份认证机制,增加风险评估系统,在入侵监测系统程序中加入一些醒目的标识以提醒用户增强防范意识。

本书从中间件安全技术及服务安全技术展开,对应用层安全技术进行阐述。

6.2.1 中间件安全技术

物联网(IoT)是一种网络基础设施,用于将物理对象、计算机和人类连接到 Internet 以进行信息交换。这些基础设施可以是传感器、执行器、智能手机、建筑物和任何其他设备。物联网为各种各样的应用提供了前所未有的机遇,并被广泛应用于许多场景,如制造、医疗和交通。然而,物联网是一个超大规模的网络,包含数十亿甚至数万亿的节点。这些节点会自发地产生大量的数据,要对这些数据进行实时处理和通信,无疑给应用程序的性能带来了挑战。要实现物理世界、网络世界和人类世界的无缝集成,有效地管理和控制这些事物是一个具有挑战性的问题。根据分布式系统的开发经验,有必要构建一个将网络硬件、操作系统、网络栈和应用程序粘合在一起的泛在中间件,如图 6.3 所示。

1. 中间件的概念

中间件是一种独立的系统软件或服务程序,分布式应用软件借助这种软件在不同的技术之间共享资源。中间件位于客户机/服务器的操作系统之上,管理计算机资源和网络通信,是连接两个独立应用程序或独立系统的软件。相连接的系统,即使具有不同的接口,但通过中间件仍能相互交换信息。

执行中间件的一个关键途径是信息传递。通过中间件,应用程序可以工作于多平台或OS 环境。

中间件是介于操作系统和应用软件之间,为应用软件提供服务功能的软件,包括消息中间件、交易中间件、应用服务器等。由于介于两种软件之间,所以,它被称为中间件。

从基本功能上来说,物联网中间件既实现了平台的功能又实现了通信的功能,它要为上层服务提供应用的支撑平台,同时连接操作系统,保证系统正常运行。中间件还要支持各种标准的协议和接口。例如,在基于 RFID 的 EPC 应用中,中间件要支持和配套设备的信息

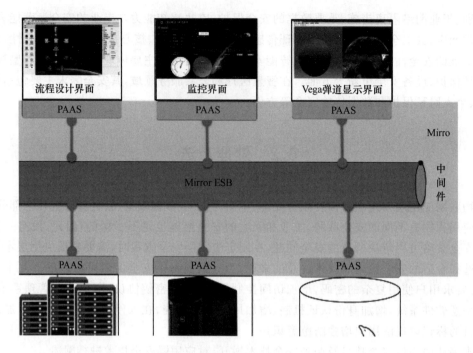

图 6.3　中间件

交互和管理,同时还要屏蔽前端的复杂性。这两大功能也限定了只有用于分布式系统中的才能被称为中间件,同时还可以把它与系统软件和应用软件区分开。

从结构上来说,物联网中间件处于物联网的集成服务器端和感知层、传输层的嵌入式设备中。服务器端中间件被称为物联网业务基础中间件,一般是基于传统的中间件来构建的。嵌入式中间件是支持不同通信协议的模块和运行环境。中间件的特点是它固化了很多通用功能,但在具体应用中多半需要二次开发来实现个性化的业务需求,因此所有物联网中间件都需要提供快速开发工具。根据具体应用的不同,物联网中间件有嵌入式中间件、M2M 中间件、RFID 中间件和 EPC 中间件等多种形式。

2. 中间件分类

(1) 基于服务的中间件

基于服务的中间件,其体系结构受到传统面向服务体系结构(SOA)的启发,这种方法将资源抽象为服务,并将其与 Internet 上的现有服务相结合,为用户提供集成的数据处理能力。服务可以是云平台提供的数据融合服务,也可以是物理设备上的简单感知服务。如图6.4 所示,基于服务的中间件的体系结构由 4 个功能模块组成,包括服务注册、服务发现、服务组合和编程接口,方便用户快速、高效地构建物联网应用。

Hydra 由欧盟资助,2014 年更名为 LinkSmart,旨在将传感器集成到环境智能系统中。它使用语义 Web 服务来实现语法和语义级别的互操作性。所有的功能,如数据感知和处理,都由本体(ontology)以 OWL 和 SAWSDL 格式来描述。Hydra 具有基于本体论和低级语义处理方法推理的上下文感知功能,它将上下文数据分为设备上下文(如传感器)、语义上下文(如位置)和应用上下文(如用户需求)3 类,并为这些上下文提供获取、推理和管理策略。目前,中间件被广泛用于开发上下文感知的应用程序,如糖尿病管理平台。然而,本体

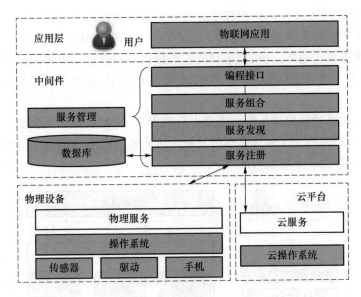

图 6.4　基于服务的中间件

标准的缺乏限制了 Hydra 的可扩展性。

　　Cocamal 是环境辅助生活(AAL)系统的中间件,它提供了一个由 5 个部分组成的云平台:①AAL 系统,它是一个由异构传感器组成的监控系统(如人体传感器网络);②上下文聚合器和提供者,负责使用基于本体的方法推理高层上下文;③上下文感知中间件,提供数据管理和服务管理功能;④服务提供者,提供可由 CaM 云调用的上下文感知服务;⑤上下文数据可视化,为用户提供数据可视化界面。Cocamal 提供了高效的数据流处理和上下文推理,其局限性在于系统不支持个性化知识发现。BDCaM 是 Cocamal 的扩展中间件,部署在医疗云平台上,它能为患者创建特定的监控规则,并通过基于患者档案和历史数据的迭代学习对其进行优化。

　　Atlas 是一个面向服务的云传感器系统,由位于云上、边缘网关(即网关)和边缘传感器(即传感器)的 3 个子系统组成。它支持多种虚拟抽象服务,包括云传感器和虚拟传感器。Atlas 的主要组件包括边界连接模块、实用服务管理模块、服务注册管理模块、服务提供管理模块、服务发现模块、服务组合模块和应用开发模块。Atlas 开发了一个被称为 E-SODA 的程序模型,其中传感器数据被抽象为事件,应用程序遵循由事件/条件/动作(ECA)规则列表组成的面向规则的处理范式。中间件基于表示事件聚合关系的事件表示树来实现流处理的工作流组装。此外,它还支持基于双向瀑布优化框架的计算任务(即服务)的自适应迁移。

　　基于服务的中间件通常用于支持云的环境,在解决异构性问题和互操作性问题方面具有很大的优势。新兴的语义面向服务架构(SSOA)描述了一种适用于大规模物联网基础设施的方法,它利用对数据、服务和流程的丰富的、机器可解释的描述,使系统能够自主地进行交互。然而,缺乏统一的服务标准给服务发现和组合带来了挑战。此外,随着服务数量的激增,手工管理服务已经不现实,这就需要对服务进行自配置和自优化。

　　(2)基于事件的中间件

　　事件驱动体系结构(EDA)是一种促进事件的产生、检测和反应的软件体系结构范式。

与 SOA 相比，EDA 允许物联网应用程序有效地对特定的传感器事件做出反应。图 6.5 描述了基于事件的中间件的典型体系结构。基于事件的中间件通常使用订阅/发布机制来支持异步和多对多通信。通常，应用程序订阅它们感兴趣的事件。当中间件检测到一个事件时，该事件将被转发给它的订阅用户。然而，在开放环境中，复杂事件的检测和处理仍然面临许多挑战。

事件驱动模式将功能模块从时间序列中分离出来，使得处理和发现知识更加容易。然而，其松散耦合的特性增加了系统管理的复杂性和难度。此外，事件的并发性也增加了数据交换的不确定性，降低了系统的可靠性。

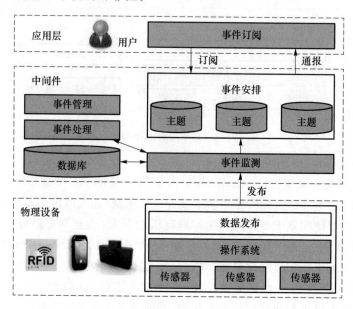

图 6.5 基于事件的中间件

IoT-MP 是一个基于事件的智能家居通信管理平台，用于解决异构性带来的基础管理问题。它有一个三层体系结构，由传感器节点、管理器（Manager）服务器和管理器管理器（MoM）服务器组成。除了感测原始数据外，传感器节点还负责通过简单网络管理协议（SNMP）来响应来自 Manager 服务器的请求。每个 Manager 服务器连接多个传感器节点，并存储和处理从这些传感器节点收集的数据。顾名思义，MoM 服务器负责管理和调度 Manager 服务器，并充当 Manager 服务器的管理器。当 MoM 收到数据或计算请求时，它将请求转发到相关的管理服务器。在数据安全方面，IoT-MP 为每个传感器节点提供了唯一的安全身份，实现了基于属性的访问控制。然而，IoT-MP 不支持语义处理。

PRISMA 是为 WSN 分布式环境设计的面向资源的中间件。通过一个高级标准化的 RESTful 数据访问接口，用户可以在不考虑异构网络技术的情况下进行决策。PRISMA 具有三层体系结构，包括接入层、服务层和应用层。接入层提供上下文获取和网络通信的功能。服务层侧重于资源发现、事件检测和分发。应用层负责编程抽象和应用程序之间的交互。基于 PRISMA 的系统可分为网关、簇头和传感器节点 3 个子系统，每个子系统由部分或全部中间件层组成。网关端子系统管理其他子系统，并从高层角度进行决策。簇头端子系统管理其集群中的传感器节点，并向网关提供资源发现功能。传感器节点端子系统收集传感数据并做出局部决策。这种分层方法有利于系统实现可扩展性、互操作性和资源管理。然而,PRISMA 不提供语义处理,也不支持运行时的自适应。

SeCoMan 是一个基于语义 Web 的上下文管理中间件,旨在为开发上下文感知应用程序提供一个隐私保护解决方案。这个中间件具有三层结构,包括插件、上下文管理和应用程序。插件层负责收集数据。上下文管理层是 SeCoMan 的核心,采用基于本体的上下文推理方法来获取有用的知识。此外,它还提供了基于组的策略管理和访问控制机制来保护数据安全。

（3）基于虚拟机的中间件

如图 6.6 所示,基于虚拟机的中间件由虚拟机(VM)等组成。VM 根据操作系统提供的接口定义一组指令。应用程序是指令的组合。灵活性是基于 VM 的中间件的最大特点。

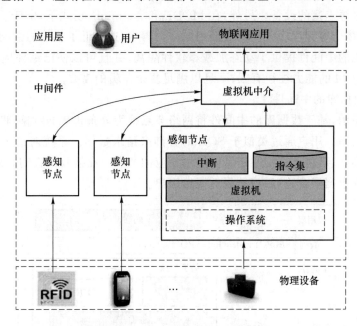

图 6.6　基于虚拟机的中间件

Mate 是一个基于 VM 的中间件,由加州大学伯克利分校为 TinyOS 开发。Mate 的核心组件包括虚拟机、解释器、网络管理、日志和引导/调度程序。它总共提供 24 条 Mate 指令,并支持事件驱动的同步处理机制。应用程序由这些指令表示,可以通过无线传输在线更新。DVM 和 DAViM 都是基于 Mate 设计的,并使用类似的方法动态更新 VM。不同之处在于 DAViM 支持应用程序的运行时重新配置和多应用程序并行执行。由于应用程序的重新配置需要更新网络中的所有节点,因此会引入额外的执行开销。此外,DAViM 使用协调器来执行代码管理任务,这可能是系统中的一个瓶颈。

SensorWare 实现了一个部署在嵌入式操作系统上的虚拟机,并使用其系统功能接口为移动应用程序提供运行环境。它由一个语言组件和一个脚本解释器组成。语言组件结合操作系统指令为应用程序提供编程接口。SensorWare 使用脚本扩展添加新的功能模块,如无线通信、定时和传感模块。此外,SensorWare 通过向网络中注入轻量级的控制脚本,可以动态地控制数据采集和通信。然而,复杂的组件间通信和代码管理机制使得其不适合于资源受限的设备。

Actinium 是一个运行时容器,符合 RESTful 架构风格,并扩展了 WoT 方法。每个应用程序都由容器提供的脚本实现,并在特定线程中执行。这些脚本是用 JavaScript 语言编写的,可以运行时在云端安装、上传、下载和定制。在数据安全方面,Actinium 提供细粒度的访问控制策略和脚本的异常状态监视。此外,基于数据报传输层安全(DTLS)协议,它保证了端到端数据的完整性、认证性和机密性。

MODE 是一种基于事件驱动和虚拟机的物联网中间件。它的应用程序由 JavaScript 脚本实现,并在 Rhino 引擎中执行。MODE 的脚本分为两类:系统脚本和用户定义脚本。系统脚本实现系统的基本功能,用户自定义脚本是用户通过 RESTful 接口提交的个性化功能。这些脚本可以根据需要在设备和云服务器之间迁移,这大大地提高了系统效率。但是,该模式仅支持资源丰富的设备。另外,在 MODE 和 Actinium 模式下,由于 JavaScript 所具有的特性,所以多个应用程序不能同时调用同一个脚本,这降低了系统的性能。

基于虚拟机的中间件提供了动态加载和软件隔离,并且可以使已编译应用程序的大小最小化。然而,VM 的能力往往有限,不足以满足复杂逻辑的需要。

(4) 基于数据库的中间件

如图 6.7 所示,基于数据库的中间件将网络节点视为分布式数据对象,将网络视为虚拟分布式关系数据库。用户通过类似于 SQL 的查询来请求数据。系统对请求进行分析并生成网络查询方案,然后将子查询发送到网络中相应的节点。在接收到查询之后,传感器节点执行网络处理和数据聚合,然后将结果返回给用户。

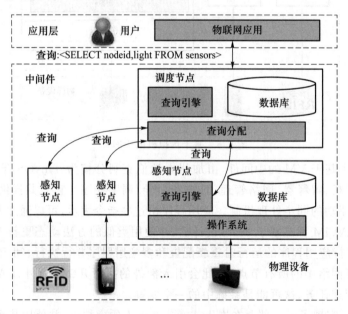

图 6.7 基于数据库的中间件

TinyDB 基于 TinyOS,使用控制流方法为数据查询提供一个易于使用的接口。提交给系统的数据查询由类似于 SQL 的语句(即 SELECT-FROM-WHERE-GROUP-BY)组成。子查询经过解析和优化后,通过控制泛洪的方法转发给相应的节点。TinyDB 可以支持多种功能查询,如聚合查询、事件描述查询、设备状态查询等,提高了数据处理和网络管理的灵活性。聚合查询基于聚合数据的网络间处理。然而,TinyDB 只支持一些简单的聚合操作,例如求平均值、最大值等,因此对于开发复杂的应用程序是不实际的。

SINA 是一个基于数据库的中间件,它将传感器节点视为一个分布式数据对象。在网络中,每个传感器节点维护一个完整的数据表,整个传感器网络可以看作所有数据表的集合。数据表由多个单元格组成,每个单元格唯一地表示传感器节点的特定属性。SINA 使用基于属性的命名方案来管理工作表,并使用分层聚类算法来提高中间件的可扩展性。与TinyDB 相比,除了类似于 SQL 的查询,SINA 还可以支持基于传感器查询和任务语言(SQTL)的程序。

Cougar 提供分布式数据库接口来接收用户的查询,并通过这些查询来实现 WSN 管理。它通过将查询分布到传感器网络中的每个节点来最小化能量消耗。传感器的类型被建模为抽象数据类型(ADT)。信号处理功能被建模为返回传感器数据的 ADT 功能。长时间运行的查询是用类似于 SQL 的语言表示的。此外,Cougar 还提出了一种可扩展的容错数据聚合算法传感器网络上的操作。然而,Cougar 在复杂的场景中是不可用的,并且很难在运行时支持多个应用程序的并发执行。

DSWare 提供以数据为中心、实时和基于组的事件监视服务,它解决了单节点事件报告的不可靠性和多节点观测值的相关性等聚合可靠性问题。DsWare 提供基于组的决策和可靠的数据存储,从而提高了应用程序的性能。DsWare 使用类似于 SQL 的语言来注册和取消事件。然而,DSWare 不能处理相对复杂的事件,例如涉及时空关系的事件。

基于数据库的中间件支持检测数据和事件的时间关系。然而,它需要保持一个全局的网络结构,这降低了中间件的可伸缩性。此外,基于数据库的中间件往往不具备数据聚合和知识发现的能力。

(5) 基于代理的中间件

移动代理是一个独立的软件实体,在没有用户参与的情况下自主工作。通常,代理需要在特定的虚拟机环境中运行,因此可以说基于代理的中间件是基于 VM 的中间件的特例。如图 6.8 所示,在基于代理的中间件中,应用程序被划分为多个模块化代理,这些模块化代理可以被注入和分发到网络中。当从一个节点迁移到另一个节点时,代理需要保持其执行状态。基于代理的中间件需要确保代理可以异步、自主和高效地执行。

Agilla 是基于 Mate 设计的基于移动代理的中间件,有利于 WSN 中自适应应用的快速部署。Agilla 允许用户创建移动代理并将其注入网络。当触发相应的事件时,移动代理将迁移到相应的节点以执行特定于应用程序的任务。Agilla 拥有自己的指令集和专用的数据/指令存储器。此外,Agilla 还提供本地化的元组,以确保即使在多代理环境中,代理也能保持自治以及可远程访问的空间。它允许代理自由移动,同时保持与其他代理协调的能力。问题是 Agilla 只考虑资源受限的设备,在应用于资源丰富的设备时会造成性能的浪费。此外,在多个应用程序的情况下,需要部署、克隆和移动较多的代理,这会导致性能瓶颈。

Eagilla 以 Agilla 为基础。Eagilla 采用一种混合内核方法,将微内核分离到单片内核上,以执行 JVM,这使得 Eagilla 更安全、更高效。类似地,基于交互的范围,代理被扩展到 3个类别:全局级、局部级和系统级。根据上下文信息,这些代理可以在不同的操作模式下执行,包括数据驱动、事件驱动、时间驱动、查询驱动和混合驱动,这使得 Eagilla 具有适应性和可扩展性,因此可以扩展到各种环境中。

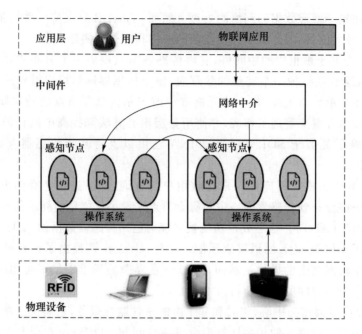

图 6.8　基于代理的中间件

ACOSO（基于代理的计算范式）为智能设备提供了面向代理、事件驱动的编程模型和工具，它支持多种通信机制，包括消息传递和订阅/发布机制，以及基于规则的上下文推理机制。ACOSO 提供了有效的代理管理和通信，其体系结构由三层组成：①高层智能对象体系结构，即体系结构代理模型；②代理中间件，支持不同设备的不同代理平台；③WSAN 编程和管理层，基于楼宇管理框架（BMF）管理 WSN。在 ACOSO 中，针对大规模边缘计算，ACOSO 作者 G. Fortino 等人提出了一种架构——CA-IoT，它是 ACOSO 与 BSN 的 SaaS 平台（基于云计算的计算范式）的协同集成。

Sensomax 是一种基于代理的 WSN 中间件，它是轻量级的，只需要 70 KB 的存储空间。Sensomax 包含 3 个子系统，分别位于桌面应用程序、网关和传感器节点中。在网关中，Sensomax 的软件架构可以分为三层：评估层、任务层和部署层。评估层提供 XML 解析工具和元素拆分器来验证应用程序查询并将其拆分为单个或多个代理。任务层分析应用程序，以 QTask 的形式形成捆绑包。任务可以在不同的策略上运行，包括时间策略、区域策略或基于事件的策略。部署层负责向网络传输代理或从网络接收代理。在传感器节点中，有两个附加的层：GLS 层和资源层。GLS 层处理 QTask，资源层负责与传感器和执行器的通信。Sensomax 允许在运行时重新配置网络。

移动代理这样的模块化编程范例为网络更新提供了一种有效的机制。代理的自主行为增强了网络的容错性和自组织性。然而，由于其指令不允许硬件异构性，基于代理的中间件通常不适合于资源受限的设备。

6.2.2　服务安全技术

随着移动互联网的繁荣及云计算和物联网的快速发展，应用层服务涉及的领域越来越广泛，从人们的日常生活到政府、企业的正常运转都离不开应用层服务。应用层服务的广泛应用也使其被攻击的面变得越来越广。

1. Web 简介

Web 是 Internet 提供的一种界面友好的信息服务。Web 中海量的信息是由彼此关联的文档组成的,这些文档被称为主页或页面,它是一种通过超链接连接起来的超文本信息,通过 Web 我们就可以访问遍布于 Internet 主机上的链接文档。

2. Web 应用常见的漏洞

近年来,信息技术和互联网飞速发展,Web 服务根据人们的不同需求和目的,已经遍布了我们生活的各个领域。越来越多的公司或组织可以使用 Web 将现有的系统高度集成化。Web 服务虽然大大简化了我们的工作流程,丰富了我们的生活,但与此同时,Web 也面临很严重的安全威胁,例如负责实现公司安全目标的人员面临的最严峻的挑战之一是确保网站免受攻击和滥用。

根据国际权威组织开源 Web 应用安全项目(OWASP,Open Web Application Security Project)在 2017 年发布的 Web 攻击 Top 10 所示,前三大攻击是数据库(SQL,Structured Query Language)注入、失效的身份认证与会话管理和跨站点脚本攻击(CSS,Cross Site Script),此处重点介绍 SQL 注入攻击、跨站脚本攻击和跨站请求伪造攻击等 3 种攻击。

SQL 注入攻击是黑客对数据库进行攻击的常用手段之一。随着 B/S 模式的发展,使用这种模式编写应用程序的程序员也越来越多。但是由于程序员的水平及经验参差不齐,相当数量的程序员在编写代码时,没有对用户输入数据的合法性进行有效判断,使应用程序存在安全隐患。用户可以提交一段数据库查询代码,根据程序返回的结果,获得某些想得知的数据。攻击者可以利用数据库返回的错误信息进行注入,往往这种注入方式的成功率是最高的;或者通过联合查询,虽然没有返回数据库错误信息,但是通过 UNION SELECT 可以轻易地获取数据库敏感信息。

跨站脚本攻击(CSS)指利用网站漏洞从用户那里恶意盗取信息。用户在浏览网站,使用即时通信软件,甚至在阅读电子邮件时,通常会点击其中的链接。攻击者通过在链接中插入恶意代码,就能够盗取用户信息。攻击者通常会用十六进制(或其他编码方式)将链接编码,以免用户怀疑它的合法性。网站在接收到包含恶意代码的请求之后会产成一个包含恶意代码的页面,而这个页面看起来就像是原目标访问网站生成的合法页面一样。

跨站请求伪造攻击(CSRF),就是攻击者盗用了被攻击者的身份,以被攻击者的名义发送恶意请求代码。这种攻击的产生主要由于提交的表单缺乏验证项。CSRF 漏洞可能会危及最终用户的数据和操作,如果被攻击对象是管理员,可能会危及整个 Web 业务应用程序。

3. Web 安全保护

Web 安全保护可以从两个思路入手:对 Web 应用源代码进行安全监测或者是在服务器端设置防火墙。Web 漏洞的本质是 Web 应用源代码本身未进行安全编码或是存在逻辑漏洞等。对源代码进行安全监测可以从 Web 漏洞的防护根源上解决安全隐患,为 Web 应用提供一个更好的安全环境。

源代码安全监测可以从以下几个方面进行。

① 定向检测,针对特定功能点的隐患,定向测试漏洞。通常文件上传功能易出现后端

程序未严格限制上传文件的格式,导致可能存在有人以文件上传的方式绕过防火墙的情况。登录或注册功能,可能存在用户角色或 ID 未进行严格匹配验证,造成非法越权操作。文件管理功能也是常见的隐患功能点,如文件路径直接在参数中传递,很可能造成任意文件下载或读取问题。

② 正向检测,从源代码的主目录入手,分析源代码的程序结构,重点关注包含 function、common 和 include 等关键字的文件夹,这些文件夹中通常存放一些公共函数或者核心文件,提供给其他文件统一调用。然后查找应用的配置文件,通常文件名中包含 config 关键字,配置文件中包含了 Web 程序运行所必需的功能性配置选项及数据库等配置信息。最后查找安全过滤文件,这些文件涉及漏洞能否被利用,通常命名中包含 filter、check 等关键字。这类文件主要针对输入参数、上传类型以及执行命令进行过滤。

③ 大多数应用层漏洞的形成原因与程序员在程序开发过程中对敏感函数使用不当有很大关系,因此根据敏感函数来逆向追溯参数的传递过程,是一种非常有效的源代码漏洞检测手段。这种方法的优点是只需要搜索相关敏感函数关键字,即可快速定位漏洞隐患点,进而进行深入的跟踪分析,其缺点是由于没有通读源代码,对程序的整体业务逻辑结构理解不够深入,不容易发现逻辑类漏洞隐患。

Web 应用防火墙(WAF,Web Application Firewall)是 Web 应用程序中的一种安全防护措施,类似于使用 HTTP 访问的应用程序的安全屏蔽,它在网络拓扑结构中的位置往往是在最前面,通常作为外部网络和内部网络之间的屏障。传统防火墙主要用来保护服务器之间传输的信息,而 WAF 则主要针对 Web 应用程序。网络防火墙和 WAF 工作在 OSI 7 层网络模型的不同层,相互补充,可以搭配使用。WAF 的简介如图 6.9 所示。

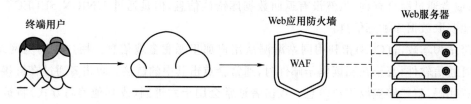

图 6.9　WAF 简介

WAF 的部署方式主要有以下几种,各有优劣。

① 透明代理模式。在透明代理模式下,WAF 对客户端和服务端都是透明的,双方都"认为"自己和对面是直接相连的。以透明代理模式部署 WAF 的优点是对网络的影响程度比较小,不需要多网络结构进行修改;缺点是客户端和服务端之间的流量都需要经过 WAF,这就对 WAF 的处理能力有了很高的要求。此外,在透明代理模式下是无法在服务器上实现负载均衡的,因此在高并发的场景下对网络的性能有一定的影响。

② 反向代理模式。反向代理模式是一种用于隐藏 Web 服务器的安全模式。在反向代理模式下,客户端的请求会被先定向到 Web 服务器的代理服务器中,代理服务器收到请求后会将请求再转发到真实服务器,从而使得客户端只能获取代理服务器的地址而无法获取到 Web 服务器的真实地址。服务器响应请求时,需要经过 WAF 设备转发才能到达客户端。反向代理模式需要对网络结构进行一定程度的调整。与透明代理模式不同,使用反向

代理可以在 WAF 上实现负载均衡。

③ 路由代理模式。路由代理模式与透明代理模式的区别在于透明代理工作在网桥模式,而路由代理工作在路由转发模式。路由代理模式需要为 WAF 的转发接口配置路由以及 IP,因此需要对网络进行简单的改动。与透明代理模式相同,路由代理模式也不支持负载均衡。

习　题

一、选择题

1. TCP/IP 协议族中,属于应用层的协议是(　　)。

A. HTTP　　　　　B. TCP　　　　　　C. IP　　　　　　D. ARP

2. 物联网的核心技术是(　　)。

A. 射频识别　　　　B. 集成电路　　　　C. 无线电　　　　D. 操作系统

3. 以下应用不是物联网的应用模式的是(　　)。

A. 政府客户的数据采集和动态监测类应用

B. 行业或企业客户的数据采集和动态监测类应用

C. 行业或企业客户的购买数据分析类应用

D. 个人用户的智能控制类应用

4. 可以分析和处理空间数据变化的系统是(　　)。

A. 全球定位系统　　B. GIS　　　　　　C. RS　　　　　　D. 3G

5. 智慧革命以(　　)为核心。

A. 互联网　　　　　B. 局域网　　　　　C. 物联网　　　　D. 广域网

6. 下列通信技术不属于低功率、短距离的无线通信技术的是(　　)。

A. 广播　　　　　　B. 超宽带技术　　　C. 蓝牙　　　　　D. Wi-Fi

7. 蓝牙是一种支持设备短距离通信的无线技术,一般支持的距离是(　　)之内。

A. 5 m　　　　　　B. 10 m　　　　　　C. 15 m　　　　　D. 20 m

8. 关于 ZigBee 的技术特点,下列叙述有误的是(　　)。

A. 成本低　　　　　B. 时延短　　　　　C. 速率高　　　　D. 网络容量大

9. 我们将物联网信息处理技术分为节点内信息处理、汇聚数据融合管理、语义分析挖掘以及(　　)4 个层次。

A. 物联网应用服务　　　　　　　　B. 物联网网络服务

C. 物联网传输服务　　　　　　　　D. 物联网链路服务

10. 下列不是物联网的数据管理系统结构的是(　　)。

A. 集中式结构　　　　　　　　　　B. 分布式结构和半分布式结构

C. 星形式结构　　　　　　　　　　D. 层次式结构

11. 对(　　)的物联网来说,安全是一个非常紧要的问题。

A. 小区无线安防网络　　　　　　　B. 环境监测

C. 森林防火　　　　　　　　　　　D. 候鸟迁徙跟踪

12. 面向智慧医疗的物联网系统大致可分为终端及感知延伸层、应用层和（　　）。

    A. 传输层　　　　　　　B. 接口层　　　　　　C. 网络层　　　　　　　D. 表示层

13. （　　）是负责对物联网收集到的信息进行处理、管理、决策的后台计算处理平台。

    A. 感知层　　　　　　　B. 网络层　　　　　　C. 云计算平台　　　　　D. 物理层

14. 利用云计算、数据挖掘以及模糊识别等人工智能技术，对海量的数据和信息进行分析和处理，对物体实施智能化的控制，以上描述指的是（　　）。

    A. 可靠传递　　　　　B. 全面感知　　　　　C. 智能处理　　　　　　D. 互联网

15. （　　）不属于物联网存在的问题。

    A. 国家安全问题　　　　　　　　　　　　B. 隐私问题

    C. 标准体系和商业模式　　　　　　　　D. 制造技术

二、简答题

1. 应用层面临的安全问题有哪些方面？

2. Web 的结构原理是什么，其有哪些特点？

3. Web 的安全威胁有哪 3 个？

4. 中间件的定义及其特点是什么？

参 考 文 献

[1] Kamble A, Bhutad S. Survey on Internet of Things (IoT) security issues & solutions [C]//2018 2nd International Conference on Inventive Systems and Control (ICISC). 2018.

[2] Ferdows J, Mehedi S T, Hossain A S M D, et al. A Comprehensive Study of IoT Application Layer Security Management[C]//2020 IEEE International Conference for Innovation in Technology (INOCON). IEEE, 2020.

[3] 李永忠. 物联网信息安全[M]. 西安：西安电子科技大学出版社，2016：274.

[4] 宋航. 万物互联：物联网核心技术与安全[M]. 北京：清华大学出版社，2019：36.

[5] 武传坤. 物联网安全关键技术与挑战[J]. 密码学报，2015，2(1)：40-53.

[6] Zhang J , Ma M , Wang P , et al. Middleware for the Internet of Things：A survey on requirements, enabling technologies, and solutions [J]. Journal of Systems Architecture, 2021(10)：102098.

[7] 全国信息安全标准化技术委员会. 物联网安全标准化白皮书[R/OL]. (2019-10-29) [2022-3-10]. www.tc260.org.cn/upload/2019-10-29/1572340054453026854.Pdf.

第7章 应用层安全的核心技术

在上一章中,我们总结了物联网安全需求,并介绍了物联网应用层安全中的中间件安全技术和服务安全技术。在物联网架构体系中,中间层及服务层以上就是云。物联网的概念早在 20 世纪 90 年代末就已经被提出,但是受限于设备部署成本以及当时覆盖面有限的互联网环境,物联网发展极其缓慢。随着移动互联网的繁荣,大数据、云计算概念的提出以及相关技术的发展,物联网终于迎来了发展的高潮。物联网和云计算相结合是目前网络发展的主要趋势,也是互联网经济发展的主要潮流。云计算为物联网体系提供了监测、管理和数据处理分析服务,物联网同时又为云计算提供数据、物理资源等服务。本章我们将对物联网平台的北向安全——云端安全进行介绍,云端安全主要包括数据安全、云安全等内容。本章内容比较庞杂,涉及的技术比较多,需要读者有一定的耐心。

7.1 数据安全技术

7.1.1 数据安全概述

在信息社会,数据就是最具生产价值的资源之一。企业在被允许的情况下根据用户数据为用户提供定制化的服务,监管机构根据监管数据进行风险评估、安全监测,交通管理机构根据行程数据制定合理的流量控制策略,运营商根据流量及业务分布数据选择基站以及云计算中心的部署位置等。一方面数据为企业创造了价值,也丰富了人们的日常生活,为人们带来了便利。另一方面,数据的安全也是极其重要的。如果以上场景中的数据被不法企业以及恶意攻击者所窃取,那么将会对社会、企业、组织、个人带来不可估量的伤害。人们在享受着大数据带来的便捷的同时,也受到了极大的威胁。用户信息的管理和保护是我国亟待解决的难题,也是全球共同面临的挑战。

物联网中的信息安全和传统互联网领域既有相同点也有不同点。当前,在物联网环境下数据安全主要面临以下几方面的挑战。

（1）数据的加密存储

在传统的信息安全系统中,数据库往往会采用数据加密存储技术来保证数据的隐私安全。但是在基于物联网的云环境下,需要被云应用程序进行操作的数据往往是不能进行加密的,不同设备厂商制造的不同设备通常没有统一的数据结构以及加密形式,如果数据被加密,那么数据被传递到云端之后的后续操作将会极其困难,甚至无法进行存储和处理,因此基于云环境的数据加密存储是急需解决的问题之一。

（2）数据隔离

在平台即服务的云模式或者软件即服务的云模式中,云服务提供商为了便于对数据进行统一管理,会采用多租户技术对用户数据进行存储。多租户技术是指将多个用户的数据放到同一个存储数据表中进行存储,当用户需要从表中取出数据时,系统将会根据用户的权限返回其申请的且有权限取出的数据。多租户技术为云服务商带来了便利,但同时也带来了严重的安全隐患。虽然云服务提供商采取了一些数据隔离技术对同一个数据表中不同用户的数据进行了隔离处理,但是一些恶意攻击者还是可以通过软件平台漏洞对未授权的数据表进行访问和窃取。

（3）数据迁移

当云服务器宕机时,为了确保正在进行的业务不受影响,云服务提供商就需要将正在进行的任务进程迁移到容灾服务器上。虽然容灾服务器一般会对数据进行同步,但是当前服务器正在执行的一些进程还是需要进行迁移的,这实际上就是对与该任务进程相关的数据进行迁移。其中需要迁移的数据不仅是内存和寄存器中的动态数据,还包括服务器本地磁盘中和服务相关的静态数据。

为了不影响用户的体验,云服务提供商需要对所有数据进行高速迁移,以便让任务进程能够快速地在容灾服务器上重建。如果云服务器宕机时运行的进程涉及机密数据,还需要保证在数据迁移的过程中不发生泄露或者被窃听。

（4）数据残留

数据残留是指数据在逻辑上被删除后,数据在硬盘上仍然物理存在的一种情形。在云环境下,数据残留可能会使得未授权的用户在系统不经意的情况下接收到其他用户的隐私信息,由于数据残留是硬盘本身的存储机制造成的问题,所以到目前为止,没有哪一家云服务提供商能够彻底解决数据残留的问题。

（5）数据安全审计

以外包的形式将数据存储在云端时,用户主要关注的问题是:外包存储的数据确实已存储到云中,并且只归数据拥有者所有;除所有者以及被授权的用户以外,任何人不得对数据进行访问及修改。这两个问题的解决都需要依赖数据安全审计机制。通常,当数据存放到本地或者企业的可信域时,数据管理者可以直接检测到数据的物理状态,因此数据的安全审计是非常容易实现的。但是当数据以外包的形式存储在云服务器中时,数据安全审计将会变得非常困难,管理者需要对数据进行下载后才能审计,这样既延长了数据安全审计时间,又浪费了网络的带宽。

7.1.2　数据安全保护

云数据安全方面的研究主要集中在加密存储、完整性审计以及密文访问控制等几个方面。下面将从加密存储、完整性审计以及密文访问控制等几个角度对数据安全进行简单的阐述。

（1）加密存储

在保护数据的安全性、隐私性以及有效性方面，加密是最常用的也是最有效的方法之一。当前对于云数据加密存储的研究主要是针对云数据安全存储框架展开的。正如 7.1.1 小节中所说，在云环境下，数据的加密将会导致后续操作变得非常困难，因此学者们提出了新的数据安全存储框架来解决这些问题。此外，值得关注的安全存储技术还有同态加密技术、基于 VMM 的数据保护技术、基于加密解密的数据存储技术、支持查询的数据加密技术和面向可信平台的数据安全存储技术。图 7.1 展示了以上几种技术的对比。

技术名称	技术特点	运算支持能力	加密位置	传输安全	内存安全	外存安全	存在的主要问题
同态加密	明文上执行的代数运算结果等同于在密文上的另一个代数运算结果	支持全部运算	客户端	完全解决	完全解决	完全解决	密文处理效率低
基于VMM的数据保护	操作系统和文件系统只能看到密文	不支持	VMM	部分解决	部分解决	部分解决	特权用户可以解密用户数据；VMM负荷加重
基于加密解密的数据存储	采用传统的加密技术	不支持	客户端	完全解决	未解决	部分解决	安全机制复杂且有安全隐患；时空代价太大
支持查询的数据加密	加密算法支持密文查询	仅支持查询	客户端	完全解决	完全解决	完全解决	不能支持加减乘除等基本运算
面向可信平台的数据安全存储	硬件和软件都可信	支持全部运算	VMM	部分解决	部分解决	部分解决	特权用户可解密用户数据；可信条件难以满足；VMM负荷加重

图 7.1 云数据安全存储技术比较

（2）完整性审计

数据完整性审计模型主要有以下几种：POR（Proofs of Retrievability）模型、数据可检索证据模型、公有云存储环境中的数据公开审计模型。此外，还有一些数据外包审计技术及模型，如纠删码、同态令牌、基于公钥的同态认证、MHT、基于认证数据结构的外包数据认证模型等。

（3）密文访问控制

基于属性的密文访问控制是一种比较常用的访问控制技术。典型的基于属性的密文访问控制技术有以下两种：基于密钥策略的 KP-ABE、基于密文策略的 CP-ABE。

ABE 加密算法一般包括以下 4 个流程。

① 初始化阶段：输入系统安全参数，产生相应的公共参数（PK）和系统主密钥（MK）。

② 密钥生成阶段：解密用户向系统提交自己的属性，获得属性相关联的用户密钥（SK）。

③ 加密阶段：数据拥有者对数据进行加密，得到密文（CT）并发送给用户或者发送到公共云上。

④ 解密阶段：解密用户获得密文，用自己的密钥 SK 进行解密。

7.1.3　数据库安全

1. 数据库安全定义

关于数据库安全,国内外有不同的定义。国外以 Pfleeger C P 在 *Security in Computing* 中对数据库安全的定义最具有代表性,被国外许多教材、论文和培训所广泛应用。该定义从以下方面对数据库安全进行了描述。

① 物理数据库的完整性:数据库中的数据不被各种自然的或物理的问题,如电力问题或设备故障等而破坏。

② 逻辑数据库的完整性:对数据库结构的保护,如对其中一个字段的修改不应该破坏其他字段。

③ 元素安全性:存储在数据库中的每个元素都是正确的。

④ 可审计性:可以追踪存取和修改数据库元素的用户。

⑤ 访问控制:确保只有授权的用户才能访问数据库,这样不同的用户被不同的访问方式所限制。

⑥ 身份验证:不管是审计追踪还是对某一数据库的访问,都要经过严格的身份验证。

⑦ 可用性:对授权的用户应该随时可进行应有的数据库访问。

本书采用我国《计算机信息系统安全保护等级划分准则》中的《中华人民共和国公共安全行业标准(GA/T 389—2002)》中的"计算机信息系统安全等级保护数据库管理系统技术要求"对数据库安全的定义:数据库安全就是保证数据库信息的保密性、完整性、一致性和可用性。保密性指保护数据库中的数据不被泄露和未授权地获取;完整性指保护数据库中的数据不被破坏和删除;一致性指确保数据库中的数据满足实体完整性、参照完整性和用户定义完整性要求;可用性指确保数据库中的数据不因人为和自然的原因对授权用户不可用。当数据库被使用时,应确保合法用户得到的数据的正确性,同时要保护数据免受威胁,确保数据的完整性。数据库不仅储存数据,还要为使用者提供信息。应该确保合法用户在一定规则的控制和约束下使用数据库,同时应当防止入侵者或非授权者非法访问数据库。数据库的安全主要应由数据库管理系统(DBMS,DataBase Management System)来维护,但是操作系统、网络和应用程序与数据库安全的关系也是十分紧密的,因为用户要通过它们来访问数据库,而且和数据库安全密切相关的用户认证等其他技术也是通过它们来实现的。

2. 数据库安全策略

数据库安全通常通过存取管理、安全管理和数据库加密来实现。存取管理就是一套防止未授权用户使用和访问数据库的方法、机制和过程,通过正在运行的程序来控制数据的存取和防止非授权用户对共享数据库的访问。安全管理指采取何种安全管理机制来实现数据库管理权限分配,一般分为集中控制和分散控制两种方式。数据库加密主要包括:库内加密(以一条记录或记录的一个属性值作为文件进行加密)、库外加密(以整个数据库,包括数据库结构和内容作为文件进行加密)、硬件加密等 3 大方面。虽然数据库安全模型和安全体系结构以及数据库安全机制对于数据库安全来说也非常重要,但是对它们的研究和应用进展缓慢。迄今为止,在数据库安全模型上已做了很多工作,但仍然有许多难题,安全体系结构方面的研究工作还刚刚开始,安全机制上仍保持着传统的机制。20 世纪 90 年代以来,数据库安全的主要工作围绕着关系数据库系统的存取管理技术的研究展开。数据库安全策略主要包括以下 5 方面。

（1）身份鉴别

身份鉴别是为了确认用户的真实身份与其声称的身份是否相符。使用身份鉴别策略可以很好地确保合法用户获得数据库的使用权限。常用的身份鉴别手段有：静态口令鉴别、动态口令鉴别、生物特征鉴别等。静态口令鉴别需要用户输入口令，与事先存储在数据库中静态不变的口令进行比较。动态口令正如其名，其口令是动态变化的，即采用一次一密的方法，常用的方式有短信密码与动态令牌。生物特征鉴别主要是利用图像处理等技术对生物个体唯一、稳定的生物特征如指纹、虹膜、声纹进行采样，然后与数据库中预先存入的生物特征进行匹配鉴定。

（2）存取控制

存取控制是指对系统内的所有数据规定每个用户对它的操作权限，使用存储控制策略可以让数据只能在规定范围内使用，从而达到保护的目的。常用的存取控制策略有自主存取控制、强制存取控制、角色存取控制等。自主存取控制（DAC）：对系统内的所有数据规定每个用户对它的操作权限定义并检查用户权限，使数据在合法范围内使用自主存取控制、强制存取控制、角色存取控制。强制存取控制（MAC）：用户不能更改自己或他人的操作权限，一切操作权限由系统管理员统一分配。角色存取控制（RBAC）：数据权限相同的用户被定义为同一角色，系统管理员确定用户角色并分配权限。

（3）真实性检测

真实性检测是指对系统内的所有数据进行数据准确性、可靠性和防篡改性等检查。真实性检测主要是为了防止数据库中存在不正确的数据，防止恶意破坏和非法存取完整性约束、断言、触发器、杂凑运算等。

（4）数据加密

数据加密是指通过算法将明文变换为不可直接识别的密文，合法用户才可解密。数据加密能够有效解决数据明文存储引起的泄密风险，防止入侵和越权访问行为，主要算法有私钥加密算法和公钥加密算法。常用的加密形式有以下几种：数据库级加密，对数据库中的所有表格、视图、索引等都要执行数据加密，易实现，密钥管理简单，但查询效率较低，适合移动存储设备的机密数据加密；表级加密，对数据库中的每一个表格使用专门的函数来进行加密，效率略低，灵活度提高；记录级加密，对数据库中每一条记录使用专门的函数来进行加密，比表级加密有更高的灵活性，查询性能更好，但对单个字段查询需要对整条数据进行查询；数据项级加密，对数据库中记录的每个字段采用不同密钥进行加密，安全强度高，抗攻击，但在密钥的管理使用、定期更新方面较复杂。

（5）审计检测

审计检测是指启用专用的审计日志（Audit Log）来记录用户对数据库的操作。通过审计日志可以追踪操作信息，找出非法存取数据的恶意用户。

3. 数据库安全挑战

据 Verizon 2015 年的数据安全报告分析，在针对数据库的攻击中，有 60％的攻击可以在数分钟内实现对数据库信息的窃取（如图 7.2 所示）。因此加强数据库安全是非常急迫并且十分有必要的。

图 7.2　Verizon 2015 年数据安全报告

7.2　云安全技术

7.2.1　云计算简介

1. 云计算

云计算(Cloud computing)是以互联网为基础衍生出的一种新型计算模式,在这种计算模式下,支持共享的软件资源和硬件资源可以通过网络提供给远端的计算机或者其他终端设备。在早期,云计算也被称为 云计算发展新趋势 分布式计算,随着云计算的发展,我们现在所说的云计算已经不单单是分布式计算一种形式,而是结合了分布式计算、热备份冗杂、并行计算、网络存储、负载均衡、效用计算和虚拟化等计算机技术的一种计算模式。

图 7.3 为云计算架构图。

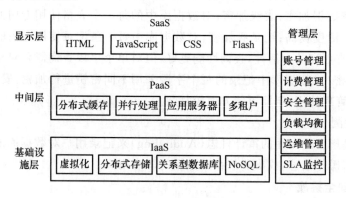

图 7.3　云计算架构图

云计算可分为显示层、中间层、基础设施层和管理层四层结构,各层的主要功能如下。显示层:将数据内容以美观舒适的方式展现给用户。中间层:为基础设施层提供服务,并将服务用于支撑显示层。基础设施层：连接存储数据库，为中间层提供计算和存储等资源。管理层：给上述三层提供管理和维护技术，协调处理三层的运行。

2. 云计算的服务模式

美国国家标准和技术研究院定义了云计算的三种服务模式：IaaS 模式、PaaS 模式以及 SaaS 模式。三种模式分别对应云计算架构中的基础设施层、中间层以及显示层。

（1）软件即服务模式（SaaS）

SaaS 是一种通过 Internet 提供软件的模式，用户无须购买软件，而是向提供商租用基于 Web 的软件来管理企业经营活动。相对于传统的软件，SaaS 解决方案有明显的优势，包括较低的前期成本和便于维护、快速展开使用等。SaaS 是企业为提高自己的影响力，增加用户黏度而做出的一种尝试。

SaaS 模式与传统许可模式软件有很大的不同，它是未来管理软件的发展趋势。相较传统服务方式而言，SaaS 具有很多独特的特征：①多租户特性，SaaS 通常基于一套标准软件系统来为成百上千的不同租户提供服务；②互联网特性，SaaS 通过互联网为用户提供服务；③服务特性，考虑服务合约的签订、服务使用的计量、在线服务质量的保证等问题；④按需付费特性，用户可以根据需求按需订购软件应用服务；⑤开放性，平台提供应用功能的集成、数据接口的集成、组件的集成；⑥成本低，客户只需要支付个人计算机和互联网服务所需的费用。Saas 云如图 7.4 所示。

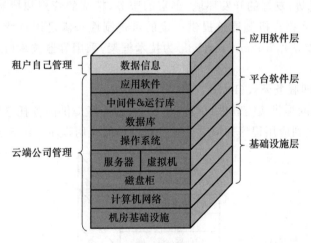

图 7.4 SaaS 云

基于 SaaS 模式的软件一般比较庞大，安装、使用以及运维等方面的操作都比较复杂，并且这些软件单独购买时价格比较昂贵，我们常用的 Office 365 等办公软件以及 ERP、CRM 等工程软件都属于 SaaS 这一模式下的软件。此外，基于 SaaS 模式的软件通常是以企业用户为主要应用对象的，这就要求软件需要具有一定的协同能力，具备文档的协同处理、屏幕共享、邮件系统、会议管理等功能。而对于需要实时处理的业务场景如飞行控制、工业自动化等场景，基于 SaaS 模式的软件通常不能很好地适配。

（2）平台即服务模式（PaaS）

PaaS 模式为开发人员提供通过全球互联网构建应用程序和服务的平台，PaaS 是 SaaS 的发展。PaaS 模式为开发、测试和管理软件应用程序提供按需开发的环境。PaaS

云如图 7.5 所示。

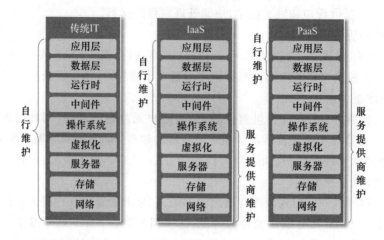

图 7.5 PaaS 云

常见的 PaaS 平台有：Google 的 Google App Engine 平台、微软的 Windows Azure 平台、Salesforce. com PaaS 的 Force. com IBM Bluemix 平台、新浪的 Sina App Engine 以及百度的 Baidu App Engine 平台，此外还有一些开源平台如 Cloud Foundry 等。

PaaS 平台的优势：友好的开发环境，丰富的服务，精细的管理和控制，强弹性——弹性计算层，高可靠性，多租户机制能够提供一定的可定制性来满足用户特殊需求，整合率高。目前，PaaS 2.0 主要使用 kubernetes(k8s)为技术框架，采用容器技术(Docker)来实现部署运行。

（3）基础设施即服务模式(IaaS)

IaaS 通过互联网提供按需软件付费应用程序，云计算提供商务托管和管理软件应用程序，允许其用户连接到应用程序并通过全球互联网访问应用程序。IaaS 云如图 7.6 所示。

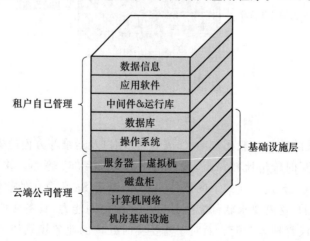

图 7.6 IaaS 云

IaaS 把 IT 基础设施作为一种服务，通过网络来对外提供。在这种服务模型中，用户不用自己构建一个数据中心，而是通过租用的方式来使用基础设施服务，包括服务器、存储和网络等。在使用模式上,IaaS 与传统的主机托管有相似之处,但是在服务的灵活性、扩展性和成本等方面 IaaS 具有很强的优势。

IaaS 包括网络和通信系统提供的通信服务、服务器设备提供的计算服务、数据存储空间提供的存储服务、操作系统、通用中间件和数据库等基础软件服务。通常 IaaS 提供商把几个 IaaS 进行组合,以产品目录的形式告知 IaaS 使用者能够提供何种产品。

关于公有云 IaaS 服务商,国内的主要有阿里云、腾讯云、UCloud、天翼云、首都在线、青云等云服务商;国外的主要有亚马逊网络服务(AWS)、微软、谷歌、CenturyLink、IBM(SoftLayer)、Vmware 等云服务商。

IaaS 的优势:用户免部署与维护,经济性——对于用户和服务提供者,开放标准——跨平台,灵活迁移,支持应用范围广泛,伸缩性强。

IaaS 云的发展阶段如图 7.7 所示。

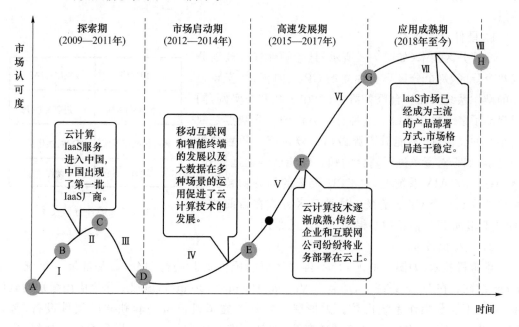

图 7.7　IaaS 云的发展阶段

3. 云计算的部署方式

对于云的分类,NIST 认为云有两种类型——内部云和外部云,以及四种部署模型——私有云、社区云、公共云、异种云。维基百科认为云可分为私有云、公共云和异种云。下面以维基百科的分类来进行详述。

① 私有云或企业云(Private Cloud 或 Enterprise Cloud):主要是大型企业内部拥有的云计算数据中心,如银行、电信等行业用户以及关注数据安全的用户。大型企业的 IT 部门无需将业务完全转给公共云供应商,它们会保留原有系统,但新增系统将选用基于云计算的架构。

② 公共云(Public Cloud):云计算基础设施供应商拥有大量的数据中心,为中小企业提供云平台和云应用,即通常所指的公共云供应商,为社区服务的公共云可被视为社区云,专门为某个企业服务的云可被视为托管云。

③ 异种云或联邦云(Hybrid Cloud 或 Federal Cloud):提供云间的互操作接口,各种云的集合体,如 VMWare UCloud、OpenNebula。

4. 云计算网络架构中的关键技术

(1) 虚拟化技术

虚拟化技术(Virtualization)和分区技术(Partition)紧密结合在一起,从 20 世纪 60 年代 UNIX 诞生起,虚拟化技术和分区技术就开始发展,并且经历了"硬件分区"→"虚拟机"→"准虚拟机"→"虚拟操作系统"的发展历程。最早的分区技术诞生自人们想提升大型主机利用率的需求。比如在金融、科学等领域,大型 UNIX 服务器通常价值数千万乃至上亿元,但是实际使用中多个部门却不能很好地共享其计算能力,常导致需要计算的部门无法获得计算能力,而不需要大量计算能力的部门占有了过多的资源。这个时候分区技术出现了,它可以将一台大型服务器分割成若干分区,分别提供给生产部门、测试部门、研发部门以及其他部门。

1) 硬件分区技术

硬件分区技术(如图 7.8 所示)是指硬件资源被划分成数个分区,每个分区享有独立的 CPU、内存,并安装独立的操作系统。在一台服务器上,存在多个系统实例,同时启动了多个操作系统。这种分区方法的主要缺点是缺乏很好的灵活性,不能对资源做出有效调配。随着技术的进步,如今对资源进行划分的颗粒性能已经远远提升,例如在 IBM AIX 系统上,对 CPU 资源的划分颗粒已经可以达到 0.1 个 CPU 量级。这种分区方式在目前的金融领域,比如银行信息中心得到了广泛的采用。

应用程序1	应用程序2
二进制文件/库	二进制文件/库
客户机操作系统	客户机操作系统
硬件	硬件

图 7.8 硬件分区技术

2) 虚拟机技术

虚拟机技术(如图 7.9 所示)不再对底层的硬件资源进行划分,而是部署一个统一的 Host 系统。在 Host 系统上,加装了 Virtual Machine Monitor,虚拟层作为应用级别的软件而存在,不涉及操作系统内核。虚拟层会给每个虚拟机模拟一套独立的硬件设备,包含 CPU、内存、主板、显卡、网卡等硬件资源,在其上安装所谓的 Guest 操作系统。最终,用户的应用程序将运行在 Guest 操作系统中。这种虚拟机运行的方式有一定的优点,比如能在一个节点上安装多个不同类型的操作系统;但缺点也非常明显,虚拟硬件设备要消耗资源,大量代码需要被翻译执行,造成了性能的损耗,以上特点使其更适用于实验室等特殊环境。虚拟机技术的代表产品有 EMC 旗下的 VMware 系列、微软旗下的 Virtual PC/Server 系列等。

3) 准虚拟机技术

为了改善虚拟机技术的性能,一种准虚拟机(Para-Virtualizion)技术(如图 7.10 所示)诞生了。这种虚拟技术以 Xen 为代表,其特点是修改操作系统的内核,加入一个 Xen Hypervisor 层。它允许安装在同一硬件设备上的多个系统同时启动,由 Xen Hypervisor 来进行资源调配。在这种虚拟环境下,依然需要模拟硬件设备,安装 Guest 操作系统,并且还需要修改操作系统的内核。Xen 相对于传统的虚拟机技术,性能稍有提高,但并不十分显著。为了进一步提高性能,Intel 和 AMD 分别开发了 VT 和 Pacifica 虚拟技术,将虚拟指令加入到 CPU 中,使用了 CPU 支持的硬件虚拟技术,将不再需要修改操作系统内核,而是由 CPU 特有的指令集进行相应的转换操作。

应用程序1	应用程序2
二进制文件/库	二进制文件/库
客户机操作系统	客户机操作系统
虚拟硬件	虚拟硬件
虚拟机监视器	
宿主机操作系统	
硬件	

图 7.9　虚拟机技术

应用程序1	应用程序2
二进制文件/库	二进制文件/库
客户机操作系统	客户机操作系统
虚拟硬件	虚拟硬件
虚拟机监视器	
硬件	

图 7.10　准虚拟机技术

4) 操作系统虚拟化技术

操作系统虚拟化技术以 SWsoft 的 Virtuozzo/OpenVZ 和 Sun 基于 Solaris 平台的 Container 技术为代表,其中 Virtuozzo 是商业解决方案,而 OpenVZ 是以 Virtuozzo 为基础的开源项目。它们的特点是由一个单一的节点运行唯一的操作系统实例,通过在这个系统上加装虚拟化平台,可以将系统划分成多个独立隔离的容器,每个容器是一个虚拟的操作系统,被称为虚拟环境(VE,Virtual Environment),也被称为虚拟专用服务器(VPS,Virtual Private Server)。在操作系统虚拟化技术中,每个节点上只有唯一的系统内核,不虚拟任何硬件设备。此外,多个虚拟环境以模板的方式共享一个文件系统,性能得以大幅度提升。在生产环境中,一台服务器可根据环境需要,运行一个 VE/VPS,或者运行上百个 VE/VPS。

(2) 分布式存储和计算

分布式存储系统(如图 7.11 所示)将数据分散存储在多台独立的设备上。传统的网络存储系统采用集中的存储服务器存放所有数据,存储服务器成为系统性能的瓶颈,也是可靠性和安全性的焦点,不能满足大规模存储应用的需要。分布式存储系统采用可扩展的系统结构,利用多台存储服务器分担存储负荷,利用位置服务器定位存储信息,不但提高了系统的可靠性、可用性和存取效率,还易于扩展。

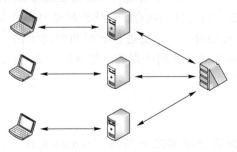

图 7.11　分布式存储系统

分布式存储和计算的关键技术主要包括以下几点。

1）元数据管理

在大数据环境下，元数据的体量也非常大，元数据的存取性能是整个分布式文件系统性能的关键。常见的元数据管理可以分为集中式元数据管理架构和分布式元数据管理架构。集中式元数据管理架构采用单一的元数据服务器，实现简单，但是存在单点故障等问题。分布式元数据管理架构则将元数据分散在多个结点上，解决了元数据服务器的性能瓶颈等问题，并提高了元数据管理架构的可扩展性，但实现较为复杂，并引入了元数据一致性的问题。另外，还有一种无元数据服务器的分布式架构，通过在线算法组织数据，不需要专用的元数据服务器。但是该架构对数据一致性的保障很困难，实现较为复杂，且文件目录遍历操作效率低下，并且缺乏文件系统全局监控管理功能。

2）系统弹性扩展技术

在大数据环境下，数据规模和复杂度的增加往往非常迅速，对系统的扩展性能要求较高。实现存储系统的高可扩展性首先要解决两个方面的重要问题：元数据的分配和数据的透明迁移。元数据的分配主要通过静态子树划分技术实现，后者侧重数据迁移算法的优化。此外，大数据存储体系规模庞大，结点失效率高，因此还需要具有一定的自适应管理功能。系统必须能够根据数据量和计算的工作量估算所需要的结点个数，并动态地将数据在结点间迁移，以实现负载均衡；同时，当结点失效时，数据必须可以通过副本等机制进行恢复，不能对上层应用产生影响。

3）存储层级内的优化技术

构建存储系统时，需要基于成本和性能来考虑，因此存储系统通常采用多层具有不同性价比的存储器件组成存储层次结构。大数据的规模大，因此构建高效合理的存储层次结构可以在保证系统性能的前提下，降低系统能耗和构建成本。利用数据访问局部性原理，可以从两个方面对存储层次结构进行优化。从提高性能的角度，可以通过分析应用特征来识别热点数据并对其进行缓存或预取，通过高效的缓存预取算法和合理的缓存容量配比，可以提高访问性能。从降低成本的角度，采用信息生命周期管理方法，将访问频率低的冷数据迁移到低速廉价的存储设备上，可以在小幅牺牲系统整体性能的基础上，大幅降低系统的构建成本和能耗。

4）针对应用和负载的存储优化技术

传统数据存储模型需要支持尽可能多的应用，因此需要具备较好的通用性。大数据具有大规模、高动态及快速处理等特性，通用的数据存储模型通常并不是最能提高应用性能的模型。而大数据存储系统对上层应用性能的关注远远超过对通用性的追求。针对应用和负载来优化存储，就是将数据存储与应用耦合。简化或扩展分布式文件系统的功能，根据特定应用、特定负载、特定计算模型对文件系统进行定制和深度优化，使应用达到最佳性能。这类优化技术在谷歌、Facebook 等互联网公司的内部存储系统上管理超过千万亿字节级别的大数据，能够达到非常高的性能。

（3）云资源管理技术

1）OpenStack

目前最热门的云资源管理技术之一当属 OpenStack 技术。OpenStack 最早是美国国家航空航天局和 Rackspace 在 2010 年合作研发的一个开源的云计算管理平台项目，它支持几乎所有类型的云环境。OpenStack 的设计理念是简单、可大规模扩展、接口丰富、标准统一。OpenStack 旨在为公共及私有云的建设与管理提供软件，OpenStack 系统或其演变版本目前已经被广泛应用在各行各业，包括自建私有云、公共云、租赁私有云及公私混合云。OpenStack 的主要用户包括思科、贝宝（Paypal）、英特尔、IBM、99Cloud、希捷等公司。

OpenStack 平台是采用 Python 语言编写的，遵循 Apache 开源协议。和 Ubuntu 相同，OpenStack 平台每半年更新一个新的版本。相较于其他的云管理平台，如 CloudStack，OpenStack 更轻量化，并且运行效率更高。OpenStack 的框架图如图 7.12 所示。

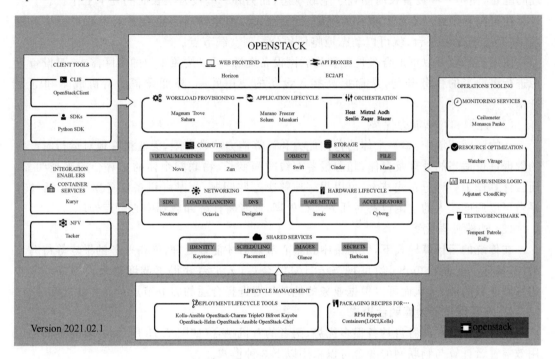

图 7.12　OpenStack 的框架图

OpenStack 的核心组件包括：①Nova，OpenStack 的执行部件，管理虚拟机的整个生命周期，包括创建、运行、挂起、调度、关闭、销毁；②Neutron，管理网络资源，提供一组应用编程接口（API）；③Swift，OpenStack 的数据库，把数据存储在多台计算机上，以确保数据的安全性和完整性；④Cinder，管理块设备，为虚拟机管理 SAN 设备源；⑤Keystone，为其他服务提供身份验证、权限管理、令牌管理及服务名册管理；⑥Glance，存取虚拟机磁盘镜像文件。

此外 OpenStack 还包括一些可选组件，感兴趣的读者可以自行查阅。

2）其他的一些云管理工具

CloudStack 工具：思杰（Citrix）收购 CloudStack 后让其开源，并将其捐献给 Apache 基金会。当社区版趋于稳定时，思杰公司及时把它转化为服务收费版 CloudPlatform。

Eucalyptus 工具：是一个基于 Linux 的模块化的软件架构，在企业现有的 IT 基础架构中部署可扩展的高效私有云或混合云。

7.2.2 物联网与云计算

1. 物联网与云计算相融合

物联网与云计算相融合可以取长补短,共同促进信息化社会的发展。二者融合后有以下几种优势。

(1) 成本优势

在传统物联网中,设备的部署成本、维护成本是非常巨大的,主要是设备资源得不到合理的配置,使得一些设备长时间处于空载状态,而另外一些设备又长时间处于工作状态。云计算在资源利用这一方面有很大的优势,云平台可以将资源进行整合并对资源进行统一管理,如 kubernetes 平台,就可以动态地将任务分配到空载节点。

使用云平台可以更加合理地配置物联网设备资源,可以按照用户的实际需求,对设备资源进行更恰当的任务分配,从而提高接入设备的使用效率,降低设备的待机成本和部署开销。

(2) 计算和存储能力优势

在物联网环境中,单一个体的存储能力和计算能力非常有限,无法很好地对运行时产生的数据进行适当的处理及存储,随着设备在线时间变长,物联网个体的劣势会越来越明显。而云计算作为一种分布式技术,可以很好地解决这些问题:当某一设备任务繁杂时,云计算平台可以调度接入的空闲设备对任务进行处理,或者将任务卸载到中心节点处理。

(3) 边缘处理优势

在传统的云计算模式下,数据集中到中心节点后才能被处理,使得业务的平均等待时长增加,降低了业务的 QoS。物联网与云计算结合后,云平台获得了调度边缘设备以及一些边缘服务器的能力,从而可以根据业务的地理位置选择合适的服务节点对业务就近卸载。

2. 物联网与云计算融合模式

云计算与物联网各自具备很多优势,两者的有机融合(如图 7.13 所示)将具有更高的应用效益。云计算与物联网的融合可以采用以下 3 种模式。

(1) 中心化模式

中心化模式把云中心或部分云中心作为数据/处理中心,终端获得信息,数据由云中心统一进行处理及存储,云中心提供统一界面给使用者操作或查看。

中心化模式可以降低对边缘设备计算、存储能力的要求,从而降低边缘设备的部署成本及运维开销。因此此类模式主要分布在范围较小的各物联网终端,如传感器、摄像头或手机等。这类中心化模式的应用非常多,如智能家居,智慧小区,对某一高速路段的检测,对幼儿园小朋友的监管及某些公共设施的保护等场景都是以中心化模式为核心构建的。

(2) 去中心化模式

在物联网与云计算的结合中,去中心化不是说整个网络模型不需要中心节点,而是根据业务的需求自行选择中心节点。随着网络规模的扩大,接入设备数量的增加,单一中心节点已经不能满足低时延、高可靠的需求。据高德纳公司的分析,2017 年全球约有 84 亿个端口接入到了互联网中,到 2020 年,接入到互联网中的端口数量已经达到 204 亿左右,根据思科的研究,到 2030 年这一数字将会增加到 5 000 亿。如此庞大的设备数量将产生极其夸张的数据量,如果继续采用以往的中心化架构,一是中心节点的负荷过大,业务排队时间较长,二是业务在核心网中转发次数过多,使得业务平均等待时间大大增加。这些问题在时延敏感的工业物联网体系中是不能被容忍的。

去中心化模式将会更加符合实际业务需求,它可以降低核心网负载,提升网络吞吐量,并且降低业务的平均等待时间。

在具体应用场景方面,去中心化模式比较适合于区域跨度较大的企业、单位。例如,一个跨多地区或多国家的企业,因其公司较多,要对各公司或工厂的生产流程进行监控、对相关的产品进行质量跟踪等,采用该模式就可以很好地解决这些问题。

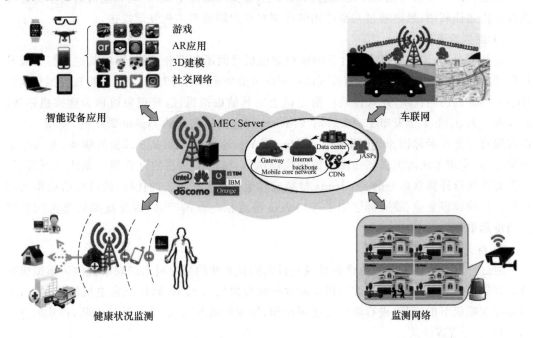

图 7.13 物联网云计算融合

(3) 信息、应用分层处理的海量终端模式

信息、应用分层处理的海量终端模式可以针对用户范围广、信息及数据种类多、安全性要求高等特征打造。当前,客户对各种海量数据的处理需求越来越多,应根据客户需求及云中心的分布进行合理的资源分配。

3. 云计算在物联网中的挑战

(1) 连接的规模

(2) 数据库的安全性

数据库安全是云计算安全中最重要的一部分。

(3) 统一的协议标准

统一的协议标准是物联网和云计算产业得以高速发展的前提,目前物联网和云计算还没有统一的协议和标准,具体协议还有待相关机构和企业进行制定。

7.2.3 云计算安全问题

1. 云计算面临的安全问题

云计算及网络
安全问题预测

云计算为物联网带来了便利,提高了资源使用效率,同时,它也面临着许多安全问题,如虚拟化安全问题、数据集中后的安全问题、云平台可用性问题、云平台遭受攻击的问题等,这些安全问题都是不能被忽视的。

(1) 虚拟化安全问题

在虚拟化场景中,主机安全问题和虚拟化网络安全问题是最需要被重视的安全问题,如果主机受到破坏,那么主机所管理的客户端服务器都会有被攻克的风险;如果虚拟网络的安全性受到破坏,那么客户端也会通过虚拟网络受到外部入侵者的攻击。此外,客户端的共享安全和主机的共享安全也是不能被忽视的问题,在实际应用中,客户端和主机的共享都有可能被不法之徒利用,最终通过共享应用的漏洞对客户端或者主机发起攻击。

1) 虚拟机逃逸

正常情况下,同一虚拟化平台下的客户虚拟机之间不能互相监视,影响其他虚拟机及其进程,但虚拟化漏洞的存在或隔离方式的不正确可能会导致隔离失效,使得非特权虚拟机获得Hyper visor 的访问权限,并入侵同一宿主机上的其他虚拟机,这种现象被称为虚拟机逃逸。2017 年 7 月,Github 上发布了一个针对 VMware 的虚拟机逃逸的 exploit 源代码,使用 C++语言编写。据作者称该源代码影响了 VMware Workstation 12.5.5 以前的版本,并给出了演示过程,实现了从虚拟机到宿主机器的代码执行,弹出了熟悉的计算器。该代码开源后,只需要将执行计算器部分的 shellcode 替换成其他具有恶意攻击的代码,就可以造成很大的危害。目前很多企业、政府都使用了 VMware 等虚拟厂商的产品,因此虚拟机逃逸问题更应当得到重视。

2) 虚拟机跳跃

通过一台虚拟机监控其他虚拟机或是接入到其所在的宿主机上的现象被称为虚拟机跳跃。例如,在同一物理机上的虚拟机 a 通过获取虚拟机 b 的 IP 地址或宿主机的控制权,进而监控虚拟机 b 的流量,进行流量攻击等操作,使虚拟机 b 离线,造成通信中断,停止服务。

3) 远程管理缺陷

运维人员通常使用远程管理平台对虚拟机进行管理,如 VMware 的 vCenter、XenServer 的 XenCenter。集中管理虽然降低了管理复杂度,但可能带来如跨站脚本攻击、SQL 注入攻击等危险。

4) 拒绝服务攻击

同一物理机上的虚拟机共享资源,如果攻击者利用一台虚拟机获得宿主机的所有资源,导致其他虚拟机没有资源可用,将造成虚拟化环境下的拒绝服务攻击。

(2) 数据集中后的安全问题

数据集中后的安全问题包括:如何保证云服务提供商内部的安全管理和访问控制机制符合客户的安全需求;如何实施有效的安全审计,对数据操作进行安全监控;如何避免云计算环境中多用户共存带来的潜在风险。

(3) 云平台可用性问题

用户的数据和业务应用处于云计算系统中,其业务流程将依赖于云计算服务提供商所提供的服务,这对服务商的云平台服务连续性、SLA 和 IT 流程、安全策略、事件处理和分析等提出了挑战。另外,当发生系统故障时,如何保证用户数据的快速恢复也是一个重要问题。

(4) 云平台遭受攻击的问题

云计算平台由于其用户、信息资源的高度集中,容易成为黑客攻击的目标,由拒绝服务攻击造成的后果和破坏性将会明显超过传统的企业网应用环境。

2. IaaS 安全

（1）监视数据泄露和使用情况

云中存储着大量的数据，企业需要密切地监视存储在公共云和私有云 IaaS 基础架构中的数据。在将 IaaS 部署到云计算时，我们需要确保只有授权用户才能访问数据。企业可以通过建立规范的数据管理流程来解决这一问题，该服务将连续监视数据使用情况，并根据安全策略限制使用情况。

（2）授权与认证

众所周知，只使用用户名和密码登录的身份验证机制并不安全，为了获得一个高效的数据丢失防护（DLP）方案，还需要更严谨的认证和授权方法。我们可以使用多因素身份验证，建立分等级的访问策略来解决这一问题。

（3）日志记录和报告

日志记录和报告可以跟踪信息的下落、用户、处理信息的机器的信息以及存储区域。因此，无论是在私有云还是在公共云中，都要有高效的日志记录和报告，使 IaaS 的部署更加高效。日志和报告方案对于服务的管理和优化非常重要，在遭受安全损害时，其重要性更为明显。

（4）端到端的加密

想要保护 IaaS 的安全，不仅要对用户的数据文件进行加密，还需要充分利用端点到端点之间的加密来确保磁盘上所有数据的安全，以及防止离线攻击。除了整盘加密，还要确保 IaaS 基础架构中与主机操作系统和虚拟机的所有通信都要加密。同时，为了提高安全性，企业应尽可能部署同态加密等机制，以保持终端用户通信的安全。

3. PaaS 安全

（1）功能安全

多租户隔离：租户基于 Domain 和 Project 的机制进行隔离，每个 Domain 的租户权限与资源互相隔离。其中，租户 Domain 的资源和权限集合为多个 Project 的总和。租户内采用多用户和多用户组的管理方式，用户基于角色来进行授权，全部对接 IAM 来统一身份认证，实现统一的用户权限和资源管理。

多租户资源管理：通过 IAM 可以统一实现租户的资源信息同步和管理。用户可查看、增加自己的配额能力，构建自己的集群，部署各种服务。

身份认证和访问控制：PaaS 的身份认证和访问控制，主要通过内置各服务租户和大量角色来进行用户访问控制，IAM 进行认证和授权，以及基于 Xrole 的信任管理。

单点登录：在 PaaS 中，是多用户、多 Web 应用，单个 SSO 认证中心的机制，实现所有登录认证都在 SSO 认证中心统一认证，SSO 认证中心与 Web 应用建立一种信任关系。SSO 服务提供 SSO Server 和 SSO Client 软件，基于 CAS 来实现。

基于 SAML 的第三方 IDP 对接：多个应用的用户登录认证可以使用基于 SAML 的共享信任的机制，让 IAM 认证中心来对接第三方的 IDP 服务，达到多应用下用户的共享信任。

PSM 密钥管理系统：PSM 主要为 PaaS 的密钥和证书管理系统，主要在初始化安装、创建 Namespace、纳管节点、创建 pod、证书和密钥更新过程中，对密钥和证书进行管理。

数据安全:使用主流的隐私模型和算法,集成主流的匿名化算法,覆盖数据的整个生命周期。

(2) 运维安全

日志异常行为监测:运维面审计日志,通过 rest 接口记录运维管理员操作日志;管理面审计日志,通过将用户行为记录到本地文件与运行日志分开;日志分析主要依赖于 ALS (Application Log Service)和 DPA(Data Process Analysis)。ALS 可以提供统一的日志收集、查询、配置服务。DPA 对收集的日志进行大数据分析,从中查找异常行为。

(3) OpenAPI 安全

API 安全检测:认证检测,防止被篡改和重放攻击;流量检测,防 DDoS 攻击;对受限资源的访问授权;报文异常参数检测。

(4) 基础设置安全

1) 网络隔离

在 PaaS 组网与外网间采用防火墙隔离。PaaS 内网采用双网卡的 HA LB 将运维、管理面和租户面进行隔离。租户面与运维、管理面采用不同网段和 VIP,互相之间通过 LB 的两个 VIP 进行路由转发。同时还需要对应的 I 层虚拟机进行网络隔离的安全设置,以达到虚拟机的逻辑 VLAN 隔离。

2) WAF

在 PaaS 中使用 WAF 进行 Web 防护,WAF 需要具备如下能力:纵深安全防护,黑名单特征检测和协议重组检测;自学习建模和白名单,提高检测效率和准确率;高性能检测,对于静态文件进行高速转发,无需通过特征库检测;防篡改,自学习网站页面内容,对常用内容进行缓存和比对;自动侦测应用,从流量中自学习 Web 协议信息,获取新增应用信息;实时安全响应和告警;透明代理,部署 WAF 对用户网络透明,提升性能;高速缓存,对于静态文件进行大量缓存,提升服务器处理性能;CC 防护。

3) Anti-DDoS

在对接外网时,使用 Anti-DDoS 服务器将网络流量复制到检测中心。检测中心发现 DDoS 流量则通知 ATIC 服务器,联动路由器,将流量引流到清洗中心,进行流量清洗。剩余有效流量返回路由器进行转发。

(5) 容器和镜像安全

1) CVE 安全扫描

在镜像入库和部署前,采用工具进行漏洞扫描。

2) CIS 容器一致性检测

使用扫描工具,基于 CIS(Center for Internet Security)的策略,对运行态的容器进行检查。

3) 容器运行态防护

可使用容器监控工具,针对具体的容器、镜像、服务主机以及标签(Labels),对运行中的文件、网络监控、进程以及系统调用进行监测。

4) 镜像签名保护

Notary 获取 Docker 镜像中的 manifest 文件,manifest 包括各个层的散列值的详细信息。Notary 对 manifest 文件进行签名,并且增加时间戳的签名。

4. SaaS 安全

（1）选择优质的 SaaS 提供商

无论人们正在寻找什么类型的 SaaS 软件服务，都有很多选择，基于云的软件安全性很大一部分掌握在人们的 SaaS 软件厂商手中。

选择优质的 SaaS 提供商可以遵循以下步骤。首先，寻找提供密码保护和用户控制的 SaaS 软件厂商，以限制对敏感数据的访问，并在可能的情况下进行某种数据加密。然后，询问供应商存储数据的位置和方式以及备份和恢复过程的工作方式。最后，寻找 SaaS 软件厂商可靠的证据，如通过参考大多数 SaaS 软件厂商的客户情况来了解。

（2）创建云计算策略

云计算策略指定谁可以访问软件，用于何种目的以及在何种情况下访问软件。它规定了如何管理用户以及如何允许员工使用该软件（例如，可以通过个人移动设备访问系统还是只能在工作计算机上访问系统）。

（3）不要将敏感数据放到系统上

虽然使用基于云的软件主要好处之一是它能够与其他应用程序无缝集成，从而为许多功能提供集中的用户体验，但并不是说所有数据都应存储在云上。如果敏感数据（如个人或专有）不必在线，请将其存储在本地服务器上。

（4）采用最高标准的互联网安全措施

虽然供应商负责保障大部分数据的安全性，但用户仍需要采取预防措施。使用标准的 Internet 安全措施，例如运行防病毒软件并确保所有用户都选择足够强大的密码。

除此之外，还应该实施一个用于密码恢复的安全协议，特别是如果用户从个人设备访问系统或在异地时访问系统的情况。

（5）定期审核安全控制措施

安全审核应定期进行，SaaS 审核有各种标准，具体取决于应用程序的类型。理想情况下，SaaS 软件厂商将聘请可靠的第三方来完成审核，然后共享结果。此外，还可以让第三方或内部团队定期审核软件实施。

与其他安全工作一样，云计算的安全性在某种程度上也是一场竞争——软件提供商一直在努力保持领先于潜在的黑客。使用这五大方案可确保人们的 SaaS 软件厂商也领先于同行。

7.2.4 云安全关键技术

云安全的关键技术如下。

（1）可信访问控制技术

在云计算模式下，研究者关心的是如何通过非传统访问控制类手段来实施数据对象的访问控制。可信访问控制技术就是一种典型的控制类手段，其实现过程如图 7.14 所示。在可信访问加密方面，得到关注最多的是基于密码学方法实现访问控制，主要包括基于属性的加密算法和基于代理重加密的方法等。

基于属性的加密算法主要有基于密钥策略的 KP-ABE、基于密文策略的 CP-ABE 两种，在之前的章节已经详细介绍过，这里不再赘述。

基于代理重加密的方法详述如下。代理重加密就是委托可信第三方，或是半诚实代理

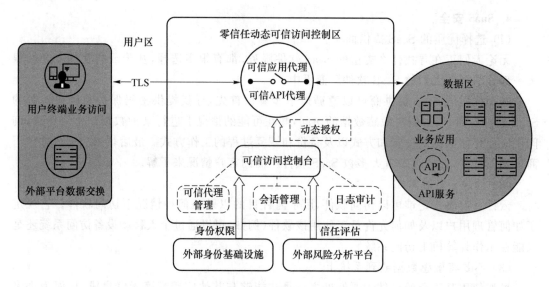

图 7.14 可信访问控制

商将自己公钥加密的密文转化为可用另一方私钥解开的密文,从而实现密码共享。具体实现过程如下。①A 将明文 M 用自己的公钥 Cpka 加密,Cpka＝Enc(Pka,M),其中的 M 就是 A 想要给 B 的内容。②A 将 Cpka 发给半诚实代理商,并为其生成转化密钥,这个密钥是由 A 为代理商计算好生成的密钥。③Proxy 用 A 生成的密钥将密文 Cpka 转化为 B 的私钥能够解密的密文 Cpkb,其中 Proxy 只是提供计算转化服务,无法获得明文。④Proxy 将生成好的 Cpkb 发给 B。⑤B 解密获得 A 想要秘密共享的明文 M。该过程主要解放了 A,A 只需生成代理密钥,具体文件的传输、文件的转化、文件的存放都是半诚实代理商完成的。

(2) 密文检索与处理

密文检索有两种典型的方法,一是基于安全索引的方法,通过为密文关键词建立安全索引,检索索引查询关键词是否存在;二是基于密文扫描的方法,对密文中的每个单词进行比对,确认关键词是否存在,以及统计其出现的次数。

(3) 数据存在与可使用性证明

云用户需在取回很少数据的情况下,通过某种知识证明协议或概率分析手段,以高置信概率判断远端数据是否完整。典型的方法包括:面向用户单独验证的数据可检索性证明(POR)方法和公开可验证的数据持有证明(PDP)方法。

POR 方法的基本流程:①客户端对数据进行处理,包括纠错编码(删除码)、加密、随机置换、计算签名(MAC);②客户端将处理后的结果存储到服务器,且在本地不保留客户端,可随时查询被服务器保存的数据的完整性,随机选择一批"参数"发送给服务器;③服务器根据接收到的"参数"计算出"应答",发回客户端;④客户端根据收到的"应答",判断该次查询是否成功,客户端通过多次查询,可以取回原文件。

PDP 方法的基本流程如下。数据持有性证明过程分为两个阶段, 即挑战阶段和应答阶段:①首先,可信第三方 TPA 向云服务器提供商 CSP 发出挑战请求,请求服务器提供商 CSP 提供用户数据仍然完整地、正确地、有效地存储在服务器中的证据;②CSP 接收到 TPA 的挑战请求后,按照 TPA 的请求内容对存储数据进行一系列的计算,生成相应的数据存在证据,并将证据作为响应信息对 TPA 发出的挑战做出应答。

(4) 数据隐私保护

云计算中数据隐私保护涉及数据生命周期的每一个阶段:数据生成阶段、计算阶段、存储和使用阶段等。隐私保护系统一般采用以用户为中心的信任模型(如图 7.15 所示)、匿名数据搜索引擎等技术。

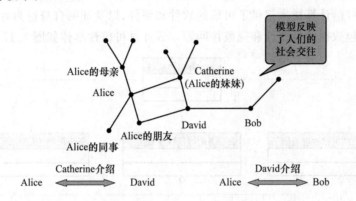

图 7.15　以用户为中心的信任模型

在以用户为中心的信任模型中每个用户可以自由地决定谁是可信用户。用户的最初可信对象主要是朋友、家人、同事等,但是否真正信任某证书会被许多因素影响。PGP 的一个用户通过担当 CA(签发其他实体的公钥)来发布其他实体的公钥——建立信任网(Web of Trust)。

(5) 虚拟化安全技术

使用虚拟化技术的云计算平台上的云架构提供者必须向其客户提供安全性和隔离保证,除了虚拟机的安全隔离技术,虚拟机映像文件的安全问题也应该得到重视,每一个映像文件对应一个客户应用,它们必须具有高完整性,且需要可以安全共享的机制。虚拟化架构类型如图 7.16 所示。

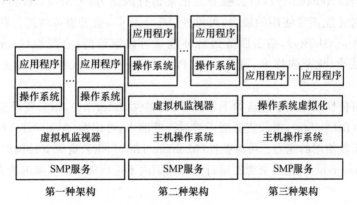

图 7.16　虚拟化架构类型

(6) 云资源访问控制

在云计算环境中,各个云应用属于不同的安全管理域,每个安全管理域都管理着本地的资源和用户。当用户跨域访问资源时,需在域边界设置认证服务,对访问共享资源的用户进行统一的身份认证管理。在跨多个域的资源访问中,各域有自己的访问控制策略,在进行资源共享和保护时必须对共享资源制定一个公共的、双方都认同的访问控制策略,因此,需要支持策略的合成。

(7) 可信云计算

将可信计算技术融入云计算环境,以可信赖的方式提供云服务已成为云安全研究领域的一大热点。可信计算技术提供了可信的软件和硬件,以及证明自身行为可信的机制,可以被用来解决外包数据的机密性和完整性问题。云计算可信性本体如图 7.17 所示。

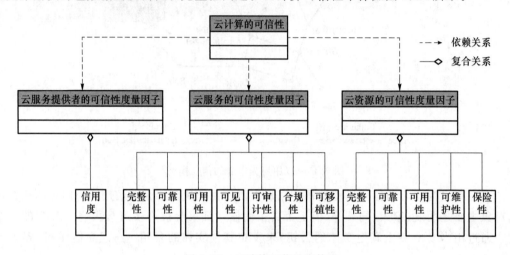

图 7.17　云计算可信性本体

云计算的可信性体现为几个方面:可信性体现出实体实际的行为或状态与期望的一致性;可信性是个综合属性,包含了多种子属性;可信性是个动态属性,随着条件的变化而变化;可信性可以量化表示,被称为可信度,可信度是确定信任的基本依据。

云服务的可信性度量因子包含如下子属性:完整性(Integrity),指云服务抵抗服务被修改的能力;可靠性(Reliability),指云服务能正常运行的能力;可用性(Availability),指云服务在出现故障时还能正常使用的能力;可见性(Visibility),指云服务的运行状态是可以感知的;可审计性(Auditability),指云服务运行环境是可以审计的;合规性(Compliance),指云服务满足相关法律、规范或标准;可移植性(Portability),指云服务上的业务可以在不同云环境之间迁移。

云资源的可信性度量因子包含如下子属性:完整性(Integrity),指云资源抵御系统被修改的能力;可靠性(Reliability),指云资源能正常运行的能力;可用性(Availability),指云资源在出现故障时还能正常使用的能力; 可维护性(Maintainability),指云资源支持调整、修复和容错的能力;保险性(Assurance),指云资源在运行生命周期内不造成灾难性后果的能力。

习　题

一、选择题

1. 按照部署方式和服务对象,可将云计算划分为(　　)。

A. 公有云、私有云和混合云   B. 公有云、私有云

C. 公有云、混合云   D. 私有云、混合云

2. 将基础设施作为服务的云计算服务类型是( )。

A. HaaS   B. IaaS   C. PaaS   D. SaaS

3. 2008 年,( )先后在无锡和北京建立了两个云计算中心。

A. IBM   B. 谷歌   C. 亚马逊   D. 微软

4. 谷歌云计算基础平台有三大利器,下列不属于谷歌云的是( )。

A. 谷歌操作系统   B. MapReduce   C. 谷歌文件系统   D. BigTable

5. 云计算最大的特征是( )。

A. 计算量大   B. 通过互联网进行传输

C. 虚拟化   D. 可扩展性

6. 云计算(Cloud Computing)的概念是由( )提出的。

A. Google   B. 微软   C. IBM   D. 腾讯

7. 在云计算平台中,( )的含义是软件即服务。

A. IaaS   B. PaaS   C. SaaS   D. QaaS

8. 在云计算平台中,( )的含义是平台即服务。

A. IaaS   B. PaaS   C. SaaS   D. QaaS

9. 在云计算平台中,( )的含义是基础设施即服务。

A. IaaS   B. PaaS   C. SaaS   D. QaaS

10. 云计算是对( )技术的发展与运用。

A. 并行计算   B. 网格计算

C. 分布式计算   D. 以上三个选项都是

11. 从研究现状上看,下面不属于云计算特点的是( )。

A. 超大规模   B. 虚拟化   C. 私有化   D. 高可靠性

12. 与网络计算相比,不属于云计算特征的是( )。

A. 资源高度共享   B. 适合紧耦合科学计算

C. 支持虚拟机   D. 适用于商业领域

13. 亚马逊 AWS 提供的云计算服务类型是( )。

A. IaaS   B. PaaS

C. SaaS   D. 以上三个选项都是

14. 将平台作为服务的云计算服务类型是( )。

A. IaaS   B. PaaS

C. SaaS   D. 以上三个选项都不是

15. 微软于 2008 年 10 月推出的云计算操作系统是( )。

A. Google App Engine   B. 蓝云

C. Azure   D. EC2

16. 以下需要修改 Guest OS 内核的是( )。

A. 半虚拟化   B. 全虚拟化   C. 硬件虚拟化   D. 内存虚拟化

17. 虚拟机迁移过程中,迁移源主机在步骤( )中第一次迭代,把所有内存内容都复

制到目标主机中。

    A. 启动   B. 预复制   C. 预迁移   D. 停机复制

18. 迁移存储设备的最大障碍在于需要占用大量的时间和网络带宽,通常的解决办法是(   ),而非真正迁移。

    A. 使用外存储设备进行迁移   B. 以共享的方式共享数据和文件系统

    C. 使用分布式存储架构   D. 增大网络带宽

19. (   )使用标准 TCP/IP 网络协议加入网络。

    A. 文件服务器技术   B. 存储区域网络技术

    C. 网络连接存储技术   D. RAID 磁盘阵列技术

20. (多选)以下属于虚拟化技术的是(   )。

    A. 桌面虚拟化   B. 存储虚拟化

    C. 网络虚拟化   D. 服务器虚拟化

21. (多选)服务器虚拟化的底层实现包括(   )。

    A. 内存虚拟化   B. 硬盘虚拟化

    C. I/O 虚拟化   D. CPU 虚拟化

22. (多选)以下属于比较常见的网络虚拟化应用的是(   )。

    A. 虚拟网络设备   B. 虚拟专用网(VPN)

    C. 虚拟局域网(VLAN)   D. 存储区域网络技术(SAN)

23. (多选)软件定义网络(SDN)将网络分为(   )。

    A. 链路层   B. 数据层   C. 网络层   D. 控制层

二、简答题

1. 数据库安全常用技术有哪些? 简要说明。

2. 对云计算安全做一个简要概述,并分析未来我国云计算发展将面临哪些技术困难。

3. 简述物联网技术在智能交通领域的应用。

参 考 文 献

[1] 刘淑鹤,王芳. 数据容灾技术研究[J]. 网络安全技术与应用,2013(9):45-47.

[2] 刘梦荞,林岩,李瑶,等. 基于云计算的物联网技术分析[C]//2019 中国信息通信大会论文集(CICC 2019). 2019.

[3] 余祥,姚建波,李强. 我国云计算安全风险和应对[C]//第八届中国指挥控制大会论文集. 2020.

[4] Erl T. Service-Oriented Architecture:Concepts, Technology, and Design[M]. Prentice Hall PTR. 2005.

[5] Kamara S,Lauter K. Cryptographic Cloud Storage[C]//International Conference on Financial Cryptography and Data Security,Springer,Berlin,Heidelberg,2010.

[6] 冯朝胜,秦志光,袁丁. 云数据安全存储技术[J]. 计算机学报,2015,38(1):150-163.

第 **8** 章　物联网安全技术的发展趋势

8.1　物联网安全事件概述

　　早期的物联网是指依托射频识别(RFID)技术和设备,按约定的通信协议与互联网相结合,使物品信息实现智能化识别和管理,实现物品信息互联、可交换和共享而形成的网络。随着技术的应用和发展,物联网的内涵不断扩展。物联网是通信网和互联网的拓展应用和网络延伸,它利用感知技术与智能装置对物理世界进行感知识别,通过网络传输互联,进行计算、处理和知识挖掘,实现人与物、物与物的信息交互和无缝链接,以达到对物理世界实时控制、精确管理和科学决策的目的。

　　目前,物联网已广泛地应用到经济运行、基础设施、社会生活、军事国防等各个领域,通过对物理实体和自然资源的感知、识别、分析、处理和控制,大大地提升了生产生活和社会管理的智能化水平,并使人类更好地适应自然条件、环境状态和资源约束。从全球来看,物联网在行业领域的应用正在逐步深入,M2M 应用、车联网、智能电网等获得了高速的发展,相关产业也已形成一定规模。

　　随着物联网建设的加快,物联网安全问题将成为制约其全面发展的重要因素。一方面,在大规模网络应用环境下,如何提供有效的信息安全和隐私保护依然是急需解决的问题;另一方面,物联网应用场景中广泛存在的具有一定感知能力、计算能力和执行能力的"智能物体",将给社会生活的各个方面带来新的安全威胁。其一,当国家重要基础设施和社会关键服务相关功能的实现都依赖于物联网及感知型应用时,物联网本身的各种安全脆弱性就被引入社会生活的各个领域;其二,物联网应用触角对公众生活的全方位渗透与日益突显的个人信息安全需求具有矛盾。随着便捷化、智能化、多元化的物联网的广泛应用,更多的公共和个人信息可能被非法获取。

物联网存在
安全隐患的原因

8.1.1　感知层安全事件

　　物联网感知层面临的安全威胁主要来自对物联网终端设备的攻击,可分类如下。

① 物理攻击:攻击者实施物理破坏使物联网终端无法正常工作,或者盗窃终端设备并通过破解获取用户敏感信息。

② 传感设备替换威胁:攻击者非法更换传感器设备,导致数据感知异常,破坏业务的正常开展。

③ 假冒传感节点威胁:攻击者假冒终端节点加入感知网络,上报虚假感知信息,发布虚假指令或者从感知网络中的合法终端节点骗取用户信息,影响业务的正常开展。

④ 拦截、篡改、伪造、重放:攻击者对网络中传输的数据和信令进行拦截、篡改、伪造、重放,从而获取用户敏感信息或者导致信息传输错误,业务无法正常开展。

⑤ 耗尽攻击:攻击者向物联网终端泛洪发送垃圾信息,耗尽终端电量,使其无法继续工作。

⑥ 卡滥用威胁:攻击者将物联网终端的 SIM 卡拔出并插入其他终端设备滥用,对网络运营商业务造成不利影响。

1. 信息泄露

2014 年 3 月 27 日,中央电视台报道家庭监控器存在较高的安全隐患,引发了社会的广泛关注。家庭监控器近年来越发普及,广泛地被普通市民用来防范家庭安全隐患。如今曝出监控器被大量监控,无疑引起人们的高度恐慌,对家庭、人身财产安全造成不可估量的威胁。

来自北京知道创宇的安全专家周阳表示,之所以出现这样的情况主要原因在于有些监控器本身就存在漏洞或者固件上存在缺陷,黑客可以轻松地通过这些漏洞或缺陷控制整个摄像头,达到窥视的目的。在报道中,为了情景重现,专家还利用知道创宇自主研发的网络空间搜索引擎"钟馗之眼"(ZoomEye)迅速找出已经设置好密码的家用监控器,并利用已在黑帽大会上公布的摄像头漏洞原理瞬间黑入该摄像头,成功在瞬间达到了控制监控器运行的目的。

不仅如此,黑客还可以通过欺骗手段,让用户在远程查看自己家里的监控器画面时,永远是一个静止的画面,而非真实现场环境。可以想象当家庭监控器被坏人所利用,将对家庭人身财产安全造成不可估量的威胁。可怕的是,存在安全隐患的监控器并不仅是家用监控器,应用于其他公共场所,如银行、办公室、监狱等的监控器,同样存在隐私泄露的风险。

2. 设备攻击

2013 年,Symantec 的研究人员发现了一种新的 Linux 蠕虫病毒,能感染家庭路由器、机顶盒、安全摄像头,以及其他一些能够联网的家用设备。

这种名叫 Linux. Darlloz 的蠕虫病毒已被归类为低安全风险,因为当时的版本只能感染 x86 平台设备。但是这种病毒在经过一些修改之后产生的变种已经能够威胁到使用 ARM 芯片以及 PPC、MIPS、MIPSEL 架构的设备。这种蠕虫病毒会利用设备的弱点,随机产生一个 IP 地址,通过常用的 ID 以及密码进入机器的一个特定路径,并发送 HTTPPOST 请求。如果目标没有打补丁,它就会从恶意服务器继续下载蠕虫,同时寻找下一个目标。虽然 Linux. Darlloz 还没有在世界范围内造成巨大的危害,但却暴露出大多数联网设备的一大缺陷——它们大都是在 Linux 或者其他一些过时的开源系统上运行的。

8.1.2　网络层安全事件

物联网网络层面临的安全威胁主要来自对网络节点的攻击,可分类如下。

① 拒绝服务攻击:物联网终端数量巨大且防御能力薄弱,攻击者可将物联网终端变成"傀儡",向网络发起拒绝服务攻击。

② 假冒基站攻击:GSM 网络中终端接入网络时的认证过程是单向的,攻击者通过假冒基站骗取终端驻留其上,并通过后续信息交互窃取用户信息。

③ 隐私泄露威胁:攻击者攻破物联网业务平台后,窃取其中维护的用户隐私及敏感信息。

④ IMSI 暴露威胁:物联网业务平台基于 IMSI 验证终端设备、SIM 卡及业务的绑定关系,这就使网络层敏感信息 IMSI 暴露在业务层面,攻击者据此获取用户隐私。

1. 网络攻击

2014 年,意大利某安全公司声称,有攻击者利用 Shellshock 漏洞组建僵尸网络。该网络运行在 Linux 服务器上,且可利用 Bash Shellshock bug 自动感染其他服务器。其中一个活跃着的僵尸网络 Wopbot 能够扫描互联网并寻找存在漏洞的系统,包括美国国防部的 IP 地址段 215.0.0.0/8。Wopbot 对 CDN 服务商 Akamai 发动了分布式拒绝服务攻击。

2. 伪基站诈骗

2014 年,某安全机构发现一款"伪中国移动客户端"病毒,犯罪分子通过伪基站方式大量发送伪 10086 的短信,诱导用户点击钓鱼链接,并在钓鱼页面诱导用户输入网银账号、网银密码、下载安装"伪中国移动客户端"病毒;该病毒会在后台监控用户短信内容,获取网银验证码。黑客通过以上方式获取网银账号、网银密码和网银短信验证码后,窃取网银资金。该病毒启动后即诱导用户激活设备管理器,激活后隐藏图标,导致卸载失败,且用户不易察觉。

8.1.3　应用层安全事件

1. 车联网安全事件

车联网产品由云端服务器、手机 App、盒子三大基本要素构成,攻击其中任何一个要素以及要素之间的通信,都能够给车联网带来毁灭性的打击,主要攻击手段如下。

① 入侵云服务端,篡改服务端的诊断数据逻辑,达到改变汽车行为的目的。

② 通过逆向工程获知手机 App 和盒子之间的通信逻辑,伪造成车联网产品的手机 App 向盒子发送恶意的消息序列。

③ 通过 Wi-Fi、蓝牙等通信渠道进行攻击。

美国国防部高级研究计划局资助的两名安全调查员花费数月的时间"攻破"了福特翼虎和丰田普锐斯汽车系统:将汽车仪表盘底部的标准数据接口与笔记本式计算机连接,再通过笔记本式计算机发出指令,就可以控制汽车的刹车系统和方向盘。

在 2014 年中国互联网安全大会上,来自国内外的黑客进行了各种攻防演示。360 互联网安全公司的技术人员在现场演示黑客不用车钥匙,而是用笔记本式计算机和智能手表打开奔驰 C180 轿车的车门。他们用一个无线电设备,将车钥匙中的射频信号截取下来,然后把这个信号输送成实际的数据,用一些其他设备,比如手机或者一些能发出同样射频信号的设备,将之前分析出来的数据发射出来,这样就可以用这个设备而不用车钥匙把车门打开了。此外,360互联网安全公司的专业团队研究了特斯拉 Model S 型汽车,发现该汽车的应用程序流程存在设计缺陷。攻击者利用这个漏洞,可远程控制车辆,实现开锁、鸣笛、闪灯、开启天窗等操作,并且能够在车辆行驶中开启天窗。

2014 年 5 月,美国网络安全公司发布了一份研究报告,指出网络黑客已经能够轻松入侵并操控城市交通信号系统以及其他道路系统,涉及范围涵盖纽约、洛杉矶、华盛顿等美国大城市。黑客能够通过改变交通灯信号、延迟信号改变时间、改变数字限速标记,从而导致交通拥堵甚至车祸,研究者 Cesar Cerrudo 表示,目前根本没有任何方法能够防止交通控制设备被入侵。

2. 智慧医疗安全事件

2014 年 5 月,美国知名科技媒体撰稿人吉姆曾特(Kim Zetter)对现代医院医疗设备展开了一次详尽的调查,指出目前医院所使用的大多数医疗设备都存在着被黑客入侵的风险,这一风险甚至可能会造成致命的后果。同时,美国食品及药物管理局已经出台了要求医疗设备制造厂商强制检查出厂设备的安全性指导意见。

美国 McAfee 公司的资深信息安全专家巴纳比·杰克模拟了黑客入侵医疗设备的全过程,操控设备按照黑客的意志“行凶”,整个过程让现场观摩的医生和设备供应商大为震惊。巴纳比和团队利用强大的无线电设备成功干扰了一台胰岛素泵的正常工作,这个时候再利用高超的计算机技术篡改胰岛素泵原本的工作流程,实现逆向通信。至此,这台胰岛素泵就处于黑客的控制中,黑客可随意加快胰岛素泵的注射频率,短时间内把 300 个单位的胰岛素注入病人体内,这样病人就会血糖急降,抢救不及时就会死亡。巴纳比说,只要让他在距离胰岛素泵 91 m 以内的范围就可实现干扰,把胰岛素泵“玩于股掌之上”,又不被患者本人和医护人员识破。

360 互联网安全公司的安全专家指出,黑客可以利用远程医疗设备的无线或有线通信协议中存在的安全设计缺陷及硬件设备安全漏洞,通过远程控制心脏起搏器等方式杀人于无形。

3. 可穿戴智能设备安全事件

随着移动互联网的普及,可穿戴智能市场变得异常火爆,包括苹果、三星在内的许多互联网公司都在 2014 年推出可穿戴智能设备。在 2014 年的互联网安全大会上,一款智能手环凭借定位功能受到关注,儿童在带上智能手环后,父母可以通过手机 App 实时了解其位置,厂家宣传时称其产品为“防丢神器”。

从技术层面上说,黑客完全有能力通过技术手段攻破并控制智能设备。可穿戴智能设备是与人们生活关联度最高的智能设备,出现问题可能不止损失钱财那么简单,严重的甚至会威胁到消费者的生命安全。业内公认安全性最好的苹果公司也被频频曝出安全漏洞,让人们对可穿戴智能设备的安全性有所质疑。

2013 年 5 月,谷歌眼镜被指存在重大安全隐患。黑客可以通过电脑控制谷歌眼镜,从而获得用户的所见、所闻及用户的密码等敏感信息。马萨诸塞大学的研究人员发现,黑客可以利用谷歌眼镜盗取用户智能手机的密码,从而进入用户的智能手机,并盗取手机中的数据。

4. 智能电表安全事件

智能设备的数量目前正在以指数的速度增加,越来越多的智能设备慢慢开始进入我们的生活。相对于其他国家而言,西班牙的智能设备是相对而言比较容易被"黑"掉的,根据研究人员的研究,因为缺乏必要的安全控制,西班牙的千家万户都暴露在网络攻击的风险之中。

2014 年 10 月,研究人员发现西班牙所使用的智能电表存在安全漏洞,该漏洞可以导致电费诈骗甚至黑客进入电路系统导致大面积停电,原因主要在于电表内部保护不善的安全凭证可以被黑客获取到并使其能成功控制电路系统。发现该漏洞的研究人员 Javier Vazquez Vidal 表示,该漏洞的影响范围非常广,西班牙提高国家能源效率的公共事业公司所安装的智能电表就在影响范围列。研究人员称将会公布逆向智能电表的过程,包括他们是如何发现这个极其危险的安全问题,以及该漏洞如何使得入侵者成功进行电费欺诈,甚至关闭电路系统的。该漏洞存在于智能电表中,而智能电表是可编程的,并且同时包含了可能用来远程关闭电源的缺陷代码,导致影响范围极广。

8.1.4 物联网安全问题分析

由于物联网由大量的机器构成,缺少人对设备的有效监控,并且数量庞大,设备集群,因此除了具有移动通信网络的传统网络安全问题,还存在着一些特殊安全问题,主要表现在以下几个方面。

(1)物联网感知节点的本地安全问题

由于物联网可以取代人来完成一些复杂、危险和机械的工作,因此物联网感知节点多部署在无人监控的场景中,攻击者可以轻易地接触到这些设备,从而对它们造成破坏,甚至通过本地操作更换机器的软硬件。

(2)感知网络的传输与信息安全问题

感知节点通常具有功能简单(如自动温度计)、携带能量少(使用电池)等特点,使得它们无法拥有复杂的安全保护能力。而感知网络多种多样,数据传输和消息也没有特定的标准,因此无法提供统一的安全保护体系。

(3)核心网络的传输与信息安全问题

核心网络具有相对完整的安全保护能力,但是由于物联网中节点数量庞大,且以集群方式存在,因此大量机器数据的发送会使得网络拥塞,产生拒绝服务攻击。

(4)物联网应用的安全问题

庞大且多样化的物联网平台必然需要一个强大而统一的安全管理平台,否则独立的平台会被各式各样的物联网应用所淹没。如何对机器日志等安全信息进行管理成为物联网业务的新问题,并且可能割裂网络与业务平台之间的信任关系,导致新一轮安全问题的产生。

针对物联网安全问题,建议从如下 3 方面着手应对。

(1)从国家层面提升对物联网安全的总体规划部署和顶层设计

从国家层面制定并出台物联网安全战略发展规划,建立物联网安全发展的组织领导保障,并设立物联网安全发展专项资金,出台落实财税扶持和投融资政策,全力支持物联网安全的健康发展。

(2)强化物联网安全自主创新能力建设

加强自主知识产权专利池建设,加强对物联网安全的知识产权保护和执法力度。积极参与制定国际标准,推动以我为主形成技术标准。国家科技计划支持重要技术标准的研究,引导产学研联合研制技术标准,促使标准与科研、开发、设计、制造相结合。政府主管部门加强对行业协会等制定重要技术标准的组织的指导协调,支持企业、社团自主制定和参与制定国际技术标准,鼓励和推动我国技术标准成为国际标准。

（3）加快物联网安全人才培养

在现有高等院校、中等专业学校中增加物联网安全相关专业,鼓励和支持科研院所、院校与企业合作,多层次培养物联网安全专业人才。

8.2 物联网面临的安全威胁

物联网(IoT,Internet of Things)是指通过射频识别（RFID）、红外感应器、全球定位系统、激光扫描器等信息传感设备,按照一定的协议,将任保物品与互联网连接起来进行信息交换和通信,以实现智能化识别、定位、跟踪、监控和管理的一种网络概念。随着物联网技术的不断发展,物联网作为战略性新兴产业,在国家的大力推动下,已经开始在社会生产生活中大规模地部署应用,渗透到了社会生活的各个领域,万物互联的时代正在到来。然而,在物联网给社会提供便利服务的同时,其安全事件的数量和规模也呈现迅猛增长态势,面临严峻的安全威胁和挑战,物联网安全正在成为信息安全领域的重大课题之一。如何根据物联网的技术特性、应用场景、安全威胁事件,深入分析物联网面临的安全威胁,提出应对安全威胁的关键技术是一个值得研究的现实问题。

8.2.1 物联网安全形势

由于物联网相关的安全标准滞后,以及智能设备制造商缺乏安全意识和投入,目前最流行的物联网智能设备几乎都存在高危漏洞,其中约 80% 的物联网设备存在隐私泄露或滥用风险,约 80% 的物联网设备存在弱口令漏洞,约 70% 的物联网设备在通信过程中无加密机制,约 70% 的物联网设备存在 Web 安全漏洞。物联网安全事件从个人、家庭、企业到国家层出不穷,由于物联网与实际物体产生关联,一旦遭受攻击和破坏,损失的不仅是个人资料,还会影响到人身安全、生产设备的运行安全。因此,物联网已经成为个人隐私、企业信息安全,甚至国家关键基础设施的头号安全威胁。

2015 年 7 月,菲亚特克莱斯勒美国公司宣布召回 140 万辆配有 Uconnect 车载系统的汽车,是因为黑客入侵了该车载系统,远程操控车辆的加速和制动系统、电台和雨刷器等设备,严重危害人身安全。2016 年 10 月,美国域名服务提供商 Dyn 遭受大规模 DDoS 攻击,导致美国东海岸地区遭受大面积网络瘫痪。造成此次攻击事件的罪魁祸首为一款名为"Mirai"的恶意程序,它通过控制大量的物联网设备(包括网络摄像头、家庭用路由器等)对目标实施大规模的 DDoS 攻击。继 Mirai 事件之后,多种恶意软件家族对物联网设备发起攻击,使大量物联网设备沦为僵尸网络的一部分,成为 DDoS 攻击的直接攻击对象。2017年 11 月,德国电信受到 Mirai 变种僵尸网络的攻击,遭遇断网。相比 Mirai 家族借助设备弱口令进行传播攻击,2017 年 9 月出现的 IoT_reaper 则不再使用破解设备的弱口令,而是针对物联网设备的漏洞进行攻击,大大提高了入侵概率。2018 年,攻击者利用漏洞编写恶意软件感染大量物联网设备,在暗网买卖攻击服务,肆意发动破坏和勒索攻击。2019 年 3 月,委内瑞拉的电力设施遭受高技术网络攻击,委内瑞拉大部分地区持续停电,严重破坏了社会的正常运转,对委内瑞拉的国家安全、社会稳定和经济发展产生严重威胁。

以上安全事件表明,针对物联网的攻击或由物联网发动的攻击,已对国家关键信息基础设施、企业和个人的安全构成了严重的威胁。在接下来的几年里,随着国家 IPv6 战略的大力推动,物联网设备的数量会急剧增长,随之而来的安全问题也会增多,物联网安全形势更加严峻。

物联网安全体系结构离不开物联网的体系结构,而物联网的体系结构根据应用领域的不同,有相应的工业标准和规范,比如工业控制领域物联网、车载物联网、智能家居物联网等;根据业务形态的不同,其具体的体系结构也不尽相同。本书探讨的是通用物联网体系结构下的安全问题,因此本书基于国际上普遍采用的三层体系结构模型(感知层、网络层、应用层),提出一种扩展的立体式物联网安全模型,如图 8.1 所示。在三层物联网安全体系结构模型下,本书将从物理安全、计算安全、数据安全三个维度探讨物联网安全体系架构。

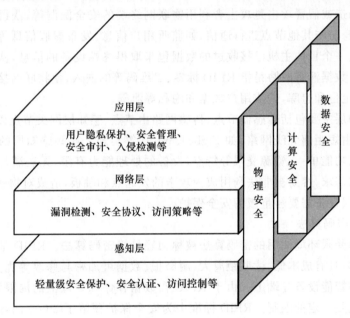

图 8.1 立体式物联网安全模型

8.2.2 物联网感知层安全威胁

物联网感知层通过对信息的采集、识别和控制,达到全面感知的目的。物联网感知层由感知设备和网关组成,感知设备可为 RFID 装置、各类传感器(如红外、超声、温度、湿度、速度等传感器)、图像捕捉装置(摄像头)、全球定位系统(GPS)、激光扫描仪、融合部分或全部上述功能的智能终端等。由于感知设备数量大、种类多,具有多源异构、能力脆弱、资源受限等特点,且感知层设备大多部署在无人值守环境中,更易遭受破坏和攻击。根据本书提出的立体式物联网安全模型,将感知层的安全威胁分为三类。

1. 感知层物理安全威胁

感知层的物理安全威胁主要是指通过物理攻击物联网的感知层设备而引发的安全威胁，主要包括物理攻击和传感设备替换等。物理攻击是攻击者对感知层终端设备实施物理破坏，使其无法正常工作。传感设备替换是攻击者非法替换传感器设备，导致数据感知异常，破坏业务的正常开展。

2. 感知层计算安全威胁

感知层计算安全威胁主要是指通过篡改、破坏感知层设备的逻辑计算单元而引起的安全威胁，主要包括 DDoS（分布式拒绝服务）攻击、资源耗尽攻击等。DDoS 攻击是指攻击者通过对感知层智能终端设备发起大流量攻击，从而引发终端计算瘫痪。资源耗尽攻击是指攻击者向物联网终端设备发送垃圾信息，耗尽终端时间、电量，使其无法继续工作。

3. 感知层数据安全威胁

感知层的数据安全威胁主要是指通过拦截、篡改、伪造、重放感知层的数据信息，从而获取用户敏感信息或者导致信息传输失误的攻击，主要包括伪造或假冒攻击、重放攻击、数据泄露威胁等。伪造或假冒攻击是攻击者利用物联网终端的安全漏洞等，获得节点的身份和密码信息，假冒身份与其他节点进行通信，如监听用户信息、发布虚假信息等。重放攻击是攻击者通过发送一个目的主机已接收过的数据包来取得终端设备的信息，从而获取用户身份相关信息等。数据泄露威胁是指 RFID 标签、二维码等的嵌入，使物联网接入的用户不受控制地被扫描、定位和追踪，造成用户数据和隐私等泄露。

物联网感知层主要包括传感器节点、传感网路由节点、感知层网关节点以及连接这些节点的网络，通常由短距离无线网络，如 Zigbee、Wi-Fi 等实现。这些感知层的物理设备具有体积小、功耗低、功能单一、资源受限等特点，设备的处理能力有限，无法满足传统的安全保护技术对资源的需求，容易被非法利用成为攻击的发起点和跳板，造成对物联网核心平台的威胁，因此感知层设备需要轻量级的安全保护。

（1）轻量级密码算法

适用于资源受限环境使用的密码算法被称为轻量级密码算法。RFID 是一种自动识别和数据获取技术，具有成本低、读取距离大、耐磨损、数据可加密与修改等优点，因此被广泛应用在物联网的智能设备终端上。由于 RFID 在数据存储和处理上的局限性，其上使用的密码算法必须满足一定的限制。RFID 标准中为安全保护预留了 2 000 门等价电路的硬件资源，因此如果一个密码算法能使用不多于 2 000 门等价电路来实现，这种算法就可以被称为轻量级密码算法。目前已知的轻量级密码算法包括 PRESENT 和 LBLOCK 等。轻量级密码算法一直是物联网感知层安全的关键技术之一。

（2）轻量级安全协议

安全协议是指在攻击者的干扰下仍能达到一定安全目标的通信协议。在复杂的网络环境下，安全协议需要保障协议各参与方的身份信息、位置信息以及传输的秘密信息不被泄露。物联网感知层的特点是多源异构、资源受限、设备类型复杂等，传统的计算、存储和通信开销较大的安全协议无法满足物联网感知层的需求，因此需要研究开发轻量级的安全协议。与传统的安全协议相比，轻量级安全协议的目标是减少通信次数、减少通信流量、减少计算量，同时保证数据传递的正确性、安全性。目前，物联网感知层的安全协议主要包括 RFID 认证协议、RFID 标签所有权转移协议、RFID 标签组证明协议、距离约束协议等。

8.2.3 物联网网络层安全威胁

网络层的作用是将感知层采集的信息通过传感网、移动网和互联网等进行传输。物联网网络层是一个多网叠加的开放性网络,传输途中会经过各种不同的网络,相对于传统的网络传输,物联网网络层具有多协议并存、传输范围广、网络节点多、网络拓扑复杂等特点,因此会面临比传统网络更严重的安全问题。

1. 网络层物理安全威胁

物联网网络层的物理安全威胁主要包括针对物联网网络节点的物理破坏攻击、物联网网络线路的物理破坏等。

2. 网络层计算安全威胁

网络层计算安全威胁主要是指通过对网络层计算模块的攻击,达到篡改、拦截网络层计算逻辑流程,影响网络节点的正常业务处理的目的。物联网网络层的计算安全威胁主要包括 DDoS 攻击、病毒攻击、漏洞攻击等。作为物联网网络层核心载体的全 IP 化的网络,DDoS 攻击始终是网络安全的核心问题,且物联网终端节点数量远远超过以往任何网络,DDoS 攻击的规模和流量呈现迅速增长的态势。海量物联网终端设备的日益智能化,大大增加了终端感染病毒等恶意程序的渠道,这些病毒可通过接入层进入传输网络,增加网络层遭受病毒攻击的风险。随着网络融合的加速和网络结构的日趋复杂,网络层中的通信协议不断增加,攻击者利用网络层协议的漏洞,特别是异构网络信息交换方面的安全缺陷,进行异步、合谋攻击等。

3. 网络层数据安全威胁

网络层数据安全威胁主要是指通过对网络层节点进行非法入侵、信息窃听、完整性破坏等方式达到获取、篡改相关数据信息的攻击形式。由于物联网大量使用无线传输技术,数据在传输过程中面临更大的威胁。攻击者可以利用假冒基站等方式,攻破物联网网络之间的通信,窃取、篡改或删除链路上的数据,并伪装成网络实体来截获业务数据和用户信息。

在物联网结构中,网络层是以互联网为基础而存在的,有些因素在危及互联网信息安全的同时,也会破坏物联网的信息服务,但是由于传统的网络路由方式单一,并且其主要目的不是针对安全性,所以传统的网络通信技术不能完全适应物联网。

(1)物联网安全路由协议

物联网的路由要跨越多类网络,有基于 IP 地址的互联网路由协议、有基于标识的移动通信网和传感网的路由算法,因此安全路由协议至少解决两个问题:一是多网融合的路由问题;二是传感网的路由问题。通过构建统一的路由体系,解决多网融合的多协议路由融合问题;针对传感网资源受限、易受到攻击和破坏的特点,设计抗攻击的轻量级传感网安全路由算法。

(2)容侵容错技术

容侵就是指在网络中存在恶意入侵的情况下,网络仍然能够正常地运行。攻击者往往利用物联网无人值守的恶劣环境和部署区域的开放性、无线网络的广播性等特点,对网络节点进行捕获、攻击和毁坏,使网络无法正常运行。物联网的容侵可采用网络拓扑容侵、安全路由容侵、数据传输容侵等容侵技术。容错是指在故障存在的情况下系统不失效,仍然能够正常工作的特性。物联网网络层需要在部分节点或链路失效后,能够进行网络结构自愈,恢复数据传输,减小节点或链路失效对网络的影响。物联网的容错可通过无线自组织网络等技术进行网络拓扑容错、网络传输容错。

8.2.4 物联网应用层安全威胁

应用层是物联网与用户的接口,负责向用户提供个性化服务、身份认证、隐私保护和接收用户的操作指令等。应用层的需求存在共性和差异,物联网在不同的应用领域,其应用层具有不同的安全问题。应用层个性化的安全要结合各类智能应用的特点、使用场景、服务对象及用户的特殊要求进行有针对性的分析研究。共性安全威胁主要涉及三方面。

1. 应用层物理安全威胁

物联网应用层采用了大量的智能终端设备来处理业务流程和控制管理,通过对应用层智能终端设备的物理攻击可以破坏物联网应用层的安全性。

2. 应用层计算安全威胁

物联网应用层对物联网终端所收集的数据信息进行综合、整理、分析、反馈等操作,是处理数据和执行指令的核心单元,它要根据应用的需求挖掘出用于控制和决策的数据,并将其转化为不同的格式,便于多个应用系统共享——这些都由物联网应用层计算模块来完成。物联网应用层的计算安全威胁主要包括错误指令攻击、计算程序漏洞攻击、DDoS 攻击等。

3. 应用层数据安全威胁

物联网中的应用都是数据密集型应用,感知层的数据通过网络层全部汇聚到应用层。应用层用户隐私相关的数据(用户身份信息、位置信息等)和业务相关数据,是攻击者要窃取的主要目标,这些数据面临被窃取、篡改、破坏等的威胁。

物联网应用层是物联网业务和安全的核心。由于物联网的应用具有多样性和复杂性,物联网应用层对应的安全解决技术也相差各异,综合不同的物联网行业应用可能需要的安全需求,物联网应用层安全的关键技术可以包括两个方面。

(1)隐私保护技术

物联网应用层安全的核心是数据安全,在保证数据可用性的前提下保护数据的隐私。应设计实现不同等级的隐私保护技术,确保用户隐私信息不被泄露。隐私保护技术主要有两个方面:一是身份隐私,就是在传递处理数据时,不泄露发送设备的身份信息;二是位置隐私,就是告诉物联网的控制中心具体某个设备的运行状态,但不泄露设备的具体位置信息。隐私保护技术可采用假名技术、密文验证、门限密码等,特别是大数据下的隐私保护技术。

(2)云平台的安全技术

物联网应用层要对从感知层获取的大量数据进行分析和处理,在物联网的构建中,这部分工作往往通过构筑云服务平台来完成。如何保证云计算、云存储的环境安全及设备设施的安全;如何保证云平台在遭到攻击或系统异常时及时恢复、隔离问题服务;如何保证 API 安全,防止非法访问和非法数据请求;如何确保在数据传输交互过程中的完整性、保密性和不可抵赖性等,保证端到端的安全,都是构建云平台必须要解决的关键技术问题。

随着物联网在各行各业的快速普及以及物联网威胁事件的大量出现,物联网安全越来越引起产业界和学术界的关注。本章从国内外针对物联网安全威胁的事件出发,分析了物联网的各类安全威胁,提出了一种立体式的物联网安全模型,并阐述了每一层的安全关键技术。物联网作为一个由多层集成的大系统,许多安全问题都还在研究之中,随着人工智能、量子计算、安全和网络自动化工具等相关技术的飞速发展,这些新技术将会运用到物联网的安全领域,为物联网安全提供强有力的技术支撑。

8.3 物联网安全新观念

8.3.1 传统物联网安全方案的困局

在当今数字孪生的时代下,物联网安全需要一个新的安全理念。从原来的单纯感知演变为现在的真实还原,其最核心的改变就是更加数据化和智能化。基于数字孪生的物联网安全,既是迄今为止最重要,又是场景最复杂的一个问题。万物互联要以安全为先,网络安全、信息安全在中国历经了二十多年的发展,过去理解的网络安全更多的是 security,但是现在的物联网安全已经变成 safety。

我们可以思考一些比较典型的物联网安全事故。特斯拉汽车、宝马汽车被攻击,乌克兰电力断电、委内瑞拉断电,以及最近两年热门的摄像头安全、智能门锁安全等。物联网已经深入到我们日常生活的各个细节。传统的网络安全公司应对物联网安全问题更多采用两种方式:一是监测式安全,二是外挂式安全。图 8.2 为传统物联网安全方案。

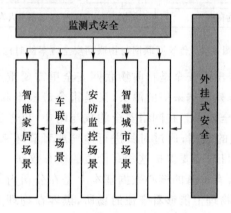

图 8.2 传统物联网安全方案

监测式安全,主要是利用扫描发现物联网终端的一些安全漏洞,但它治标不治本,并且需要手工操作,效率比较低下。物联网的终端庞杂,类型各异,使得其覆盖面非常有限,在实际的效果上达不到真正的效果。外挂式安全基于攻防理念,物联网与互联网的一个重要区别是所要保护的对象不是一个封闭的体系,而是一个物理开放性的网络架构,所以外挂式安全难度高,并且商业复制非常困难,在不同物联网场景下外挂式设备的产品方式不一样,很难起到对应的效果。所以在这些典型的物联网场景下,如智能家居、车联网、智慧城市等,这两种方式很难真正地解决安全问题。对于数字孪生时代的物联网安全,可以采取基于身份认证的物联网智能安全体系。

8.3.2 数字孪生时代的物联网安全

基于密码技术,根据物联网安全的特征来分析物联网安全的特点、需求点、关键点及其痛点。图 8.3 为传统互联网与物联网安全方案的对比,物联网中的云端和边缘端与传统的互联网基本一致,使用 TCP/IP 协议。原有的、成熟的、完善的互联网安全/网络安全的一些设备产品和技术方案可以直接沿用并起到对应的效果。智能终端,即端这一侧。对整个物联网来说,智能终端五花八门,可以称为海量终端。多元异构是终端的一个典型特征,这些终端在传统的网络安全时代是不存在的。在现如今的物联网里,云边端、云管端等多出来的这些万物互联的终端是以前没有的课题,需要重点去解决。只有把这一问题解决,再结合云端和边缘端形成一个闭环的安全体系,才能真正有效地解决物联网安全问题。

数字孪生时代下
物联网安全新理念

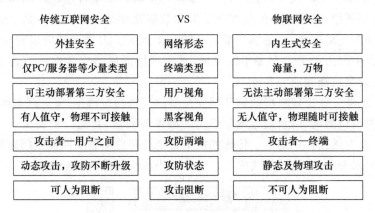

传统互联网安全	VS	物联网安全
外挂安全	网络形态	内生式安全
仅PC/服务器等少量类型	终端类型	海量,万物
可主动部署第三方安全	用户视角	无法主动部署第三方安全
有人值守,物理不可接触	黑客视角	无人值守,物理随时可接触
攻击者—用户之间	攻防两端	攻击者—终端
动态攻击,攻防不断升级	攻防状态	静态及物理攻击
可人为阻断	攻击阻断	不可人为阻断

图 8.3　传统互联网与物联网安全方案的对比

经过上述分析,可以得出端安全是目前物联网安全里需要重点解决的问题。端是整个物联网数据产生的源头,也是数据采集的源头,又是指令最根本和最后的执行者,所以端其实决定了整个物联网的安全效果。在网络安全的攻与防中,攻击者最终的目的无非是针对被攻击对象的一些有价值的数据,通过对其进行偷窃或者破坏来达到攻击的目的和效果。同样,对于防御者来说,其目的是要保护这些有价值的核心数据。

在互联网时代下,所有有价值的核心数据基本上是在公司内部、机房内、办公环境内产生的。每个独立的环境是物理上能够看守住的场所,黑客在物理上接触不到产生数据源的电脑或服务器等这些应用环境的设备和系统,只能通过对外连接的网线来进行攻击。此时,对于每个要保护的主体或防御者来说,对外连接的网线是黑客攻击的唯一入口,采用边界防御的思维是非常有效的一个手段。

这种手段和解决思路沿用到物联网并不能起作用,原因是物联网在物理上是一个开放的网络,所有产生数据源的终端部署在户外,无人值守,24 小时工作;黑客在物理上很容易接触,可以买一个同型号终端进行研究和攻击。作为一种静态性攻击,当找出这类终端的安全漏洞和特征点后,就可以直接去攻击同型号的在外面的终端,并且在物理上可以直接进行网络入侵,无法防御。这就是物联网安全的现状。

基于物联网安全的现状,关于解决终端安全可以得出两个结论。一是在黑客可以对终端进行静态分析和攻击的现状下,目前的各种安全技术中,只有采用密码学技术对终端进行安全设计并赋予其安全能力才能起到对应的效果。即使黑客知道终端所采用的密码学技术也不能进行破解,达到透明攻防。二是厂家一旦将终端销售出去就不会再介入终端的使用,对于用户来说,不能像在互联网时代下那样把计算机买回来后自己操作,对于所有的智能终端来说用户只是一个使用者。所以所有的物联网终端在出厂时就必须具备原生的安全能力,这样才能起到安全作用。

物联网安全不只涉及财产安全,还涉及人身安全,而且针对物联网安全的攻击一旦发动是人为不可阻挡的,所以要实现物联网安全就较为困难。如图 8.4 所示,物联网需要支持复杂环境下的安全。第一,物联网安全多场景。不同的细分场景其安全需求是不一样。第二,多通信协议。物联网不像互联网时代只有 TCP/IP 协议,它有窄带、宽带等多种协议。第三,多系统环境。在同一个物联网场景中会出现多种系统环境,除了 Windows、Mac、Linux 这种 PC 端系统环境,还有 iOS 这种智能终端的系统环境和嵌入式操作系统,甚至无 OS 的操作系统也在物联网终端里频繁出现。第四,多硬件架构。物联网安全有基于 ARM、Intel 等的不同硬件架构。在这种情况下,很难有一个标准来覆盖所有的终端。针对不同的终端,应该思考怎样做到广覆盖。

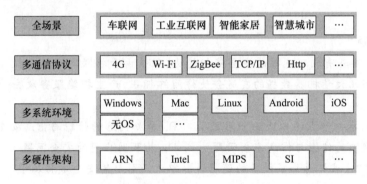

图 8.4 复杂环境下的物联网安全

信长城提出一种适配于物联网典型场景的安全体系产品——乐高积木式的安全组件,如图 8.5 所示,组件式是指安全产品分为云、边、端,适配在云端/边缘网关/各种类型的终端。积木式的组件可以从技术分层的角度考虑,在硬件层、驱动层、系统层、应用层和业务层做不同的组件,复杂系统的硬件层会存在六七种嵌入式环境/智能终端环境,驱动层存在六七种嵌入式环境/智能终端环境,等等,组合后的组件有几十种至上百种。针对每一个新出现的智能终端,在赋予其安全性能时,可以通过一系列组件的组合来提供全维度的安全,让

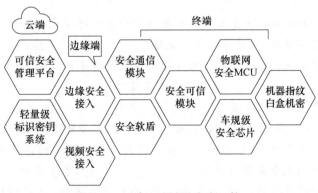

图 8.5 乐高积木式的安全组件

智能终端在研发设计之初就具备原生的安全能力,从经济效益上讲这是一种一次性投入永久收益的方式。

另外,云、边、端的组合技术架构实现了物联网多场景的覆盖。任何一个物联网场景都是云、边、端的架构形式,组件式和积木式使其做到了广复用性。在适配一个新出现的物联网场景时,可以迅速覆盖到其支持的多元业务的智能终端类型。

上述内容只是解决了物联网中终端部分的安全,但对整个互联网的安全需求来说,必须由云、边、端全覆盖的体系来实现。信长城从上层角度提炼出一套由三大板块组成的完整的物联网安全体系,即智能化的物联网安全体系。终端上称为安全知觉系统,连接时称为安全神经系统,所有的物联网连接时采用密码学技术来保障双向身份认证,实现安全性。最后汇聚到云端的安全智能分析系统/智能决策系统,把所有的威胁特征和安全情况汇集起来后运行实时动态的决策机制,实现整个物联网闭环的安全体系。

习　题

一、选择题

1. 核心网络具有相对完整的安全保护能力,但是由于物联网中节点数量庞大,且以集群方式存在,因此大量机器数据的发送会使得网络拥塞,产生拒绝服务攻击,这属于物联网中的(　　)。

A. 物联网感知节点的本地安全问题　　　B. 感知网络的传输与信息安全问题

C. 核心网络的传输与信息安全问题　　　D. 物联网应用的安全问题

2. 通过篡改、破坏感知层设备的逻辑计算单元而引起的安全威胁属于(　　)。

A. 感知层物理安全威胁　　　　　　　　B. 感知层计算安全威胁

C. 网络层数据安全威胁　　　　　　　　D. 感知层数据安全威胁

3. (　　)主要包括错误指令攻击、计算程序漏洞攻击、DDoS 攻击等。

A. 应用层计算安全威胁　　　　　　　　B. 应用层数据安全威胁

C. 网络层计算安全威胁　　　　　　　　D. 感知层物理安全威胁

4. 可穿戴智能设备安全事件属于(　　)安全事件。

A. 应用层　　　　B. 网络层　　　　C. 感知层　　　　D. 服务层

二、填空题

1. 物联网感知层面临的安全威胁主要来自对物联网终端设备的攻击,可分类如下:物理攻击、传感设备替换威胁、假冒传感节点威胁、_____、耗尽攻击和 _____。

2. 物联网网络层面临的安全威胁主要来自对网络节点的攻击,可分类如下:拒绝服务攻击、_____、_____和 IMSI 暴露威胁。

3. 车联网产品由云端服务器、_____、_____三大基本要素构成,攻击其中的任何一个要素以及要素之间的通信,都能够给车联网带来毁灭性的打击。

4. 针对物联网安全问题,应从国家层面提升对物联网安全的总体规划部署和顶层设计、强化物联网安全自主创新能力建设和 _____方面着手应对。

5. 物联网是指通过射频识别、红外感应器、全球定位系统、激光扫描器等信息传感设备,按照一定的协议,将任何物品与互联网连接起来进行 _____,以实现智能化识别、定位、跟踪、监控和管理的一种网络概念。

6. 感知层的数据安全威胁主要是指通过拦截、篡改、伪造、_____感知层的数据信息,从而获取 _____或者导致 _____的攻击。

7. 网络层计算安全威胁主要是指通过对网络层 _____的攻击,达到篡改、拦截网络层计算逻辑流程,影响 _____的正常业务处理。

8. 物联网应用层采用了大量的智能终端设备来处理 _____和 _____,通过对应用层智能终端设备的物理攻击可以破坏物联网应用层的安全性。

9. 传统的网络安全公司应对物联网安全问题更多采用两种方式:一是 _____,二是 _____。

10. 外挂式安全基于 _____理念。物联网与互联网的一个重要区别是所要保护的对象不是一个封闭的体系,而是一个 _____的网络架构。

11. 物联网 _____在出厂时就必须具备原生的安全能力,这样才能起到安全作用。

12. 物联网的容侵可采用网络拓扑容侵、_____、_____等容侵技术。

13. 物联网的容错可通过 _____等技术进行网络拓扑容错、网络传输容错。

三、简答题

1. 物联网由大量的机器构成,缺少人对设备的有效监控,并且数量庞大,设备集群。请论述物联网所具有的除传统网络安全问题之外,还存在着的一些特殊安全问题。

2. 物联网感知层通过对信息的采集、识别和控制,达到全面感知的目的。请论述感知层所面临的三类安全威胁。

3. 物联网感知层的特点是多源异构、资源受限、设备类型复杂等,传统的计算、存储和通信开销较大的安全协议无法满足物联网感知层的需求,因此需要研究开发什么类型的安全协议?

参 考 文 献

[1] 毕然,李小刚,姜建.物联网安全事件案例和问题分析[J].电信网技术,2014(12):10-13.

[2] 曹蓉蓉,韩全惜.物联网安全威胁及关键技术研究[J].网络空间安全,2020,11(11):70-75.

[3] 黑龙江省委网信办.数字孪生时代下物联网安全新理念[Z/OL].(2020-09-07). http://hlj.people.com.cn/n2/2020/0907/c398475-34276819.html